作物の健康

―農薬の害から植物をまもる―

作物の健康

農薬の害から植物をまもる

F・シャブスー著／中村英司訳

八坂書房

Auteur(s) : Francis CHABOUSSOU,
Titre(s) : SANTÉ DES CULTURES,

This book is published in Japan by arrangement with
Flammarion through le Bureau des Copyrights
Français, Tokyo.

作物の健康　目次

すいせんの辞

フランス農業アカデミー会員　ジャン・ケイリング

研究者魂の本質は真理への深い探求心だが、この思いに突き動かされたフランシス・シャブスーは、私たちを農学における認識の限界点、彼が通暁していた「学際技術的」また「学際固有的」な領域へと導いたのである。

この折を得て私の意見を述べておきたい。それは農学の領域では、研究の余地がまだ数多く残っているということである。農学の大発展を見るにつけて、もうそれは限界に達していると思われそうだが、もしそこに「農業・食物・健康・環境」という領域を付け加えるなら、その専門領域は無限に広がり、探りつくすことはとてもできないのである。

農学は決して古くさい学問ではない。できてまだ二〇〇年もたっていないし、また数千年の農耕の歴史のあいだに蓄積された無数の経験もすっかり調べつくされたわけではない。そもそも科学の分野での進歩は、さまざまの影響力と時代思潮という経験的背景のもとで生じるのであり、進歩は苦痛とはげしい論争なしでは成立しないものである！

同じようにして、何かある劇的なできごとが緊急の行動を促さないかぎり、農業分野への近代科学の浸透は遅々として進まないだろう。たとえば、医学の分野と同じように、ここでも土壌と作物と家畜の「健康」よりも、そこでの「病気」のほうの研究が緊急度が高いとして優先されてきた。そして重要なことこそより深く研究されるべきだとして、資金、人員、有能な人材などは緊急度が高いと見られるこのテーマに独占されてきたのである。

昨今ようやくわかってきたのだが、農学の分野には、クロード・ベルナールのような深い思考をする人材がまだまだ不足しているのである。しかし、この人のような哲学こそがフランシス・シャブスーの物事の進め方の特徴なのであり、作物の病虫害の分野での彼の前任者の一人に大きな刺激を与えたのだ。この人、ベルナール・トゥルヴロージャガイモハムシが大蔓延したときに、シャブスーの同僚が作物の収量だけを考えていたのに対して異議を唱えた。化学工業界はすぐれた防除を可能にする農薬を提供したが、他方では自然界での毒物の拡散という大問題を引きおこした。農薬がその目的を果たした後でも、化学物質はその毒性を失うことなく、思うがままに自然界に広がっていったのである！　農業におけるこの時代は、自然科学の歴史のなかに一つの画期的な時代として後世に記憶されることだろう。それは人間がその手に負えない病虫害の蔓延に対抗し、遂にそれを抑制することを知った時代だったが、同時に思いがけない化学物質の手放しの拡散をも招くことになった。

この時代の発端から一つの教訓を学ばねばならない。病虫害の危険がはっきり目に見えるようになったとき、その被害をできるだけ少なくするために農家は農薬に頼ることになるが、それはなによりも収穫が最優先するからである。だが、使用した後の農薬はその化学的特性をなくするのだろうか？

またさらに、たとえば農薬を吸収した土壌生物の生理や、農薬によって保護された作物の生理になんらかの変化はおこらないのだろうか？　また最終的に人間の健康はこれらすべてにどう反応するのだろうか？

これらをどう認識するかはきわめてさし迫った今日的意義をもっている。それは数々の論争を巻きおこし、そのなかには学問的な客観性があるとは言えないものも含まれている。

こんな背景のもとでシャブスーは、作物とその寄生者との関係の研究を新しく問い直す行動様式を携えて登場した。農薬は寄生者の体内の物質代謝に強い作用を与えるだけでなく、宿主である作物での物質代謝にも影響を与えることを明確に指摘した。彼は物事をさらに深く考え直し、新しい行動に出るように促しているのだ。

食べ物を生産する目的は、なによりも人間の生存のためである。だからこそ、生産物を寄生者から守った農薬が生産物にできるだけ残留しないように注意が払われてはいるし、また経済的にも気前よく農薬を使わないように配慮されていることは確かだが、しかし収穫物の効果的な保護を徹底的に追及するという大命題が、それらの努力を抑えこんでいるのではないかとシャブスーは問うているのである。

これと関連して、現場での実践から次のようなことも確認されている。害虫の防除に精を出せば出すほど、今までの寄生者に代わって新しい寄生者があらわれるようになるという現象である。この新参者は人間を苛立たせ、さらなる農薬散布を引きおこし、寄生者と防除者のあいだの際限のない悪循環がはじまるが、それは生産者と消費者の両方に莫大な損害を与えることになる。

私たちはフランシス・シャブスーにならって新しい道をたどるべきではなかろうか？　それは生産者、農学者、栄養学者が協力し、「農業・食物・健康・環境」の相互関係を自らの課題として深く十分に再検討する新しい道であり、またこのような新しい概念のもとで、有機的農業のさまざまの技術や手段を人びとに提供することを可能とする道でもある。もしこのような人びとの幅広く粘り強い助けがあれば、今まで効果を発揮した後に野放しとなっていた化学薬品の使用を制限することができるようになるだろう。

まえがき

フランシス・シャブスー
——彼はもう一度読み直したが、
その考えは変わらず、
そしてサインした——

一九世紀のある演劇評論家は一度も劇場に足を運ぶことがなかったそうだ。批評の客観性について不安を抱いたからだという。「もし上演に立会うことになると、その劇について気が変わることになるかもしれない」というのだ。だが、前世紀のユーモア語録を飾るこんな行動は人が思うほど珍しいことではないようだ。私たち自身がいつの間にかこんな批判の対象になっているのだ。読者に真相を知らせるためには、今までの歴史を述べるのは意味がある。なぜなら、こんな状況のなかでも、本書の本質的なところをいいかげんにする気はないからである。

以前に出版した書物、（「農薬に病む作物」、『病害虫防除の新しい基礎』、ドゥパール出版、パリ、一九八〇年に掲載）での私たちの「栄養関係説」（trophobiose）[*1]という理論に同意できなかった人びとがあり、批判することと自体はまったく自由だが、この批判者の一人がきわめて断定的に次のような質問をした。「この理論は、花芽形成がその植物の状態をどういう筋道で変化させるのかを説明していない」[*2]。

これ自体は正しい質問であり、そもそも私たち自身が問いかけたものである。読者の参考のために、同論文に二度も解答を書いている。そのはじめの部分を引用させてもらいたい。

まず一二六頁の第五段落には次のように書いてある。「一つの事実が、この考えを確認させるだろう。つまり、感染がおこる時期が問題である。私たちの見解によれば、この敏感な反応の時期は花芽形成の時期と一致する。これが、私たちの栄養関係説とデュフルヌアの見解とが一致する点でもある。つまり、花芽形成期には、葉ではすべての物質合成能が失われ、既存のタンパク質の分解さえおこる。これは、生殖器官である花芽に可溶性養分を十分に供給するためである。」

さらに私たちはこの批判的な質問を再度にわたって検討し、二〇六頁の終わりの段落で、ほぼ同じような表現で答えている。さらに二四四頁では、総括的結論の最後の一二番目の問題として、私たちの理論を用いて返事を繰り返している。

これらのことは、実は批判者が論文を一二五頁までしか読んでおらず、また総括的結論についても注意を払っていないのに、私たちの論文を非難してもよいと考えたことを証明している。もっと問題なのは、批判者が私たちの側に虚偽があるかのような軽率な表現を見せたことであろう・・・。

だがこんな「できごと」は私たちをさらに熟慮させ、自分たちの学説をますます深めてゆくのを励ましてくれたのである。その成果が今度の書物のなかに実現されている。以下にかいつまんで要点を述べたいが、それは私たちの考えの「主軸」をなすものと言えるのである。

＊1：従来、この言葉は日本語で「栄養共生説」または「栄養好転説」と訳されているが、シャブスーが用いている場合の意

味を伝えるために、「栄養関係説」とした。（訳注）

＊2：「科学の研究」、一九八一年、九月号に掲載された批判。

本書は三部に分かれている。

第一部　農薬と生物的不均衡

このはじめの第一章の文章はあまりに単刀直入で驚かれるかもしれないが、それは合成化学農薬の生産が種々の病気と害虫の激増に対して大きな責任があることに注意を促すことを意図しているからである。私たちが強調したいのは、古くから知られた種々の病害虫だけではなしに、特に害虫の大発生と新しい病原因子の発生との関連である。たとえばキジラミの仲間、ダニ類、ムギ作でのウイルス病を含めた多くの病害、ブドウその他の果樹類の枯死とその病原体としてのウイルスがある。

私たちの見解によると、「生物界の均衡の破れ」は結果的に天敵がいなくなるといったことだけではなく、生物界での栄養摂取環境が乱されることである。つまり、作物体内の生化学的状態が新しい合成農薬の導入によって変化を受けるということである。

私たちが最終的に到達した考えは、作物とその寄生者（病原菌と害虫）との関係は、なによりも栄養摂取の領域でおこるということである。それを一言で言えば、作物と寄生者とのあいだの栄養関係であり、「栄養関係説」にたどり着くのである。この考えはまた、有害生物にとって有毒な物質やその活動を抑制する物質（フィトアレキシン）が作物体内にあるかどうかに基礎をおく作物の抵抗性の考えには疑問を提出している。

この栄養関係説に立ってみると、寄生者の発育にとって必要な養分が作物に少なければ少ないほど、その抵抗性は強まるであろう。要するに、「毒性作用ではなく、抑制的な影響」が問題なのである。

また私たちの説は植物と寄生者との関係が、さまざまな環境条件によって決定されていることをうまく説明できるように思われる。たとえば遺伝的な抵抗性品種、植物体内の生理的変動（開花期、日長反応性）、気象条件、土質、施肥、台木の種類、そして植物の生理状態に対する農薬の作用などである。

植物が害虫や病気に抵抗する過程、逆に言えば栄養と関係しておこる感受性の過程に関連しては、まさにこれから述べる諸条件の研究が生まれてくることになる。先にあげた「私たちの批判者」への返答の場合でいえば、可溶性養分の水準によってことが決まるのである。たとえば、タンパク質分解が優先する状態は病害と結びつくし、反対にタンパク質合成が優先するにつれて植物の抵抗性が高まるのである。

現在、私たちの周囲に害虫や病気があまりに多いことに気づくとしたら、それはまさに現代の「集約的」な農業技術のせいである。それは合成農薬と合成化学肥料、特にチッ素肥料の利用の増大を意味し、その結果、作物でのタンパク質合成が抑制されるからである。

この重大な問題により深い注意を向けるためには、次のことを考えたらよいだろう。農薬による直接的な「増感」（感受性の増大）が作物でのいろいろの欠乏症状をも引きおこしているのではないかということである。このことから必然的に第二部のテーマが生まれてくる。

第二部　養分欠乏と病害の発生

ここには四つの章があり、そのうちの二つは細菌病とウイルス病、つまり農家の眼からだけでなく、ウイルス研究者の立場からも「たちの悪い病気」、または「奇妙な病気」と見られているものである。私たちはこの病気の発達に対してさまざまの外部条件が与える影響を研究した。この点にかぎって手短にいえば、ウイルス病は検討した諸要因に対しては特別な反応を示さないのである。

ウイルス病では気象条件などの一般的な外部条件は発病に特別な影響がないと見られるので、感染源と媒介者の存在と並んで、植物の生理状態が発病の大きな原因だと考えられる。とりわけ農薬散布が、保護されるべき作物自体に間接的に大きな影響を与えていると見られる場合には、この認識は現代の植物保護対策にかなりの変更を迫るものである。

細菌性の病気とウイルス性の病気は互いに類似していることがよく知られている。さらに、この両方の病気の症状と植物の養分欠乏症状とを「取りちがえる」ことがあるのは偶然のできごとではなく、互いに原因とその結果の関係にあるからだと見られる。これと関連して、病害の防除で植物性の薬品や単純な鉱物製品（銅剤、イオウ剤など）をときに応じて使っていた状態から合成化学農薬に切りかえた際に、作物の生理に対する今までとまったくちがう影響によって、一見したところ理解できないさまざまな病気、とりわけ細菌性およびウイルス性の病気がまず最初に新たに発生する理由がここにあるように思われる。

一方、この点に関して、すぐれた同僚コンスタン・ヴァゴーの研究を詳しく検討するのはたいへん有益であると考えた。その研究を大きな関心をもって記憶しておき、今後の考察のための重要な参考材料にしたいと考える。つまり、彼の研究のおかげで植物界と動物界の両方の「病気」という現象を、同じ考え方で説明できる普遍的な法則があるのではないかと考えるようになったのである。たとえばヴァゴーは昆虫におけるウイルス病の発症に対して、体内の物質代謝を阻害し、それ自体が病気の原因となる二つの条件を明らかにしている。それは植物の場合と同じだが、一つは「栄養失調」、もう一つは「中毒」である。

次の第三部は第八章と第九章を含み、それぞれのテーマをもつ。

第三部　栽培技術と作物の健康

ここでは栄養関係説の立場から、タンパク質合成の促進によって得られた実験結果を、ときには経験的事実をも交えて第八章と第九章に分けて説明する。

さまざまな農業技術の実例を検討する。たとえば、今まで、特に「バランスの取れた施肥」ということが強調されてきたが、しかしこれまでのところ、その内容については確立された説明がない。また「養分欠乏」を矯正したり予防したりすることも語られてきたが、しかし、そのための治療法には作物の生理についての知識をより深めることと、また種々の養分、とりわけ微量要素の役割についての研究が必要である。今までにもかなり参考になる研究結果があらわれており、そのいくつかは第九章にまとめられている。

これらの成果のいくつかが栄養関係説の原理の現場での応用から生まれたものとして、それが十分な知識をもとに応用されてゆけば、その技術はさらに効果的となることが期待できるのではなかろうか。

バリザック、一九八四年七月二〇日

第一部　農薬と生物的不均衡

環境保全への配慮から、農薬をできるかぎり減らすという方向に時代は大きく転換しつつある。今まで農薬をかけたことのない多くの土地にも農薬使用を広げようとするのはばかげたことではなかろうか。いくつかの地域で一時的に収量を増加させるために、早晩、高い代償を払うようになるだろう。

前国立農学研究所所長　エミール・ビリオッティ

――「輪作ムギの防除について」

（『フィトマ』二七二巻、二一―二三頁、一九七五年）

第一章　農薬の使用による病虫害の激増

（一）作物の健康というテーマをめぐる重要な問題

合成化学農薬の普及は作物保護の場面に多くの新しい問題をもちこんだ。ダニとキジラミが一つの例である。ダニ類の専門家であるアティアス・ヘンリオット女史（一九五九）によると、ダニが主要な農業害虫になったのは一九四五年からだという。またリンゴキジラミもかつては農業害虫研究ではあまり知られていなかったのに、今ではそのための特別のシンポジウムが開かれている。この点ではネマトーダ、アブラムシ、ガの仲間やカブトムシ目の昆虫も同様であるが、これらについては後に述べることにする。また植物病の専門家が、今までのような一般的な原因の説明では解き明かせないような多くの病気の発生にぶつかって驚いているという重要な新しい事実も生じている。

さらに、増加する一方のムギ類の病気や新しい病原性ウイルスの出現と関連して、ある農薬製造会社は

「これらを今後注目すべき病気」として、「これらのはげしい病害がムギ類にこんなに持続的に大きな被害を与え続ける理由はなんだろう？　どうしたらこの悪循環から脱却できるのか？」「特定のいくつかの病気がこんなに急速に広範囲な被害を引きおこすのを、単に自然界や気象的な原因だけで説明することはできない」と書いている。（プロスイダ社の広報誌）

あまりにもみごとに事実を述べているので、この文章をそのまま借用させてもらった。実に正しい問題提起であるが、それ以後の印刷物からは消えている。この件についてはムギ作の章で改めて述べてみたい。

野菜栽培でウイルス病がますますひどくなることに関して、あまり知られていないがある専門家の証言を引用しよう。「野菜農家が危険な害虫や病気にたえず直面し、さらに有効な農薬を自由に使うようになるにつれ、今やウイルス病は優先的な地位を占めるようになった。しかし、それがどこから出てきたかはよくわからず、その拡大の動きは目に見えないので、ウイルスは不安をかき立てる病原体となった」（マルー、一九六九）。この重要な問題には後でふたたび考察を加えることにしたいが、さしあたってマルーの見解に関して注目したのは、彼が効果があるとしている農薬とは新しい合成農薬であるということだ。これらの農薬には、効果のある反面、大きな難点もあることをこの後のところで示したいと思う。

（二）農薬は生物的不均衡に直接かかわっている

害虫の大発生、カビ類、細菌、ウイルスなどの病害の広がりという「生物的不均衡」を説明するための私たちの理論を知らないか、あるいは認めようとしない人びとの多くが実はこの方面の専門的研究者であるが、その研究者の研究は問題への納得できる答えを出していないと考える。

しかし事態が深刻になるにつれ、公的機関の側からも病害虫防除農薬の「副次的影響」を取り上げざるをえなくなってきた。たとえば、フランスでは、国立農学研究所（ＩＮＲＡ）と各種の植物保護分野の代表者たちによる研究班がつくられ、いくつかの化学物質について、各種害虫に対する「弱点」の一覧表を定期的に作成している。ここで問題になるのは主として合成化学農薬である。

これに関しては、まず昆虫の大発生と病害の広がりについてどんな用語が用いられているかに注意すべきである。たとえば「副次的影響」が出るというとき、ダニ、カイガラムシ、アブラムシなどの害虫の発生に関する場合は「害虫が増殖した」と表現する。反対にうどんこ病、べと病、灰色かび病、黒星病などがひどくなる場合には、問題となる農薬に対する病原菌の「抵抗性」に直面していると言いあらわす。

動物界と植物界について、この「生物的不均衡」を説明するのに、異なった表現が生まれるのは、問題となる現象の発生原因について関係者が少なくとも暗黙のうちにどう考えているかを示していると思われる。というのは、一般的に通用している説明、つまり、ある農薬を使うと害虫が増えることがあるのは天敵が殺されるからだというものだ。つまり、害虫の増殖が捕食性や寄生性の天敵によって食い止められなくなると考えるのである。

しかし、無視されてきた私たちの研究によれば、たとえば、いろいろの殺虫剤によってダニ類がむしろ増えることがわかってきた（シャブスー、一九六九など）。それだけでなく、種々の農薬によってアブラムシの異常増殖がおこる原因についてのいくつかの研究（ミシェル、一九六六、スミルノヴァ、一九六五など）は完全に無視されている。この事柄は別の章で取り上げたい。これらの研究は農薬が天敵にも有害な作用を与えることは認めるが、実は害虫の増殖は、農薬で処理された植物を食べることによる害虫の生命力の増強がその害虫の増加を促すことを証明している。たとえばダニの場合、受胎力の増強、寿命の伸び、雌の比率の増加がおこるのである。

さらに、ダニについて言えば、その天敵には無害な農薬でもダニの数を増やしているし、塩素系の農薬で土壌消毒したジャガイモ畑でもダニが増加している。

昔からあった病気の急な蔓延や新しくあらわれた病気についても、農薬による天敵の減少によって説明するのはむずかしいだろう。そういった天敵はまだごく少ないからである。こんな場合には、実際に証明もせずに農薬への「抵抗性」が語られることもある。ところで、動物でもまったく同じだが、「増殖」、つまり数が増えることが問題であり、それはもとを正せば栄養に関係することであり、その原因は植物の側に生じるなんらかの生理的不調によることもあるし、また特に繰り返し散布された農薬（殺菌剤、殺虫剤、除草剤）がすべて植物の生理に影響を与えることにも関係する。これについては次章以下に述べる。

私たちの研究によると、ブドウに各種のジチオカーバメート剤（ジネブ、マンネブ、プロピネブ）を散布すると、無処理にくらべ明らかにうどんこ病が増加している（シャブスー、一九六七、一九六八など）。ヴァネフとチェレヴィエフ（一九七四）も同じ結果を得ている。ジネブ剤がブドウのうどんこ病と灰色かび病の蔓延を促進したのである（第1図）。

動物界でも植物界でも、合成農薬によって引きおこされる「生物的不均衡」は同じ種類の原因によるのであり、それはまさに理の当然のことである。たとえば、キャプタンはダニ類を増やすだけでなくリンゴのうどんこ病を悪化させ、チェリーの細菌性病害である根頭《こんとう》がんしゅ病の発生を促進することがわかっている（ディープとヤング、一九六五）。この研究者はその研究結果が「天敵説」とはまったく相容れないことを指摘している。特に根頭がんしゅ病の増悪には、部分的であれ、まったく別の誘因が関係していると考えている。こうした例は、農薬によって作物の生理状態に変化がおこり、それがたとえばうどんこ病や細菌病の蔓延を引きおこすことを示しているように見える。細菌性の病気については本書の後のほうで詳しく考察するが、そこでは、農薬処理を含むさまざまの環境条件によって変化を受ける植物と寄生性の細菌類との関係についての研究を紹介したい。

（三）　とりまとめ

合成農薬が生み出す悪影響について私たちが提出したいささか目新しい説がさまざまな反論を受けるにちがいないことは十分に承知している。だが私たちの最初の書物（「農薬に病む植物」前出）が、それを読んでもいない若干の人たちから批判を受けたことで、この第二の書物によって私たちの意見をふたたび

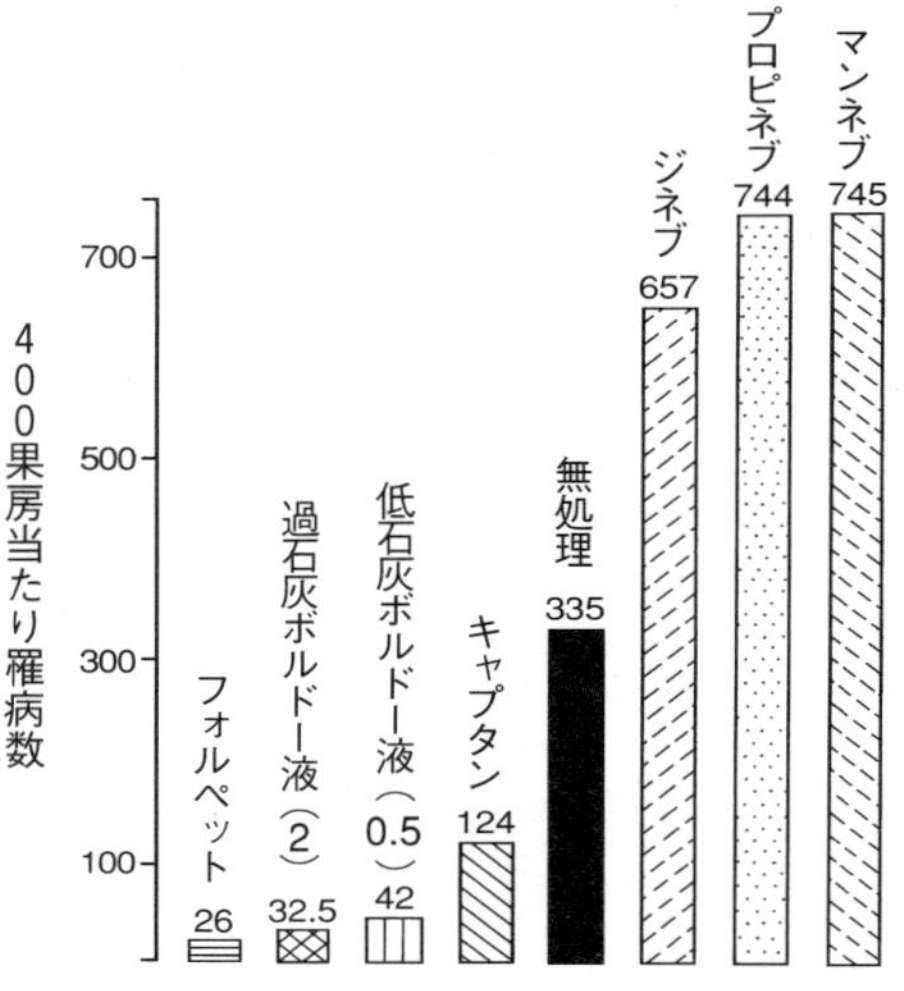

第１図　ブドウベと病の防除に使われた各種の殺菌剤とうどんこ病の発生状況（品種：「カベルネ・ソーヴィニヨン」、ヴァネフら、1974）

世に問うべき必要があると判断したのである。

この書物、『作物の健康』は、殺菌剤、殺虫剤、特に除草剤などの合成農薬が植物の生理に影響を与えるという判断に立って、これらの薬剤のもつ問題点を明らかにするという明確な目的をもっている。しかし、古典的な植物病理学はこの現象を認めていない。次章は、さまざまの寄生者に対する植物の感受性に対して外部要因の主だったものが関係をもつことを示すことにより、植物と寄生者の関係を明確にするために設けられた。ここでは植物器官の齢、季節に応じた発育段階の変化、気温、日長、土壌などが寄生者への植物の感受性と抵抗性に与える影響が問題とされる。そして最終的には、これらの分析は植物と寄生者との関係の本質を明らかにすることになろう。この関係とは「栄養的な関係」なのである。

他方、これらの検討から寄生者がもつ生物的潜在力を強めるような「養分」とはどんな性質のものかがわかってくるだろうし、植物の側については、その抵抗性を強めるために検討すべき生理状態も明らかになるだろう。

第二章　作物と寄生者との関係――「栄養関係説」

（一）作物の抵抗性に関係する諸条件

植物の生理状態、つまりその抵抗性はそれを取り巻く外界条件と深い関係がある。いくつかの条件について考えてみたい。まず植物と寄生者の関係の本質を明らかにし、次に以下に提案する仮説のもとで、研究結果と一致する点を指摘する。

（1）植物の発育段階の影響――開花期について

私たちの考えに対する強い反論の一つとして、以前に出版した書物（『農薬に病む作物』、一九八〇）のなかで提出した栄養関係説について、「この説は植物の花芽形成がどういう筋道で植物の反応に変化をおこすかを説明していない」というのがある。私たちの見解では、花芽誘導が植物の反応、特に病害に対する感受性を変化させることは私たちが確認した疑いようのない観察であり、自分自身にも問いかけ、またこの種の質問に対して繰り返し返答してきたことである。だからこそ、私たちの提出する栄養関係説の証拠として次のように書いている。

「一つの事実がこのことを明示している。病害虫が広がる時期があり、この感受性の高い時期は開花期と一致する。この点で、私たちの栄養関係説とデュフルヌアの考察とは完全に一致する。この花芽形成期ではあらゆる葉がそのタンパク質合成能を低下させ、今までもっていたタンパク質の分解もかなりの程度おこる。可溶性の養分を生殖器官に提供するためである。」（同書、一二六頁）

別の箇所では次のようにさらに詳しく説明した。「花芽形成期では、すべての葉がいっせいに物質の合成能を失い、またタンパク質の分解がかなり進行する。植物が開花し、やがて幼果をつけはじめると、全植物体にわたってタンパク質分解の様相が明瞭になり、成熟した葉のタンパク質含量は大きく低下する」、また「花芽形成期は多年生、さらには一年生植物にとっても、病虫害に侵されやすい時期である」とも書いた（同書、二〇六頁）。

このあと、まず植物器官の齢と気候が植物の病害感受性に与える影響について語ることになるが、この二つの条件は互いに影響し合ってもいる。その実例としてブドウとべと病との関係をあげることにする。

（2）植物器官の齢と病害感受性

これについては多くの実例をあげることができるし、植物の数も病害の種類も多い。しかし植物の感受性、裏返して言えば、その抵抗性を決定する要因については、みなよく似た傾向がある。どの証拠も大いに説得力のあるものだと考える。

ブドウのべと病

ブドウのべと病についてはパンタネリ（一九二一）の研究が詳しい。彼の研究を要約すると、べと病の侵入は次のようにしておこるとされる。まず分生子の発芽、次は遊走子が気孔を通過するために、気孔へと引きつけられる。彼の観察によると土壌の湿度は気孔の開閉に大きな影響があるが、逆に葉面での水分の凝集は気孔が開くのを抑制する。日中の高温乾燥の後におとずれる湿った夜間は菌の侵入には好ましいということになる。

一方、空気中の湿度も菌の侵入についての重要な条件である。というのは、それが葉組織での養分の変化に影響を与えるからである。このことは、パンタネリが鉢植え実験での葉の含有成分を比較することによって明らかにした。ある植物は戸外に、ほかのものは多湿だが明るいガラス室で育てられた。ガラス室においたブドウ葉中の可溶性炭水化物の量はデンプンよりも多く、夜間にはこのデンプンは完全に、あるいはほとんど完全に分解されていた。またチッ素とリン酸の化合物の比率も高まり、これが胞子の発芽のための好適条件となっていた。

気温も大きな影響があるが、直接、病原菌に対してだけでなく、間接的に物質代謝に対して影響を与える。前もって分生子が摂氏九～一〇度ぐらいに冷却されると、その発芽がよくなる。これは葉の上での温度の低下によっておこる。この温度の低下は不溶性のデンプンに対する糖類の比率を増加させている。また可溶性のチッ素とリン酸の化合物の比率も若干だが高まる。

これらは植物のほうからの働きかけによるものだが、感染がとりわけ夜明け頃におこることを説明してくれる。夜明け頃にはデンプンの可溶化が強まり、またタンパク質の分解も最大になるのである。

要するに、湿度と気温の影響はどれも、ブドウの葉にべと病菌が感染するためには植物体内の可溶性化合物の存在が重要であることを示している。外界条件が体内養分の状態に影響を与えているのだ。このことはまた葉の齢（成熟度）の影響の解析によっても確かめられている。パンタネリは次のように言う。「ごく若い葉は罹病しにくいが、それは葉中にアルブミンが多く、汁液中に可溶性化合物がほとんど含まれていないからである。反対にやや古くなった葉と成熟葉は感染しやすいが、しかし成熟葉では菌糸体の発達はごく少ない」。

これらの観察によるパンタネリの結論は次のようだ。「デンプンに対して糖類の比率が高く、また不溶性のチッ素（アルブミン、核酸、タンパク質）に対して可溶性のチッ素化合物とリン酸化合物の比率が高いと、べと病菌の感染が強まる。遊離有機酸の含量は関係がないと思われる。」

これらは広い意味で感染に対して成熟葉が抵抗性をもつ場合の原因であり、チッ素の大部分がタンパク質と結合していて遊離のチッ素化合物が少ない場合には感染しにくいということである。（マッキー、一九五八）。

さらにパンタネリは気孔に到達する遊走子の行動の研究を進め、次のことを発見した。

――グルコースもスクロースも遊走子を引きつけないが、ペプトンは強く誘引する。

――遊離有機酸（酒石酸、リンゴ酸、クエン酸、シュウ酸）は遊走子を反発する。

――塩基性酸のうち、炭酸ナトリウム、炭酸カリウム、また無機リン酸化合物はやはり遊走子に反発的に働く。

最後に、パンタネリは次のように締めくくった。「可溶性のチッ素とリン酸化合物は、糖類よりも病原菌に対して強い誘引力があると考えられる。」

糖類も炭水化物も揮発性ではないので、遊走子を引きつけるのはアミノ化合物と脂肪酸エステル、特にアミノ酸である可能性が非常に大きい。

ブドウとべと病との関係についてパンタネリの研究は、病原性菌類の侵入と感染には、可溶性の養分が大きな役割を演じるということを教えてくれる。それはタンパク質の分解が、その合成を上回るような代謝状況のことである。そうなると葉の表面において可溶性化合物、特にチッ素と糖類などが増加する。パンタネリが証明したように、べと病菌の場合には糖が二次的な重要性しか示さないように見えるが、ほかの病原菌については炭水化物が大量に必要になることもありうる。

後にもう一度、考えることになるが、病原菌の種類によっては、養分の比率、たとえば可溶性チッ素と可溶性炭水化物との比が感染過程に影響を与えることもある。簡単に言えば、CN率の影響である。

後に述べるように、外部条件、たとえば気象条件、土壌条件、施肥、また重要なことだが、農薬の存在がCN率に大きな影響を与えることがわかっている。このことには別の章をあてることにする。

私たちは植物体の齢と寄生者との関係を実験的に追及している最中であり、さらにはウイルス病についても検討している。

タバコとモザイク病

はじめに書いたように、ウイルス性の病気は重大な問題である。特にムギ類の集約栽培では例外なしに植物の葉の齢との関係で感受性に変化がおこる。

ホルヴァス（一九七三）の研究によると、タバコのモザイク病への感染では、茎の基部にある老化した何枚かの葉の過敏性反応が増大するが、これらの葉ではタンパク質とＲＮＡの合成能がほかの葉よりも低下しているのが見られる。

老化が進むと過敏性反応をおこしやすいことが明確であるが、植物体が元気よく活性がある場合は、この現象を抑制することもわかっている。

その言葉のとおり、過敏性反応の過程は寄生者に対する宿主細胞の強い感受性を特色とする。この場合、病原性をもつ菌類やウイルスが問題となる。この過敏性反応の結果として植物のその部分の細胞は死に、やがてそこでの養分がなくなるので感染の広がりは停止する。つまり、こんな個別の場合でも、寄生者の侵入に対する宿主の抵抗性の過程では栄養分という条件が一つの役割を演じているのである。

植物器官の感受性は器官の齢と関係しておこるが、これと同じことがダニやアブラムシなど吸収口をもつ昆虫類に対してもおこることを研究者たちが実証している。それを次に述べることにする。ヒメヨコバイを実例として考えてみる。

トウゴマとヒメヨコバイ　――抵抗性の品種間差異の原因

ダニについても説明したことがあるが、その増殖は植物体内に遊離アミノ酸などの可溶性養分が十分にあることと関係する。還元糖も同様の関係がある（シャブスー、一九六九）。また、アブラムシではいくつかの農薬を散布したあとでも増殖は止まないが、そのときの状況はダニの場合と同じであった。

ダニとアブラムシと同じく、また先にあげたキジラミやヒメヨコバイでも、それに対する作物の抵抗性が問題となっている。たとえばブドウを合成農薬で処理したあと、ヒメヨコバイが蔓延することがわかっている（シャブスー、一九七一）。

インドの研究者、ジャラジ（一九六六、一九六七）はこれについての研究を深め、トウゴマ体内の生化学的変化と、そこへのヒメヨコバイの誘引と増殖の本質について検討した。そのなかで特に注目すべきは彼が今ここで問題としている条件、つまり抵抗性の品種間差異、品種のもつ遺伝的要因の影響に取り組んだことである。そこで彼は品種の病害感受性、同じことだが品種の抵抗性のちがいの判定基準を、ヒメヨコバイの加害に対応する植物体の養分含量の値で表すのに成功したのである。

感受性品種と耐性品種では遊離アミノ酸とアミン類の蓄積が高く、抵抗性品種とくらべて、全チッ素の含有量はそれぞれ一一三・五％と四二・三％と多く、遊離アミノ酸では一二倍、および七倍にもなった。

ジャラジの結論はきわめて明快である。「トウゴマの抵抗性品種は全チッ素とアミノ酸、およびペプチド類の含有量が少ないなど、ヒメヨコバイにとって栄養的価値が低いことによって、この害虫を遠ざけている。」

ヒメヨコバイの食害を抑制する原因として、この昆虫にとっての養分がそこに不足していることが考えられるというのである。アブラムシなどの昆虫類、糸状菌などの病原菌、さらに細菌、ウイルスに関しても同じような抵抗性のメカニズムをみることができる。これと関連して可溶性の諸成分の量の大小、その比率、つまりＣＮ率のことなども考えにいれて現象を考えることができるだろう。

他方、ソラマメヒメヨコバイとジャガイモとの関係の研究でも、ヒメヨコバイは宿主のジャガイモの生化学的性質に対して敏感に反応している。ミラーとヒップス（一九六三）が明らかにしたことだが、ヒメヨコバイは茎の先端の無対の小葉に産卵するが、そのすぐ下の一対の小葉は好まない。産卵の場所の選択にも、その部位の生化学的性質が関係していると考えられる。

（3）気象条件の影響

温　度

この条件はブドウのべと病についてのパンタネリの研究のところで触れておいた。私たちの実験でも、胞子の発芽に温度が直接的な影響を与えており、それは同時に葉からの物質放出の性質にも関係するのを見た。つまり、それが可溶性の養分、特に可溶性のチッ素化合物に富んでいるかどうかということがべと病に侵されることと関係がある。

デュフルヌア（一九三六）は次のように書いている。「ガスナーとストレートによると、コムギの各品種ごとにさび病の諸系統に対する固有の限界温度があり、それを越えるとコムギは抵抗性をもつようになるという。一般的には、気温が下がってくるとコムギの幼植物の下部葉での可溶性タンパク質の含量が増えることがわかっている。」

この事実は、「ムギ類の組織中の可溶性タンパク質の増加と、さび病への感受性の増大」との並行性についてのフィッシャーとガウスマンの実験結果が正しいことを示すものだ。

気温が低下すると、タンパク合成能が低下することによりムギ類での感受性が増大することは、これらが栄養的な次元での現象であることを示すもので、私たちの栄養関係説と一致する。

ついでだが、ムギ類でＤＤＴなどの塩素化合物によってさび病への感受性がはげしくなることは、植物の生理に対して農薬が直接的に影響をおよぼした結果であるという報告があることを指摘しておきたい（ジョンソン、一九四六）。このことはＤＤＴによってアブラムシの増殖が促されることと同様に、栄養的な過程、つまりタンパク質合成の抑制および組織内の可溶性チッ素化合物の蓄積などによるものと考えられる（スミルノヴァ、一九六五）。ムギ類の集約栽培での農薬の影響の例については、後にふたたび触れたい。

緯度と日長の影響

繰り返し指摘されていることだが、緯度と日長は病気に対する作物の抵抗性に影響する。たとえばヤング（一九五九）の発表によると、トウモロコシの同一品種がアメリカ合衆国北部のミネソタ州から中南部のミズーリ州やオクラホマ州に移るにつれて、茎腐病に対する感受性が増大する。これは緯度が下がるにつれ日長が短くなるからだと考えられる。

これは広く一般的な現象だと思われる。ウマエラス（一九五九）によると、ジャガイモの品種「セゴバ」は、長日下のメイン州では疫病に対して強い抵抗性を示すが、日長がより短いフロリダ州では感受性の強い品種となる。

この現象は生化学的に説明できる。クレーンとスチュアート（一九六二）が明らかにしているのだが、ペパーミントの組織中のアミノ酸含量は一つは日長によって、もう一つは培養液中のカリ／カルシウム比によ

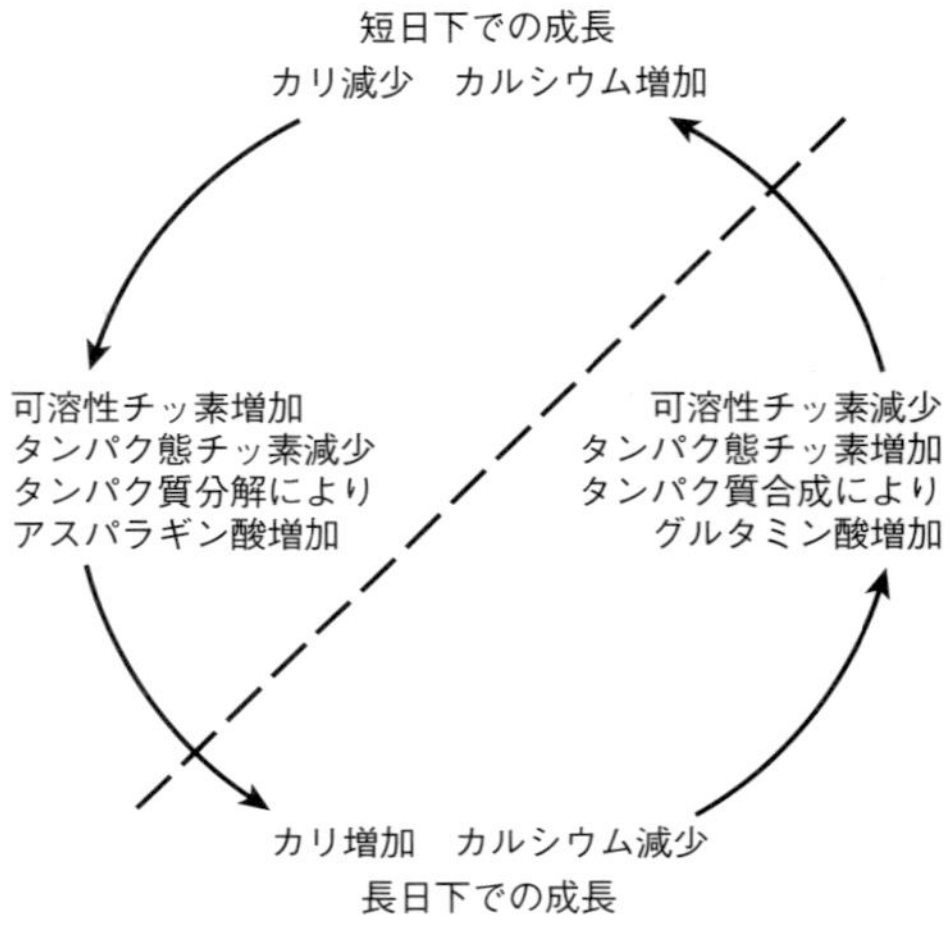

第２図　ペパーミントにおけるカリ／カルシウム比とタンパク質の合成・分解との関係、および日長と組織中のアミノ酸含量との関係（クレーンら、1962）

って変化する（第2図）。

この研究の結果をまとめると次のようになる。

（a）日長が短くなると組織中の可溶性化合物の含量が増える。タンパク質の分解は日長が短くなるにつれて強まり、それによってアスパラギン酸が蓄積する。このアミノ酸は病原菌の重要な養分となる。

（b）長日下では可溶性のチッ素化合物含量が低下し、タンパク態のチッ素が増加する。植物ではタンパク質の合成がさかんとなり、グルタミン酸含量が高まっている。

これらすべての実験結果が、植物の生理状態が寄生者への感受性に影響することを示しているとすれば、たとえばクレーンとスチュアートの実験にならって、植物の養分摂取がその生化学的組成に対する影響を明確にするようにと導かれることになる。まずは作物への施肥がその生理にどんな影響を与えるか、つまりこの場合は寄生者に対してどんな感受性を示すかの問題に取り組みたいと考える。

なお、クレーンとスチュアートは培養液中のカリ／カルシウム比の体内成分への影響を研究するなかで、この比率が日長の影響と一致することを強調している。特にこの場合、タンパク質の合成と分解とのバランスが問題となっている（第2図）。

こんな作用が多く見られるので、植物の抵抗性に対して土壌改良剤や肥料によっても同じような性質の作用が生じることも考えられる。このことはさらに後に述べることにしたい。しかし、施肥は作物の栄養価に対して大きな影響を与え、それを食べる人間や動物の健康にも大きなかかわりが生じる。このような見方から、私たちはさらに植物の抵抗性に対する土壌というものの影響を研究することになる。

（4）土壌の影響

ジャガイモとジャガイモハムシ

ショウジョウバエとカイコは、これらを使って行われたたくさんの研究によって科学に大きな貢献をしたが、ジャガイモハムシについても同じことが言えるだろう。このハムシに対する感受性にかかわる土壌の影響についても教えられることが多い。

ショヴァン（一九五二）はジャガイモの多くの品種について、ハムシの摂食要求が栽培地の土壌条件と関係があることを見つけた。二か所の栽培地のうち、ベルサイユのA試験地は開墾地を畑にしたところ、エペルノンのB試験地は粘土質の土地だったが、はじめはその土性がよくわからなかった。

実験の結果、ハムシの食欲にはジャガイモの品種によってかなり大きなちがいがあることがわかった。ショヴァンはいくつかの品種についてハムシを誘引する物質の存在を調べようと試みた。ハムシが好む傾向を

第1表　栽培地の土性によるジャガイモ品種のハムシ誘引度（相対値）のちがい
（ショヴァン、1952）

品種	ビンジェ	ソシス	アッカゼーフェン	パルナッシア
栽培地　A	1.25	0.45	1.61	0.80
栽培地　B	0.31	0.28	1.25	0.28

テストすることにより、それぞれの品種についての順位を決めることができ、これを「誘引度」と呼んだ。

二つの試験地について、いくつかの品種をこの基準によって分類したが、全般的にみてB試験地で栽培されたジャガイモではA試験地よりもハムシの食害が少ないことがわかった（第1表）。

ほかにもボズコフスカ（一九四五）のハムシの研究があるが、やはり土の性質さらには施肥条件がジャガイモの体内生理の変化を介して昆虫への感受性に影響を引きおこすことが示されている。

従来までの栽培技術のなかには、たとえば厩肥や堆肥を注意深く施用することで作物体内の生化学的状態に影響を与えて、ハムシ、さらにはいくつかの病原菌に対する抵抗性を強めることを示しているものがあるが、それに驚く必要はない。後のほうで、施肥がもたらす種々の影響、また病害虫への抵抗性を強めるのに植物が必要としている諸条件について考えてみたい。

土壌の「抵抗性」について

ここに引用する何人かの研究者たちは「病気に抵抗性のある土」といわれるものについて報告している。それは先にあげたジャガイモとハムシの関係に見られるものと同じ種類のことかもしれない。

この問題の専門家であるルヴェー（一九八二）の観察によれば、この抵抗性は土の物理化学的特性と関係があるという。たとえば、酸度の高い土はアブラナ植物をおかす根こぶ病に抵抗性をもつ。また別の場合では、この抵抗性は基本的には微生物的条件による。この研究者の表現を借りれば、そこには「効果的な微生物的バリア（防壁）」ができていることと関係がある。この防壁は土中に病原体がすでに存在している場合でも、それが病気を引きおこすのを抑制する。

ルヴェーは明確に言う。「それは病原体と土壌・植物系とのあいだの不適合性によって生み出される微生物間の活発な拮抗作用のあらわれである。微生物的なこの防壁が損なわれると、抵抗性も失われる。デュラン低地渓谷の抵抗性土壌といわれた場所でも、燻蒸剤処理や蒸気消毒が行われるとフザリウム菌によるメロンのつる割病が蔓延した。この地にはびこる褐色根腐病をこの方法で防除しようとしたことがフザリウム菌の活動を許したのである。

この場合、私たちは「生物的不均衡」と向き合っていることになる。それは実は合成農薬によって引きおこされ、多様な過程を含んでいると思われる。土をこんなふうに処理した後には土の微生物相は破壊の危機にさらされていると思われるが、それは作物への養分供給過程と深くかかわっており、やがては抵抗性とも関係する。

この章で分析を試みた事柄すべてては、病原体と土壌・植物系とのあいだの不均衡が実は植物の生理状態と関連があることを示すとルヴェーはいう。実際に、植物の栄養代謝過程のなかでいくつかの微生物が果たす役割が重要であることを、私たちは知っている。たとえば土壌中で亜硝酸やアンモニアから硝酸が生成される過程での微生物活動は燻蒸剤の使用によって破壊される。

別の実例として、畑と実験室との並行実験でブレインとウッティントン（一九八一）が示したのは、ルタバガの組織内のマンガン含量が高まるとうどんこ病への感受性が弱まることであった。マンガンは植物の成長にとって必須の微量要素であるが、その理由の一つをこの実験は示している。

他方、植物のあらゆる欠乏、とりわけ微量要素の欠乏はタンパク質の合成を抑制し、多数の遊離アミノ酸の蓄積をおこすことがわかっている。マカデミアナッツでは、正常株にくらべて微量要素が欠乏している株では遊離アミノ酸含量が八五％も増加していた（ラバナンスカスとハンディ、一九七〇）。マンガンは硝酸態チッ素の吸収には欠かせない要素であり、マンガンの欠乏によってタンパク質合成の抑制がおこり、ある研究によると、エンバクでは細菌性の病気に対する感受性が高まることがわかっている。

「土のもつ抵抗性」なるものは、タンパク質合成の好適レベルの働きによっておこる植物の抵抗性向上のきわだった事例にすぎないと考える。つまり、それは土の含有する各種の要素の均衡が取れていることが原因なのである。もしこの均衡の一つが陽イオン類、特に先に見たようにカリとカルシウムのあいだの均衡によるとすると、「触媒作用のある要素、すなわち微量要素」という表現をすることも必要となる。このことについても後に述べることにする。

しかし、土のなかに種々の微量要素があるというだけでは十分ではない。それらが植物によって「交換される」、つまり同化されることが必要だ。このとき、これに関係するのがpH、つまり土壌酸度である。ブレインとウッティントン（一九八一）が明確に示したように、pHの値が高くなると、うどんこ病の発生がはげしくなる。この場合、植物体内のマンガン含量が低くなるのが見られ、この微量要素の吸収が土のpHに影響されることがわかる。さらにこのことは、いわゆる「マンガン細菌」の活動と関係がある。実際、石灰質土壌でのマンガン欠乏は、この細菌の活動によってpH値の上昇がおこることから生じると考えられる。

この研究者が強調しているのだが、土のpHの作用は複雑であり、その変動は、ある場合にはある要素の吸収性を高めて植物に毒性をあらわし、ほかの場合には要素の吸収を抑制してさまざまの欠乏症状を発生させる。

これらの事実が示すのは、土の成分と養分とからんで、土中の微生物が植物の生理とその抵抗性を結びつける作用だが、また種々の農薬、特に近代農業で大量に使われる合成農薬が土中の微生物に与える危険性をも示している。このことはさらに養分欠乏の発生にも影響するのである。ムギ類だけでなく、あらゆる作物栽培にもかかわる重要な問題として、この後さらに検討したい。

微量要素は植物の抵抗性について基本的な役割を果たしている。微量要素の欠乏と抵抗性の関係の一部を先に見たが、この欠乏状態を正しく調整することによって病気の予防と治療に貢献しうることになるだろう。同様にして、土壌が微量要素を豊富に含んでいるなら、そこにおこりうる病気に対する抵抗性が生まれるという仮説を立てることもできる。その一つの例として、以下に「火山灰土」の場合を見ることにする。

火山灰土でのイネの抵抗性

施肥法や土のpHに応じた作物の抵抗性の変化を正確にまとめた実験によって、マルタン―プレヴィル（一九七七）は、いもち病に対するイネの抵抗性が火山灰土では強まるのを見ている。一般的に銅やマンガンなどの微量要素の含量の重要性がいわれており、プリマヴェスィら（一九七二）もまさに火山灰土で栽培されたイネのいもち病に対する抵抗性について微量要素の重要性を指摘しているが、しかし、これらの要素が単にそこに存在しているからではなく、それらが地球の深部に由来しながらも地表に噴出して植物に十分に吸収されることも大きな意味があると考える必要があるだろう。

植物の抵抗性に対するさまざまな条件の働きを検討すると、たとえば開花期、器官の齢、気象条件、土性、さらには作物の品種（遺伝的条件）などはすべて植物体内の代謝にとって重要であることが明らかである。とりわけ、アミノ酸や還元糖など可溶性養分の体内での存在が寄生者たちの生活にとっては不可欠のものであることを考えるべきである。しかし現在のところ、寄生者が必要とするものは完全にはわかっていないのが事実である。

ところが、植物体内の物質代謝、およびそこでのタンパク質の合成と分解のバランスが植物の抵抗性に重要なことは、別な面から、つまりそれを栄養とする昆虫自身が示す抵抗性の問題によっても証明されているのである。

鱗翅目昆虫のウイルス病抵抗性と餌の植物が育った土壌の性質の関係

以前の書物にも書いたが、ヴァゴー（一九五六）は前もってウイルスを接種もせず、またウイルスから厳密に隔離していたにもかかわらず、はげしいウイルス病症状が昆虫にあらわれることがある例を報告している。

またヴァゴーは昆虫に対して、たとえば、フッ化ナトリウムを用いて亜致死量での中毒症状をおこさせたり、あるいは単に貧栄養状態にしたりすることによってもウイルス病症状がおこりうるのを見た。

このこととの関連で考えれば、土性の影響が関与していても不思議はない。タテハチョウ科のアカタテハ（*Venessa urticae*）の幼虫をクワの葉で育てた実験では、そのクワをどこで栽培したかによってウイルス病の

第2表　アカタテハの飼育での餌の性質とウイルス病発生との関係
（ヴァゴー、1956）

クワの葉の栽培土壌	ウイルス病発生率
重粘土質の畑のクワの葉を餌とした場合	18％
壌土の畑のクワの葉を餌とした場合	4％

発生割合に大きな差が出るのが見られたのである（第2表）。

これらのことは植物の真の栄養価に対する土の性質の重要性と、そこでの施肥の重要性をよく示している。これは家畜に対してだけでなく人間にも関係するのは当然である。後に検討することになるが、収穫物の「質」とは外見上のことではなく、その栄養上の価値のことである。栄養というものを測定するのは簡単ではないことは確かだが、抵抗性の基準としてのタンパク質の含有量によってまずは推定される。このことは、タンパク質合成の促進についての研究が作物の健康と家畜の健康とを同時にめざす合理的な農業の基礎であることを示しており、それはまさにこの書物全体を通じて解明つつある諸事実から生まれてくる帰結でもある。

（二）植物と寄生者との関係

（1）植物と寄生者の関係は栄養上の関係である

いろいろの外部要因、また植物の生育段階、品種の抵抗性などの遺伝的条件などは植物と寄生者との関係の本質について一貫した事実を示している。つまり病原菌、昆虫、ダニ、ウイルスなどさまざまな寄生者はすべて、その宿主である植物と栄養的な次元で関係しあっている。細菌についても同じである。この本のなかで、私たちの学説である「栄養関係説」の姿がより明らかになるだろうが、その骨子となる考えは次のようである。

「生命維持に欠かせない過程とそのための行動は、すべてその生物体の基本的要求の充足ということにかかわっている。これは動物でも植物でもまったく同じである」（シャブスー、一九六七）。

言いかえれば、植物の状態、もっと正確には問題となる器官の生化学的状態が対象となる寄生者の栄養的要求により多く応じるにつれ、寄生者の侵入はよりはげしくなる。

ところが、この学説にはさらに第二の重要なポイントがある。今まで繰り返し見てきたように、反応を引きおこす養分は代謝の途中にできる可溶性要素、つまり可溶性チッ素（遊離アミノ酸など）と還元糖である。しかし、これは異なる寄生者でも同じ養分要求を示すというのではなく、彼らすべては細胞の液胞中の液体に溶けている可溶性物質、いわば「プール」されているものを自分の栄養とすると考えられる。

この点から見ると、植物体内でのタンパク質の合成と分解の基本的均衡がその植物の抵抗性の強弱を決めているのではないかと思われる。タンパク質の合成がその分解をかなり上回るような状態の場合に抵抗性があらわれ、その反対の場合には感受性が強まると考えるのである。

他方、先にも書いたように、チッ素化合物と還元糖の比率は、ほぼ病原菌や害虫を栄養要求によって分類する基準となりうるし、また以下のいくつかの章での実例が示すように、特に可溶性のチッ素化合物が各種の病害虫の増加を促す要素であろうと見られる。

(2) 体内のフィトアレキシンの存在と植物の抵抗性

植物体内には、寄生者に抵抗する物質、つまり「フィトアレキシン」と呼ばれるものがあり、それによって抵抗性が生じるという従来の考え方に栄養関係説は疑問を投げかける。もちろん、このことの当否についてはまだ論議が不十分である。しかし、かなりの数の病理学者はこの過程、特にフェノールとその同種ののが病原性の菌類に毒性があることについて疑問を呈している（フェノールやタンニン類はフィトアレキシンとして一番注目されている）。

富山（一九六三）によると、フェノール類のもつ病原菌への毒性は、たとえあるとしても特に強いものでなく、またペルオキシダーゼやフェノール化合物が病原菌に対する品種間の抵抗性の差異にどんな役割を果たしているかにも答えは出しにくいとしている。

意味深い事実がある。ジャガイモの表皮細胞で「過敏性細胞死」が続いているあいだは、細胞間隙に存在する疫病の菌糸は常に生き続けていることがわかった。つまり、細胞の過敏性死のあと一〇時間またはそれ以上たってから菌糸が死んでゆくのである。この場合、菌糸の死は栄養の欠乏によるものであると見られ、有毒物質の存在によるのではない。これと同じことが、ボルドー液など昔からある殺菌剤のいくつかでもおこっているのではないかと考えることもできる。実際、その影響を別の考えで説明することはむずかしいのではなかろうか。

一方、富山の発表によれば、「ジャガイモの組織でのデンプンの蓄積、タンパク質やフェノール化合物の増加、また呼吸の高まりは、そこに転流した素材が、寄生者の侵入に抵抗している植物組織での代謝の促進と関係があることを示している。」これはタンパク質合成がさかんになる代謝過程と一致していることがわかる。同時にそれは、可溶性養分が大きく減少している状況であり、これが抵抗性を生み出しているのである。これは私たちが考える抵抗性のメカニズムと一致する。

クリックシャンク（一九六三）も同じような疑問点を表明している。「ある種の毒素（トキシン）のもつ毒性の培養実験は、栽培現場でのその毒素の役割を完全には説明してくれない。それは宿主と寄生者のあいだの交互関係の動態を十分に考えに入れていないからである。」さらに彼はいう。「実際の植物体での病原菌の発育が停止した様子を観察したことによって、フィトアレキシンがその原因であり抵抗性のきっかけの役割を演じていると結論づけることはできない。したがって、病原菌に対する各種のフィトアレキシンの毒性を肯定することはむずかしい。」

自らの実験にもとづいてキラリー（一九七二）は次の点を強調する。「フィトアレキシンの生成にともなう過敏性壊死（ネクローゼ）はジャガイモ、インゲン、コムギなどのべと病菌とさび病菌に対する抵抗性の原因ではなく、その結果である。」「言い換えれば、宿主と病原菌との関係で非親和性がおこった場合、病原菌の増殖を阻止したり停止させたりするのは宿主のネクローゼではなく、ネクローゼがおこる以前に病原菌の存続を抑制したり死滅させたりするいくつかの未知のメカニズムである。」

つまり、研究者たちがぶつかる問題はすべて、この未知のメカニズムに関係して、なんらかの毒性物質の存在を明らかにできないだろうかというものである。最近、デュネ（一九八三）は、それは「病原体と宿主のあいだの識別行動」のようなものだろうと書いている。これについては、私たちの栄養関係説が答えを提供できるのではなかろうか。

なおオビ（一九七五）は、すす紋病に対するトウモロコシの抵抗性の多くは体内でのフィトアレキシン産出によるものとは言えないとしている。

ウッド（一九七二）は病原菌に対する植物の抵抗性のメカニズムについてきわめてすぐれた分析をした研究者だが、次のように書いている。「宿主の抵抗性は、寄生者の増殖の継続に欠かせない物質が存在しないか、または寄生者がそれを利用できないか、さらには必須栄養分の比率や、その濃度が不十分なことによると考えることができる。」

ウッドもまた、植物の抵抗性をフィトアレキシンの存在によって説明することの困難さにぶつかり、抵抗性のメカニズムについて自分たちが知っていることの少なさに思い至ったのである。しかし、植物の組織が成熟するにつれ、それぞれの器官がもつ固有の反応は植物全体にわたる抵抗性に移りかわるのが観察される。それは「代替性」と「成熟した植物の抵抗性」ということにかかわる問題である。これは本章のはじめにも取り上げたことであり、それに対して一つの答えをはっきりと提出したと考えている。つまり、栄養関係説の考え方である。

同じようにマッキー（一九五八）がタバコについての研究で明らかにしたことだが、成熟した葉ではタンパク質の分解よりも合成のほうが上回っているのが普通である。タンパク態のチッ素の含有が高まり、それにともなって遊離アミノ酸の含量が低下する。このことが寄生者に対する成熟葉の「栄養的な」抵抗性の原因となりうると彼はいう。

シャンピーニュ（一九六〇）のベンケイソウでの実験では、タンパク態チッ素／アミノ酸の比率は、幼葉では一七・四、若い葉では一五・九、成熟葉では一八・八であった。

さまざまの研究から、寄生者に対して毒性を示すものとしてのフィトアレキシンに疑問を抱くようになり、今や植物体での栄養条件の不足が抵抗性に有利に働くという考えにたどりつくのだが、そうしてみると、なんらかの抵抗性物質へ向けての研究方向を探求し続ける試みが徒労に終わりうる理由を説明することができるのではないか？　「フィトアレキシとその発現の事例」をテーマにして開かれた最近のシンポジウム（トゥルーズ、一九八〇年四月）で発表された研究について少し意見を述べてみたい。

冒頭報告を受けもったスミスは次のように述べた。「フィトアレキシンの産出は、植物がおかれている複雑な生体メカニズムのなかでかなり重要である。」そこに働いている感受性を構成する要素のなかから彼が取り上げているのは、「既存の抗菌性化合物の放出」、「細胞壁の構造の変化」、「菌類の栄養摂取の妨害」であった。

インゲンと灰色かび病の関係を研究したガルシヤら（一九八〇）は、「病原菌の毒性とフィトアレキシンに対する感受性とのあいだ、またフィトアレキシンの分解と菌の毒性とのあいだにも関連性は認められない。試料からの分離物には四種のフィトアレキシンの代謝をおこす作用があることが認められた。」としている。

一方、シンポジウムに参加した研究者のなかの何人かは、植物の抵抗性と体内タンパク質合成を促進する過程との関係について発表している。またアルベルスハイムら（一九八〇）は、体内の植物ホルモンに注目し、これがタンパク質の合成を誘導して植物を保護しているのではないかと考えている。このタンパク質は昆虫や細菌の消化酵素の働きを抑制するのを見ている。この仮説への説得力ある証拠はないが、タンパク質合成が植物の抵抗性を強めるように働いているかどうかを考えることは可能である。このタンパク質合成の促進が可溶性物質の減少という必然的結果として、抵抗性の強化に役立っているかどうかを考えることもできよう。

このシンポジウムを総括する立場にあったフリティッヒ（一九八〇）によると、参加者の数人は抵抗性の働く場でのフィトアレキシンの基本的役割を明確にできなかったが、いくつかの研究者グループによる次のような見解もあるとした。「フィトアレキシンの蓄積に先立って、植物全体に物質代謝の活性化があり、それにはmRNA合成に続いてタンパク質合成の増大が含まれている。」これは抵抗性の理解に関する私たちの考えを裏付ける見解であろう。

このシンポジウムは全体として、クリックシャンクやデュフルヌアが指摘しているように、フェノールやタンニン類の役割の研究が必要なのは、これらがもつ病原菌の抑制作用のためではないことを示しているように思われる。このことと関連して、植物生理学者のデュフルヌアが、抵抗性に関するいろいろの仮説を総合しようと試みていることを十分に検討するべきだと考える。

(3) 養分とフィトアレキシンとは均衡関係にある

植物の抵抗性と組織内のフィトアレキシンの存在との関連を明確にするのがたいへんむずかしいことは、フィトアレキシンと組織内の諸養分とがときにはあるバランスを保っているという事実によって明らかになるように見える。私たちにはこのことと抵抗性の現象とが関係があるように考えられる。

ここで以前に触れたデュフルヌアの考え方を思い出す必要がある。彼によれば、免疫現象は「植物体内での二つの互いに相反する生化学的変化の相互作用と結びついている。その一つは細胞液胞中でのアミノ酸と糖類の集積、もう一つはフェノール化合物の生産である。」

デュフルヌアの観察によれば、「フェノール化合物が増え、アミノ酸が減少することは病原性細菌の成長と増殖を抑える。反対に、可溶性糖類とアミノ酸の増加によって細菌の成長と増殖は強められる。」以前にもデュフルヌア（一九三六）は書いている。「細胞質の新しい増加を抑制する条件、つまり成長にとって不利な条件はすべて、代謝系に組み込まれない可溶性物質の液胞内蓄積を引きおこす。この可溶性化合物の蓄積はおそらく寄生者の栄養にとって好ましいだろうし、同時にそれは、寄生者に対する植物の抵抗性を低下させると考えられる。」

このデュフルヌアの考えと私たちの栄養関係説とは完全に一致する。フェノール化合物が十分にあることは、アミノ酸の減少と相関があるが、抵抗性はフェノール化合物の寄生者への毒性によるのではなく、栄養物質の欠乏によると思われる。たとえばチッ素とフェノール化合物の比率は、すす紋病に対するトウモロコシの感受性を計る尺度になる。この感受性は可溶性チッ素化合物の量と比例する。すでに繰り返し書いたように、可溶性チッ素化合物は各種の寄生者の発育を促す基本的な養分である。

（4）植物の抵抗性と物質代謝に関係する諸条件

今までの議論のなかで、抵抗性に関連する植物の生理に影響を与える環境条件というものを無視してきたのには訳がある。それが自然環境のなかの条件ではなく、人間が行う栽培の場での条件だからである。これについては人間に責任があるということだ。植物の抵抗性を考える場合、人間の行動がもたらすものをあまりよく吟味してこなかったことが次第にわかるようになるだろうが、現在の集約的な近代農業の影響を調べることによって、人間の行動の結果を明らかにすることができる。それは特にムギ作と果樹園芸によくあらわれている。そこで行われているいくつかの技術を取り上げて見ると、一つは新しい合成農薬の常用、もう一つは施肥技術で、この二つがもっとも重要だと考える。そのほかには果樹園芸で行われる接木の技術がある。

前世紀から第二次大戦後にいたるこの数十年、この二つの技術は根本的な変化を遂げた。一つは植物防除のための新しい有機合成農薬の出現であり、また同じく合成による化学肥料、とりわけチッ素肥料の大量使用である。

この本のはじめに書いたように、合成農薬には「生物界の不均衡」を引きおこす作用がある。多数の病気が異常に多発しはじめたことや、昆虫、ダニ、ネマトーダなどの寄生虫の激増がその結果である。次の章では、植物の生理に与える農薬の影響を検討したい。そのなかでもタンパク質の合成過程に対する影響は植物の抵抗性の根本問題の一つであると考えている。

第三章　植物の生理と病害虫抵抗性への農薬の影響

（一）植物体内の物質代謝に与える農薬の影響

薬焼けなど流通上の障害となる薬害などがおこった場合は別として、農薬が作物の生理に与える影響はほとんど注目されなかった。その理由はさまざまである。

まず昔から使われてきた殺菌剤や殺虫剤は「表面に作用する」ものとされてきた。殺菌剤としての銅製剤やヒ素剤など昆虫が摂取する殺虫剤などである。だから処理された植物の組織のなかに農薬が浸透することや、植物がそれにどんな反応をするかはほとんど考えなかったのである。

ところが「浸透性」農薬やさまざまな作用メカニズムをもつ除草剤が開発されるようになって、これらが植物に与える影響ということが問題となってきている。

他方、先の章で書いたように、植物とその寄生者の関係が栄養的な次元のものであることがわかってきたし、この点についての私たちの考え方も説明した。それは、「寄生者は宿主である植物が提供する栄養分の性質に応じて、その植物と関係をもつ」という考え方であり、これが栄養関係説の見解である。だから、たとえば、除草剤とその選択性ということを考えるとき、その農薬が植物の生理にどんな影響を与えるのかを問うことが最初の問題である。

農薬のこの影響は、タンパク質の合成と分解とのバランスという視点のもとで考えなければならない。このバランスは種々の寄生者に対する植物の抵抗性を決める基準となるものだからである。これと関連して、まず植物組織への農薬の浸透がどのようにしておこるのかを手短に考えてみたい。

(二) 植物体内への農薬の浸透

除草剤の利用や葉面施肥などが農業の現場で盛んに行われるようになるにつれ、植物の組織が多数の物質の侵入を許していることがわかってきた。体内への物質の侵入の障壁となるもの、たとえば樹皮、細胞壁などはクチクラでおおわれたり脂溶性の物質を含んだりしている。しかし、たとえばボルドー液を散布したときは、水酸化銅のような金属塩が葉の組織を通過することはミヤルデとゲイヨン（一八八七）によって確認され、後になってシュトラウス（一九六五）がこれを実証した。

農薬に対する感受性が作物の種類や品種によってちがうこともわかっている。このとき、クチクラの厚さ、気孔の分布と数は農薬の浸透に影響を与える。また細胞の浸透圧の強さがなによりも決定的だろう。細胞液が農薬とくらべて浸透圧がほぼ等しいか（等張性）、それよりも高い（高張性）の場合には葉焼けはおこらない。反対に細胞液の浸透圧のほうが低い（低張性）場合には、薬剤の侵入がおこりやすく、原形質分離がおこって、その変形が見られる。メンツェル（一九三五）の報告によると、浸透圧の高い（三〇～三八気圧）リンゴやナシの品種はボルドー液に対して非感受性であるが、浸透圧の低い（五・三～一三・七気圧）品種では強い原形質変形をおこす。

このことから、薬剤処理をされたときの植物の生理状態によって薬剤の浸透にちがいがおこるのだろう。そして植物の生理状態は物理的条件、植物組織の齢、さらには植物への施肥状態などによっても影響を受ける。この点で気孔が開くのを促す光も葉への浸透性を増大させるし、気温の上昇も同じである。高温時にニコチン剤を散布すると葉焼けを引きおこすし、低温時に散布すると薬害を生じない。イオウ剤も同様である。インゲンへの二・四―Dの散布でも、夜間は葉の組織への浸透はゆるやかである（サルジャン、一九六四）。また、老化した植物では農薬類の浸透性が高い。

農薬の化学的性質も大きな役割を果たす。たとえば、パラチオン剤などのリン酸エステル類は葉面から急速に消失して二日間で完全に吸収されるのに対して、塩化物やカルバリル剤などは、非常に長いあいだ葉面に残っている。それらの農薬と植物との関係について一般的にいえば、合成有機化合物は植物組織に対して特異的な強い親和性をもっている。たとえば、ベンゼン基が構造のなかに含まれていると脂質に溶けやすくなる。また水酸基、カルボキシル基、硫酸基、アミノ基などは、その化合物を親水性にする。さらに現代農業で多く使われる塩素については後に検討するが、それを含む化合物の持続性を高める作用がある。

もう一つの農薬の影響の重大な側面は、植物体内での移動と拡散の問題である。これは二つの筋道でおこる。第一に、細胞間隙を移動する。細胞壁とクチクラのあいだには間隙があり、物質はこの道を通って生きた細胞に向けて運ばれると見られる。農薬は木部導管をへて移動するだけでなく、細胞間隙の空間をも通過していくのではないか。たくさんの化合物はこんな道をたどって拡散してゆく。

もう一つは、細胞から細胞への移動、つまり原形質連絡を通る移動である。これらは、その通過の途上にあるすべての細胞の生理活動を乱すことになると思われる。このことについては後に述べたい。

農薬が侵入する筋道については、植物のあらゆる組織が関係しているだろう。つまり、次のような浸透方法である。一つは葉を通じておこり、これは従来までの殺虫剤、殺菌剤、殺ダニ剤で見られる。次は根を通じておこり、土壌動物や微生物に対する土壌消毒の場合のほか、除草剤処理、さらには地上部処理のための薬剤があらゆる形態で地表に落ちていく。その結果はむしろ重大であろう。

現場の状態を見極めるように努めるならば、銅剤による土壌消毒、ジチオカーバメート剤によるミミズの駆除などがひどい結果を生んでいることがわかる。だが、病害虫への作物の感受性に関しても、目立たないが影響が出ている。この章のなかで、このことをさらに展開させたい。

発芽時や幼苗時での病害虫防除のための種子の薬剤浸漬では、種子を通じて薬剤が供給されるが、植物の生理への影響は明らかではない。

一般的には無視されているが、浸透による薬剤の影響がさらにある。果樹への冬季または萌芽前に薬剤を散布した場合、樹皮を通じた薬剤の影響である。この頃の樹皮はかなりの量の薬剤を吸収していることがわかっている。冬季に殺虫剤を散布すると果樹の生理、ひいてはその抵抗性に影響するだろう。ヴィローム（一九三七）によると、マシン油は果樹の成長促進作用がある。ある濃度で用いると、コムギ種子の発芽を促すこともわかっている。菌類による病気やウイルス防除のために冬に入る前に散布すると同じような影響があるのではなかろうか。この場合は銅という微量要素が果樹の生理に好ましい影響を与えるかもしれない。微量要素の項で、これに触れたい。

このことと関連して、次に成長物質の影響へと話を進めることにする。実は農薬のいくつかについていえば、それが成長物質としての作用をもつことがありうるということをまったく考えずに現場で使用されているのではないかと考えるからである。

(三) 植物成長物質（植物ホルモン）の作用

植物の代謝と成長物質の働き

植物体内にある成長ホルモンとしては、次のようなものが現在知られている。

——オーキシン類　基本的な意味で植物の成長にかかわっている。なかでもインドール酢酸。

——サイトカイニン類　細胞分裂を促進する。

——ジベレリン　この作用はきわめて多様である。発芽促進、胚乳でのアミラーゼ形成の誘導、プロテアーゼの活性化、それによるインドール酢酸の前駆体としてのトリプトファンの形成。

インドール酢酸は植物の成長過程で組織内、特に成長点部でつくられ、そこで働き、さらに根の下方への伸長を制御する。サイトカイニンはカイネチンと同じくアデニンから誘導される。いずれも細胞の成長と分化に大きな役割を果たすが、また老化の抑制という大きな生理的機能をもつ。オーキシンとサイトカイニンとは協同して根と頂芽などの組織の器官分化に向けた誘導作用をする。

一九五六年までに植物にはオーキシン、ジベレリン、サイトカイニンがあることがわかっていたが、それらの働きのバランスを取るなにか別のホルモンがあるのではないかとも思われていた。そして実際に一九六五年、ワタからアブシジンⅡとカエデの萌芽を抑制するドルミンが発見された。このホルモンは植物界に広く分布しているある物質と同じ構造をもっていた。それはアブシジン酸（ＡＢＡ）である。

多くの場合、アブシジン酸は成長ホルモンの作用に拮抗して働いている。つまり、それは抑制者としての働きである。農学関係者のなかには、これがワタの落葉誘起、ジャガイモの萌芽抑制、果実の成熟促進などに使えないだろうかと考える人もある。細胞レベルで見ればアブシジン酸はいくつかのアミラーゼ活性を抑制し、アミロプラスト中でのデンプンの減少を引きおこし、またＲＮＡの合成を抑えてタンパク質合成に関与するリボソームの減少をも引きおこすことがあり、遺伝子の発現にかかわる究極の要因だと考える意見もある。

細胞学的な観察とともに、アブシジン酸がタンパク質の合成を抑制し、サイトカイニンの働きに拮抗することもわかってきた。また細胞内のリボ核酸（ＲＮＡ）の含量の減少を引きおこし、アブシジン酸が多いときはリボソームの消失が見られることもわかっている。

つまりアブシジン酸は成長ホルモンに対する調節者という役割をもち、酵素を介して間接的、直接的に物質合成遺伝子レベルでの拮抗作用をしていると考えられる。

植物体内の代謝を大まかに表現すれば、それはいくつもの拮抗する作用物質による均衡を保ちながら進行する過程だと考えられるので、植物成長物質を利用することによって植物での代謝をよりよく理解できると見られている。

植物の生化学的状態と抵抗性に対する成長物質の影響

ジベレリン、インドール酢酸、二・四―Dなどの成長物質が植物の病害防除のために使えるかどうかが検討された。病原性菌類、ウイルスについて研究されたが、その結果は首尾一貫せず、生じた矛盾は説明ができていない。この状況に対し、その原因について解明を試みたい。その材料としてイチゴの疫病に対する防除での結果を分析することにする。

モローとヌリソー（一九七四）は「病害へのイチゴの感受性に対する成長物質の影響」という論文で、次のような結論を出している。

冷蔵苗を温室に定植する前に各種の成長物質（一ｐｐｍ、またはそれ以上）に浸漬し、さらに病原菌を接種した実験では、成長物質のちがいにより病気の発現に変化が見られた。ジベレリン、ナフタレン酢酸、インドール酢酸は発病を促進した。トリヨード安息香酸は抵抗性を強めた。アブシジン酸では、〇・一ｐｐｍでは被害をはげしくしたが、それ以上またはそれ以下の濃度にすると被害の増大は見られなかった。

実験全体にわたってのまとめは次のようである。

「イチゴの体内での各種ホルモンのバランスが関連する生理状態と、病気に対する反応とのあいだにはなんらかの関連があると見られる。」

しかし、結果の分析はここまでであり、供試された成長物質によって引きおこされたさまざまな反応の説明はされていない。これらの実験結果をさらに検討してなんらかの証明を見出してほしいものである。

アルテルゴーとポマゾーナ（一九六三）がジベレリンについて強調しているのであるが、あらゆる農薬または植物に与えられた物質の作用は次のような多数の条件と関係して発現する。薬剤の濃度、処理時の環境条件、処理時の植物の齢と器官の種類、植物に供給された養分などである。

この二人の研究者によると、ジベレリンの成長促進作用が明確になるためには、以上にあげたような諸条件が植物の成長を促進するような状態にあることが必要だという。言い換えれば、それらはタンパク質の合成のための好適条件のことである。後に説明するように、ＤＤＴなどの農薬についても似たような現象に出会うことがある。

この研究者はまた次のような観察をしている。「成長物質で処理された植物は、同時に植物体構成要素の合成に欠かせない諸物質からなる養分の迅速な補給を要求している。」

このことと関連して、ウォート（一九六二）はジャガイモに二・四—Ｄを与えた実験で、養分を与えた場合だけに顕著な増収になるのを見た。このときの肥料は土壌からと葉面散布によったが、それに成長物質を併用した。彼が使った養分では特に鉄と銅のような微量要素が有効だった。いくつかのジャガイモ品種で、植物体の重量と塊茎の大きさが五％から四五％の幅で増加した。彼は次のようにつけ加えている。「増収に対する効果にくらべ、植物の抵抗性への影響ははっきりしない。しかし植物全体の成長には好ましい影響があった。」

この観察は植物体内のタンパク質合成の促進と結びついた抵抗性という考え方に一致すると考える。二・四—Ｄと微量要素とが同時に与えられたジャガイモの塊茎では、還元糖の含量が低下するのが見られた。

ウォートは、成長物質の施用時期によるちがいを記録している。ジャガイモを七月二三日と八月二四日に二・四—Ｄで処理した場合、塊茎の糖類含量にちがいが見られた。八月の終わりに処理されたものでは還元糖が多くなった。

化学物質の施用時期との関係の問題は植物の生理のサイクルとかかわって重要な問題であり、後にさらに考えたい。植物体内のオーキシンとジベレリンのバランスに対して成長物質が影響していることを示すものである。このバランスは不安定なものであり、人為的に与えられる生理物質も農薬も、このバランスに影響を与えていると考えられる。

先に書いたイチゴの疫病に対する抵抗性の多様さを検討する材料がここにもあると思われる。

まず〇・一ｐｐｍのアブシジン酸を与えると病害が増えることである。この物質がリボヌクレアーゼの合成を阻害することはよく知られている。その結果、リボソームの減少が見られる。リボソームはタンパク質の合成に直接的に関与しており、この器官は遺伝子の発現の究極的な因子であるといえる。またアブシジン酸はおそらくメッセンジャーＲＮＡ（ｍＲＮＡ）に作用してタンパク質の合成を阻害し、それによって組織内の可溶性物質の増加を引きおこす。これはまた病原菌にとって好ましい養分を供給することになり、病害の悪化を引きおこすと考えられる。

ジベレリン、ナフタレン酢酸、インドール酢酸の処理によって病害に対する感受性が増大する場合には、これと同じ過程がおこっているのではないかと見られる。

またほかの物質とちがい、トリヨード安息香酸が植物の抵抗性を強める作用があることについても、同様の見方にたつ検討が可能であろう。

植物の生理状態を考える場合、さまざまな物質が同じような意味で作用しているとも見られる。たとえば、長いあいだ冷蔵されていたイチゴ苗では体内代謝がゆるやかになり、老化の進んだ苗の状態に似てくると考えられる。こんな状態でのタンパク質の合成、さらには抵抗性に対してトリヨード安息香酸は促進的に働き、ほかの成長物質は抑制的に作用することがありうる。

　この点を考えると、さまざまな成長物質を系統的に研究した場合、その生化学的、または養分的な影響が互いに正反対となることも理解できるだろう。

　ジベレリンについて研究したファン・オーバベック（一九六六）の言葉によると、この近年、生理学者や生化学者のなかには、このホルモンは核酸系、とりわけＤＮＡとｍＲＮＡとの関係に作用すると考える人が増えている。こんな働きは、酵素の生成と、それに続く植物体内の生化学的、生理的過程を調節していると考えられる。

　たとえば、ジベレリンのｍＲＮＡに対する作用は、下の図のようにアミラーゼを活性化する過程である。

　タンパク質分解酵素に作用することによって、ジベレリンはインドール酢酸の前駆体であるトリプトファンの形成を引きおこす。またオーキシンとジベレリンは相乗作用を示す。これらの成長物質の影響には、その植物の生理状態が大きく関係していると思われる。

　休眠に入っているジャガイモ塊茎ではジベレリンが還元糖の生成を促進するが（オーバベック）、ここではタンパク質分解が促されている。長期冷蔵により体内代謝が抑制されているイチゴ苗に対してもジベレリンは同じような働き方をするのではなかろうか。疫病菌を刺激する可溶性養分を増加させることによる影響が考えられるのである。

　しかし反対に、植物の状態によってはジベレリンがタンパク質の合成を促す作用をもつとしたら、それは

ジベレリン
↓
ＤＮＡ ――――→ ｍＲＮＡ ――――→ α－アミラーゼ

抵抗性にも好ましい作用をするのではないか。たとえば、ロドリゲスとキャンベル（一九六一）はリンゴ、インゲン、ワタをジベレリン処理した場合、植物の成長を促すとともに、ハダニの加害が減少するのを見た。リンゴのハダニについては一〇ｐｐｍのジベレリンを与えるとダニが増加したのに、濃度をさらに高めるとダニは減少した。これらの場合、ダニの集団の大きさとリンゴの葉内の全糖量とは有意な相関があった。

さらにこのダニの消長は葉中のチッ素含有量とも相関があり、チッ素含量は与えられたジベレリンの量と比例して増加した。

ロドリゲスとキャンベルの考えによると、一般的に病原菌と害虫の増加にとって最適の還元糖の濃度というものがある。このことではチッ素の含量、さらには、この二つの養分の比率をも考えに入れた研究も必要になろう。

福島（一九六三）はリンゴコアブラムシの加害について同じ結論を出している。いくつかの濃度のジベレリンで処理したリンゴでは五〇ｐｐｍの濃度の場合にアブラムシの増殖が最大となったが、一〇〇ｐｐｍではアブラムシの受胎力が大きく低下した。この研究者によると、ダニの発育にとっても最適の還元糖または全糖のレベルがあるという。ムギ類でのアブラムシとウイルス病の発生の増加についてもやはり同じ状況があることを考えたい。現在、私たちは成長物質が植物に与える影響と関係した昆虫類の増加を検討しているところである。特によく使われる合成ホルモンの二・四―Ｄと二・四・五―Ｔについて考えてみる。

二・四―Ｄと二・四・五―Ｔの影響

病原菌の増殖についての二・四―Ｄの影響には一貫した傾向は見られなかった。成長物質の影響は間接的なものであり、植物のその時の状態と最終的な生化学的状況に依存しているし、植物のおかれている環境条件と体内の栄養条件、さらには問題となる寄生者の栄養上の要求ともかかわっている。

コムギを二・四―Dで処理すると、斑点病菌が増加することがわかっている。反対に、ソラマメを処理すると赤色《せきしょく》斑点病に対するはっきりとした抵抗性の発現が認められた（モスタファとゲイド、一九六五）。この静菌効果は、この化合物の植物の代謝に対する作用が原因と思われる。実際、分析結果によると、処理によって葉中の糖含量が大きく低下していた。この研究者はこのことが病原菌の正常な発育と活力を抑制したのだと結論づけた。

私たちの見解をつけ加えるなら、この病原菌は特に糖類への要求が強いことから、ここでも栄養上の影響が成立していると考える。これと反対に影響をもつジチオカーバメート、マンネブ、ジネブなどの殺菌剤は特にブドウの灰色かび病の増殖を促すことがわかっているが、これらの農薬は葉中の糖類の増加を引きおこしている。

ジチオカーバメートと二・四―Dを、ある時期に反復して散布すると植物体内のタンパク質合成を抑制し、可溶性物質が蓄積することもわかっている。

昆虫類の増殖についても同じような傾向が見られる。マックスウェルとハーウッド（一九六〇）によると、ソラマメに二・四―Dを散布するとエンドウヒゲナガアブラムシの増殖がおこる。この場合、植物の汁液中に各種の遊離アミノ酸（アラニン、アスパラギン酸、セリン、グルタチオン）が増加することと関係があるとしている。さらに還元糖もアブラムシの受胎力を強めるのに一役買っていると見られる。

しかし、殺虫剤の影響に注意を払う必要がある。スミルノヴァ（一九六五）によると、ＤＤＴを散布したソラマメの茎葉のアブラムシの増殖が八、九日後にははげしくなっている。これは植物組織内の非タンパク態のチッ素の急増と関係があると考えられた。散布された茎葉では、対照区にくらべて糖類の増加も明白だった。植物汁液に可溶性のチッ素と糖類が十分にあると、アブラムシ幼虫の増加がはげしくなるのが見られた。言い換えると、植物の抵抗性を弱めるすべての場合と同じように、タンパク質の分解がさかんになるような植物体内の代謝状況が続くと、寄生者の増加を招くようになる。

一方、農薬のもつこんな影響はアブラムシやダニのような吸収型の口器をもつ昆虫だけでなく、咀嚼《そしゃく》型の口器をもつ昆虫にもあてはまる。石井と平野（一九六三）の研究によると、イネに二・四―DやDDTを散布するとニカメイガが増えた。このことから、この結果は間接的な作用、つまり栄養的な次元での影響であり、散布された植物では寄生者の幼虫の栄養摂取が改善されたためであり、つまりイネの体内にチッ素分が大きく増加したことと関連があると、この研究者は考えた。

二・四―Dに近縁の化合物である二・四・五―Tや二・四・五トリクロロフェノキシ酸を作物の増収のために利用しようと考えた実験では、これらの化合物が植物の代謝への影響を通じて、その養分含量、ひいては抵抗性に大きな影響を与えていることが明白になった。ユルケヴィッチ（一九六三）の研究によると、二・四・五―Tをトマトに散布すると、落葉を減らし果実の肥大を促進した。しかしこれらの影響は施肥が適正だったときにだけ明白になる。ここではホウ素、マンガンなどの微量要素が成長ホルモンと組み合わせて与えられたときにもっともよい結果が得られた。単に収量が増えただけでなく、このホルモンとモリブデンとの組み合わせではトマトの果実の乾物量とビタミンCが大きく増加した。収穫物の品質を高めたことになる。

ユルケヴィッチは成長物質の作用と関連して、適切なバランスをもつ施肥の重要性を強調している。十分な肥料とともに、二・四・五―Tだけ、またはホウ素だけを単独に葉面散布すると、むしろ植物の成長を阻害するのに対して、成長物質とホウ素の混合散布をされたトマトでは収量が増え、果実の品質も改善された。微量要素の重要性については後に検討することにするが、ここでは微量要素が各種の酵素の構成要素であり、炭水化物の転流を促し、呼吸率を高めるような酸化還元過程の流れに影響を与えていることを指摘するにとどめる。

さまざまな農薬の使用にあたっても先に上げたような現象がおこりうるだろう。農薬は確かに便利で効率的であるが、またしばしば有害なこともありうる。たとえば、植物の生理、さらには抵抗性への農薬の影響については、今までまったく考えてこなかったのである。

マレイン酸ヒドラジッド（ＭＨ）の作用

植物の生理の対するマレイン酸ヒドラジッド（ＭＨ）の影響を調べるために、ウォートト（一九六二）は砂耕のコムギとオオムギ、トウモロコシにＭＨを処理した。その結果、葉中の遊離アミノ酸、とりわけグルタミン酸が大きく増加した。五日後には五倍に、一五日後には一五倍になった。また糖類についても大きな影響が見られた。トウモロコシでは無処理にくらべてグルコース含量が低下し、スクロースは一三倍にもなった。さらにＭＨの影響は次の二つの点で明確だった。一つは光合成の促進、もう一つはタンパク質合成の抑制である。

シュプラウ（一九七〇）によると、ジャガイモをＭＨで処理すると、根頭がんしゅ病やがんしゅ病などの細菌病の増悪を抑えるという。実験の結果から、この研究者は宿主と寄生者の関係というものを検討する必要を強調しているが、これこそ本書が最初から取り組んできた点である。ふたたび多発しつつある細菌病についても、新しい合成農薬の使用が関係していることを明らかにしたいと考えている。ここでもまたタンパク質の合成は抵抗性を強め、その分解は細菌による侵害への感受性を高めるという関係があることを確信している。

先に上げたモローとヌリソーのイチゴと疫病との問題で、成長物質を使った実験では、植物体内の生化学的状態と抵抗性の関係は体内の養分の次元の関係だということを明らかにしている。実験結果が示したのは、植物と寄生者との関係は養分の関係であること、また、その時点での植物の内的状態によって農薬の影響がちがってくるということである。

つまり、植物に与えられた人工の成長物質とその植物の体内代謝を司っている天然ホルモンとのあいだには交互作用がおこっていると考えられる。だから、植物の健康のために実行される手段については、次の重要な条件を考えに入れる必要がある。一つは植物の代謝のなかでのいくつかの重要な段階（たとえば花芽の分化期など）、第二は植物の栄養状態である。この第二の条件は遺伝的なものにかかわっているだけでなく、気候、さらに無機質、有機質肥料の施用、そして微量要素の効果的な併用とも深い関係がある。

今までこれらの条件の重要性はほとんど注目されず、そのために現在さかんに使われているさまざまの化学物質の影響については十分に検討がなされてこなかった。一つの例として、ここに塩素を含む化合物についての研究を取り上げよう。

（四）有機塩素系農薬、特にＤＤＴの影響について

この物質がもつ残効性と食物連鎖のなかでの移動が明らかになった結果、かつては大いにもてはやされたにもかかわらず、今や農業の現場では使用が禁止されてしまっている（フランスでも食物中の残留のせいでＤＤＴは禁止されたが、塩素を酸化物の形で含む農薬はなお許可されている）。しかし先に見た成長物質とまったく同じように、塩化物が植物の生理と生化学、またその結果としての抵抗性に与える影響については今も大いに関心がもたれている。塩化物はしばしば寄生者に対する抵抗性をひどく低下させるのである。

さらに、特にＤＤＴの研究から明らかになったことの一つは植物との関係で、いわゆる成長物質のような行動をとることだった。この両者の比較検討にはチャップマンとアレン（一九四九）が各種の植物に対するＤＤＴの影響の特徴的な点を明らかにした。当然のことだが、その影響は植物の性質や使用する濃度によっても変化する。高い濃度では植物の成長停止、奇形化、組織の白化と壊死などの毒性を示したが、低濃度では障害は消え、ときには成長を刺激する結果を生じた。

これと関連して、この農薬の作用には植物組織内で一種の「遠隔操作」のような働きがあるが、これといわゆる浸透性農薬の作用とを混同してはならない。チャップマンとアレンの実験によると、植物の茎の基部の葉と根とをＤＤＴで処理すると、その植物体の先端部を刺激するという。この研究者の結論によると、ＤＤＴの作用はいくつかの植物ホルモンのそれと似ている。

また病原菌と害虫の両方に対してＤＤＴは影響を与える。ジョンソン（一九四六）によると、ＤＤＴはカプリコムギのさび病感受性を高めるが、その後、フォーサイス（一九五四）はこれを次のように説明してい

る。「ＤＤＴはコムギ体内の物質代謝に影響を与え、葉内での遊離アミノ酸と単糖類の蓄積を促すが、これはタンパク質と炭水化物の合成を阻害することになる。」

さらにＤＤＴや同種の塩素化合物の処理により、いくつかの害虫が増殖する事実は、その害虫の天敵が死ぬことによるという古典的な考えでは説明できない。たとえば、ハファカーとシュピッツァー（一九五〇）はすでにその当時から天敵仮説に対して疑問を呈している。彼のナシについての実験では、ＤＤＴを散布した樹では、無処理の場合よりも、むしろ多くの天敵が存在していた。

フレッシュナー（一九五二）はこの実験を確認した上で、カンキツ類にＤＤＴを与えた実験で、この農薬が植物の葉に変化をおこさせ、ハダニに対する抵抗性を低下させることを明らかにした。この抵抗性の減少は七カ月以上も続いたという。この研究者によると、この抵抗性の低下はＤＤＴ処理をした下部葉から、さらにその上位葉、つまりより若い葉に「伝達される」という。下部葉の処理から四六日目には若い葉でのハダニの産卵が明確に増加した。彼の見解によれば、ＤＤＴはタンパク質の合成を阻害し、組織内に遊離アミノ酸と還元糖の集積を招き、これらの養分はハダニの増殖を引きおこしたのである。

インゲンをＤＤＴで処理したサイニとカッコム（一九五六）の実験でも、ハダニの増殖が見られた。研究者の結論によると、「これらはＤＤＴの直接の作用ではなく、宿主植物の生理的変化に起因する」としている。植物体内のチッ素化合物と糖類とのバランスと関係してハダニの生殖能力の増大がおこったと考えたのである。

私たちの研究からは、インゲンのナミハダニ、ブドウのリンゴハダニに対して、ＤＤＴやカルバリル、そのリン酸エステルなどの農薬がダニ類の生物活性を高めるということがわかった。受胎力が増大し、寿命が長くなり、発育サイクルが短縮し、さらに性比では雌が多くなった（シャブスー、一九六九）。

ＤＤＴについては、その土壌処理に触れなくてはならない。クロスターマイヤーとラスムッセン（一九五三）は、ＤＤＴ、リンデン、ＨＣＨ、クロルデン、アルドリンなど塩素を含む農薬の種々の濃度で土壌処理をした。その結果、ジャガイモは高濃度の処理を受けた土壌でもよく成長したが、そこではハダニの寄生がはげしく、ほとんど枯死寸前にまでなった。二人の研究者によると、ダニの天敵があまり多くはなかったことを確かめたあと、次のように書いている。「ダニ類の数のちがいは、植物体内の養分とその組成のちがいによっておこり、それは使用した農薬の作用による。」

（五）有機リン剤の影響

有機リン酸系の農薬が登場すると、薬焼けなどの薬害のほかに、処理された植物の生理的な反応についてもさまざまな研究がおこなわれた。収量の増加という好ましい報告もある。たとえば、ワタにトクサフェンとＤＤＴの混合物を週一回ずつ散布すると収量が増加したが、しかしこの場合、興味あることだが、ワタの第一花房の発現時に処理した場合には増収となるが、それ以後の時期の処理では効果がなかった。先にも述べたが、このことは農薬の影響を受けたときの植物の生理状態の重要さをうかがわせる。特に植物組織のオーキシンレベルが関係すると考える。

塩素系の農薬や成長物質の場合と同じように、有機リン酸を含む農薬によっておこる生化学的影響は植物体内の酵素に対する作用が原因である。アスコエ（一九五七）は、有機リン酸系農薬が植物の生理に影響する研究として二人の日本人研究者の仕事に触れている。その報告では有機リン酸系農薬の影響は二・四―Dによるものとまったく同じだとしている。

インゲンについてのボグダノフ（一九六三）の研究では、パラチオンとチオメトン処理をされた葉内の遊離型と結合型のアミノ酸、メチオニン、フェノールアラニン、トリプトファンの含量ははっきり増加していた。有機リン剤が植物の代謝に与える影響が重要な問題となると述べている。

他方、ピケットら（一九五一）がモモにパラチオンを散布した実験では、対照区にくらべ光合成が低下することが報告されている。また、リンゴのエチオンやダイアジノンの散布では、樹木の潜在的光合成（純同化率）の低下が明白だった。

ナンドラとチョプラ（一九六九）はラッカセイとピスタチオにチオメトンを散布すると、葉内のチッ素含量が増加したことを報告している。（この増加は合成農薬、とりわけ殺菌剤によく見られることであり、この現象は寄生者に対する植物の感受性の根本にかかわる問題でもある）。タンパク質合成の抑制と関係して、チオメトンは植物体内の還元糖含量をも増加させることがわかっている。

有機リン酸系の殺ダニ剤を使用すると、逆にダニ類の寄生が増えるという反対の結果が生じるのを「ブーメラン効果」と呼んでいるが、このことについては、実験室や戸外での多くの研究例がある。たとえば、ワトーファら（一九六九）はカンキツ類にチオクロン、アンチオ、メタシステモックス―Rなどの殺ダニ剤を単用、混用、または交互に散布した結果、ダニ類の寄生が長期にわたって増大した。これについての研究者の見解は次のようである。「殺ダニ剤としての有機リン剤を繰り返し散布したことによる悪影響は、おそらく植物体内の成分に対する作用と思われる。」さらに、「散布された植物体の茎葉では対照区にくらべて可溶性糖類が増加し、多糖類は減少した。」一口に言えば、ダニ類に対する植物の感受性が高まっている場合には、殺ダニ剤が体内のタンパク質の合成過程を抑制しているのである。私たちとの関係で見れば、フランス農学アカデミーとの共同研究のなかで「農薬に病む作物」（一九八〇）を出版したが、そのなかでは果樹類に利用される殺ダニ剤の影響の重大さが語られたのを思い出してほしい。たとえば、リンゴについてはブラゴンラヴォラ（一九七四）の研究がある。予想されたことだが、ディコフォールやフォサロンなどの農薬の散布はタンパク質合成を長期にわたって抑制した。

私たちの研究（シャブスー、一九六九）では、ブドウへのパラチオンの散布では、タンパク態チッ素の減少と還元糖の増加がおこり、季節の終わりにはハダニが蔓延した。

これらの研究はみな、有機リン剤がタンパク質合成を阻害し、それは薬剤を繰り返し使えば使うほど、そして植物の成長過程での感受性の高い時期に使えば特にそうなることを示している。また植物の感受性の高まりはダニ、アブラムシ、オンシツコナジラミ、キジラミなど吸収型の口器をもつ昆虫類だけでなく、カビ類についてもおこる。またこのことはほかのいくつかの殺菌剤についてもおこるだろう。以下にジチオカーバメート剤の例を考えてみたい。

（六）カーバメート、ジチオカーバメート剤の影響

カルバミン酸とジチオカーバメート酸の誘導体であるカーバメートとジチオカーバメートの製剤は有機合

成農薬の大きなグループを形成し、殺菌剤（ベノミル、カベンダジム、チオベンダゾール、ジネブ、マンネブ、マンコゼブなど）また除草剤（プロファン、クロルプロファン、ナバムなど）として使用されている。ナバムは殺菌剤としても用いられる。

これらの合成農薬があらわれるたびに、化学農薬を使った防除の効果について新しい期待が生まれた。たとえば、大規模なムギ作での病害防除についてもそうだった。実際、著名な植物病理学者が次のように告白している。「ベノミルを畑でテストした段階では防除効果への大きな希望があり、今や大面積の化学防除が可能になったというひそかな自負があった」（ポンシェ、一九七九）。

こういった考えは、ムギ類の防除農薬市場のいわゆる「活性化」に関心のある人びとの心の中にいつも生き続けていることは確かだ。しかし病理学者たちは、それにいくつかの疑問を投げかけている。そのなかには特に「病理学者が、〈消防士症候群〉とでも言えそうな複雑な気持ちからどう脱却するかという問題もある」（ポンシェ、同上）。ムギ類の古くからある病気と新しい病気のはじまりと広がりを調べる鍵がここにもあるだろう。この問題は第八章でさらに展開することにしたい。今ここでは、さまざまの植物で実験的に観察されたジチオカーバメート剤の影響を調べてみる。

まずパリャコフ（一九六六）は、植物体内の代謝が農薬によって影響を受け寄生者への感受性が変化することを認めた最初の研究者の一人だが、ジャガイモの疫病に対してジネブ剤を使用すると、別の病原生物、とりわけウイルス病の発生を引きおこすことを明らかにした。また、リンゴの黒星病菌に対して用いられたカーバメート剤はうどんこ病の蔓延を強めた。フランスのリンゴ栽培で何回もおこったこの現象はブドウでも確認できた（シャブスー、一九六八）。その後、ブルガリアのヴァネフとチェレビエフ（一九七四）によっても同じことが認められた。

農薬の効果が減ったのでもなく、病原菌の抵抗性が強まったのでもなく、農薬によって病原菌の増殖がさかんになったことを発見したのである。この点が問題であるが、この章で検討した諸点から考えると、これは決して驚くべきことではない。

パリャコフもコムギのさび病に対してカーバメート剤を一回与えるだけで病原菌の「擬似抵抗性」が生じるのを見た。この研究者は結論として次のように書いている。「糸状菌に対する植物の抵抗性を決める重要な条件の一つは、その植物の生理状態である。」私たちの考え方でいえば、それはタンパク質合成が最適である状態のことである。

同じように、トマトに対して使われたナバムなどのジチオカーバメート剤は灰色かび病の拡大を引きおこす（コックスとエイスリップ、一九五六）。この研究者によると、同じことがイチゴについてもおこり、それはまったく「予想外のこと」だったという。イチゴにナバムと硫酸亜鉛の混合剤やジネブを散布した区では、灰色かび病が対照区とくらべて大きく増悪した。ジチオカーバメート剤が引きおこす結果、つまり灰色かび病に対する植物の感受性の増大について、この研究者は大きな関心をもっている。葉分析の結果として亜鉛の蓄積が見られたが、そのほかの成分にはちがいはなかった。対照区にくらべ成熟葉では一三倍、幼葉では三・五倍の亜鉛含量であった。この研究グループ（コックスとウインフリー、一九五七）によると、微量要素の過剰が植物の代謝での不均衡を引きおこしうることはよく知られているという。さらに処理区ではタンパク質含量の低下が見られた。これはジネブ剤単用でも、ナバムと硫酸亜鉛の混用でもおこった（第3表）。

同様の結果をベーツ（一九六二）も発表している。タバコにジネブやマンネブなどのジチオカーバメート

第3表　農薬処理をしたイチゴ葉内のタンパク態チッ素の含有量（ppm）
（コックスとウインフリー、1957）

無処理区	ジネブ剤散布区	ナバム剤＋硫酸亜鉛
3.18	3.08	3.06

剤を与えると収量が増加したが、植物体内のタンパク質含量が低下した。この場合、このような生理的変化がタバコの寄生者の増加や、そのぶり返しとなんらかの関係があるのではないかと考えるのはごく当然のことであろう。

宿主植物に対するジチオカーバメート剤の影響を検討したソーンとルトウィッヒ（一九六二）の報告によると、散布されたビートの葉のなかには無散布区のものとくらべてグルタミン、ヴァリン、ロイシンが明らかに増加しており、また無散布のときにはまったく存在しなかったチロシンの存在が認められた。つまり、ここではタンパク質合成の抑制がおこっているのである。それはジチオカーバメートやカルバミン剤の作用によって植物全体としての感受性が高まっていることを示している。

（七）新登場の殺菌剤と除草剤の影響

農薬が宿主植物にも大きな影響を与えることは、果樹やムギ類などの特化した栽培を検討するときにさらに明確にわかってくる。

その影響について判明したことがらにもとづいて率直に言うなら、そこでは今までに取り上げた場合と少なくとも同じくらいに劇的な影響がおこっているのである。たとえば、除草剤の場合もそうだが、少なくとも次のように言えるのは確かだ。「選択性といってもきわめて不十分なものである。」別な表現で言えば、「全体としてみると、あらゆる除草剤はあらゆる植物に有害であると言える」（『農薬、イエスかノーか？』、グルノーブル大学出版部、一九七九）。

農薬のこんな毒性はタンパク質合成の阻害によって一般的にあらわれるもので、その結果として必然的に寄生者の行動に対する感受性の高まりを引きおこす。その論理的必然として、ここに書いたようなさまざまの農薬の影響を調べた結果が見られたのである。それを次のように取りまとめてみたいと考える。

（八）まとめ

この章に書かれた事実は、先の第二章の私たちの主張を裏付けるものである。

1　植物と寄生者との関係は、栄養摂取上の関係である。

2　植物体内でのタンパク質合成の強まりが、その抵抗性を高めることになる。それと関連して、植物の寄生者への感受性はタンパク質分解が優先している生理状態と結びついている。

3　タンパク質合成が抑制されている植物では、往々にして寄生者の活動がはじまり、それは寄生者たちの増殖となる。いわゆる「寄生複合」という概念のなかには、この過程が含まれている。

4　植物ホルモン剤とさまざまの農薬が植物の生理状態とその抵抗性に与える影響を検討した結果、とりわけ植物体内の多量要素と微量要素との均衡の重要性が明確になった。

5　農薬によって体内生理に変化が生じた植物と、その寄生者に対する感受性の関係を明らかにする以上の結果は、寄生者のもつ潜在活力を強める効果による増殖と、農薬に対して寄生者がもつとされる「抵抗性」とを混同してはならないことを教えてくれる。しかし、この混同は広く一般的におこっている。

6　今までに明らかになったさまざまな農薬の影響は、必然的に次のような新しい問題を提起する。たとえば、農薬の作用がある時間をへたあとになってあらわれることもあり、そうなると、農薬→植物の生理への影響→寄生者に対する感受性、という関連を見極めるのは困難になる。また特に果樹などの多年生の作物では、農薬の複合的な効果というものがありうる。いくつかの病気や害虫の突然の発生は、そのあらわれだということもあろう。

7　その後になって私たちが確認したことだが、この章に出てくるあらゆる実験結果は、いわばごく当たり前の事実であった。つまり、「寄生者を殺そうとして使われた農薬の毒性は宿主である植物に対しても同じように働き、植物を保護する代わりに寄生者に対する感受性を強めるという事態がおこりうる。」今まで行われてきた植物保護、つまり化学物質による寄生者の一掃という単一的視点のなかでおこってくる問題点を注意深く検討することによって、今まであまり考えられていなかった事実について考えさせられるのである。

第二部　養分欠乏と病害

潜在的な栄養欠乏は伝染性の病気の温床となり、生物種の絶滅を促進する追加的な要因となる。それはまた、寄生者、捕食者に対する抵抗性、きびしい気象条件や移動にともなう疲労への持久力をも低下させる。

モーリス・ローズ、P・ジョール・ダルク
（『進化と栄養』、パリ、一九五七年）

第四章　果樹栽培での合成農薬のゆきづまり　——細菌病と植物の生理

（一）果樹栽培での病虫害防除問題の相似性

これまでの三つの章の内容と結論にいささかでも興味をもたれた読者は、果樹栽培での防除での合成農薬が引きおこしたゆきづまりについて、今までとちがう考え方を見ても驚かれることはないだろう。

一つには植物の生理とそれにかかわる植物の抵抗性に関して、これらの農薬が引きおこした事実を知り、さらには植物と寄生者とのあいだの栄養上の関係を考えることにより、あれこれの農薬を使った防除のゆきづまりが必ずしも単に農薬が「効かなかった」のではなく、農薬が寄生者の栄養摂取を介して、寄生者の活力を高めたことを理解することができよう。このことは植物の体内の生化学的な変化によるのであり、決して農薬に対する寄生者の「抵抗性」の発達によるものではない。

これと同じことがダニ類についてもわかっている。新しい種類のものが経済的許容水準をこえて発生している。だがこれはナシのアブラムシやフィロキセラについても同じことで、デメトン・メチル、アジンフォス・メチル、ヴァミドチオン、ジメトエートのような農薬を散布したあとに続いて発生している。これらについては特に明白な研究がある。キジラミの増加も同じ原因であろう。

ウイルス病の防除の場合でも同じようなことがわかっている。もし媒介者をなくしようとして殺ダニ剤を散布しても、被害を抑えるのは困難であり、しばしばその反対の結果となる。

この重要な問題は、ウイルス病防除を考える章でさらに詳しく検討することにする。一口でいえば、宿主―ウイルス―媒介者という「寄生複合」を制御しようとした場合に、化学物質の介入、たとえば、農薬が植物の生理にどんな影響を与えるかを考えに入れない点が問題なのである。

新しい合成農薬の出現につれて新しい病気と害虫があらわれるという事態があるが、これに加えて上にあげた寄生複合と呼ばれるものが存在している。同じ畑で種々の寄生者、つまり細菌、糸状菌、ウイルスなどの病害と種々の昆虫類が同時に出現することである。すぐに思いつく例としては、ウイルス病とその媒介者のアブラムシの同時発生がある。しかし、ここにあるのは見た目のそれとは別のことであり、ウイルス病、糸状菌病、害虫などすべてに共通する状況である。

この寄生複合はこれらすべてに共通する要因の存在という問題を提示しており、そもそも病気とは何かということにも関係する現象である。この本の流れに沿ってさらにこの考えを深めていきたいが、そのための実験的事実の集積と解明、それに関するいくつかの仮説の有効性について考えてみたい。

（二）寄生者の激増は抵抗性のあらわれなのか、増殖力の高まりなのか？

最初に心にとめるべき事実は、たとえば、果樹栽培で前からいた同じ寄生者による発生の激化である。これはうどんこ病や灰色かび病でも見られるし、ダニ類の急激な増殖であり、さらにはアブラムシ類の農薬への「抵抗性」の増大である。細菌病も止むことなく広がり続けていて、何人かの研究者によれば、未来の重大病害になると考えられている。ウイルス病も同様であるが、これについては次章で触れることにする。

これらすべては一つの共通の原因から生じていることは明白である。それは合成薬品の使用によって植物の感受性が変化したからにほかならない。

たとえば、ブドウについていえば、防除のゆきづまり現象を植物病理学者は抵抗性の発現というが、それは一連の症状なのである。前からあったうどんこ病や灰色かび病だけでなく、あとになって蔓延してきたべと病自体がいわゆる「ブーメラン効果」と呼ばれる現象によっておこったのである。

だから、いわゆる「寄生複合」だと考えることができる場合にはダニ類、黒腐病、炭疽病《たんそびょう》（ブレンナー病）、細菌性壊死、さらには胴枯病に近縁の新しい病気も増加している。

こんなゆきづまりを前にして、寄生者が抵抗性をもつようになったのか、またはその増殖力が強まったのかが問われている。しかし、抵抗性の獲得を確認するのはむずかしい。つまりまったく無処理で放任されていたブドウ園でも寄生者の抵抗性が生じたことを認める場合がおこり、三年以上も農薬散布をしていない果樹園でも「抵抗性」の発現のせいで薬剤の効果がないことを認めることになるし、さらに今まで一度も農薬散布をしていない地域での「抵抗性」の発現という話も出てくる。

農薬の無効性を説明する場面で寄生者の抵抗性という考えを断念したくないために、何人かの人は別の考え方に訴えている。たとえば、はじめから抵抗性のある系統が存在しており、それが次つぎと畑に移動し、ほかの地域にも広がっているというものである。

私たちの考え方によれば、いくつかの農薬が宿主植物の生理に影響を与えることにより、栄養的な関係で寄生者に対する感受性が高まり、寄生者が力を増すと見るのであるが、これはうどんこ病や灰色かび病、さらにはダニ類についても私たちが証明したことである。たとえば、この栄養関係説の枠内に適合する一つの過程がある。植物体内でのタンパク質合成を抑制する作用のある殺菌剤とともにあらわれてくる寄生者の疑似抵抗性がそれである。つまり、それは農薬が宿主植物と病原菌の両方に働きかける過程である。リンゴの黒星病《くろほしびょう》の防除に関して、このことをさらに考える機会があるだろう。

まとめとしてつけ加えるなら、抵抗性の菌株や系統の側の変化というのは、実は植物の側の代謝が乱されたことなのであり、それが植物を寄生者の攻撃に対して弱くするのである。

農薬散布を繰り返したり連続して毎年のように使用することによる体内集積によって、農薬の影響はますます深刻になっていくことも同様な結果を招くのである。

もちろん、合成農薬がもつ有害な働きは前章でいくつか取り上げた諸々の条件と深いかかわりをもっている。このことと関連しつつ、細菌病の広がりに関する状況を明らかにしたい。まず、農薬の責任がもっとも大きい点からはじめることにする。

（三）細菌病と植物の生理

細菌病に対する農薬散布の影響　――新農薬の発展

一〇年以上も前に、ある細菌病学者が語ったことがある。「果樹栽培の現場で、細菌病はその蔓延を促す手助けになる状況を手に入れた」（リード、一九六二）。

集約的といわれる果樹栽培の現場で、この研究者はさまざまな病気、とりわけ細菌性の病気が広がっていることに触れており、さらに次のようにいう。「この大変化は各種の新しい合成農薬を散布した結果として生じたものと思われる。この一〇年間に銅剤に見切りをつけたり、場合によっては全廃した農場では細菌性斑点病がぶり返した」。

それに加えて「この細菌病の発生についての見解は、糸状菌による被害や養分欠乏による生理障害などとの混同でひどく混乱している」。

ここで注目すべきは、この研究者が養分欠乏症状と細菌病の病徴について語っていることである。私たちも、たとえばウイルスやカビ類による病徴について同じようなことを見ているからである。この欠乏症状についてリードが語っていることに注目したい。

「細菌病は、銅剤をすっかり廃止して新しい有機合成農薬に切り替えたブドウ園でよく見られるようになった。」さらに「銅剤（細菌性黒斑病の場合には硫酸亜鉛）は細菌病に対しては依然として価値ある薬剤である。」

一般的にいって、病気の増悪は防除薬剤の変更によっておこるのが見られる。この場合、合成農薬がダニ類やアブラムシを増殖させるのは栄養摂取というプロセスをへた間接的な過程であり、他方、銅剤とくらべて、たとえばジチオカーバメート剤がブドウのうどんこ病を増悪させるのも同様の筋道であるという私たちの考えをもう一度もちだす必要はないのかもしれない（シャブスー、一九六八）。

合成農薬が問題をおこすことは細菌病でもわかっている。次のような観察に注意を払うべきである。

「細菌の侵入によって生物学的均衡の乱れが広がる可能性もある。ディープとヤング（一九六五）が認めるように、チェリーの黒すす病などの防除にキャプタンとジクロンを散布した場合、細菌性の根頭がんしゅ病がひどくなる。この研究者たちは、この薬剤が細菌類の天敵糸状菌を抑制するからであるとした」（ダヴェー、一九八一）。

しかし、こんな天敵仮説はダーウィニズムの発想であって、とても確実とはいえない。もし、農薬処理された植物の生理を経由して農薬が働くプロセスを認めるならば、合成農薬の出現にともなって実際に果樹類の病原菌に対する感受性が高まるとともに、結果として次の二つの過程が進行する可能性を考えねばならない。

一つは、銅などの鉱物性の防除剤を放棄したことにより、それがもつ植物の代謝に好ましい作用が失われたこと、二つ目には合成農薬を繰り返し使用することにより、植物の生理に有害な影響が生まれたことである（これはタンパク質合成の抑制という結果を生じる）。

今までにわかっているように、これらの作用は果樹などの永年性作物で年を重ねるにつれて集積していくわけで、それが病気に対する感受性の高まりと突然の発症を説明することになろう。果樹での細菌性火傷《かしょう》病の広がりに対する成長物質の影響についての研究（次章を参照）でも、なによりも細菌病の発生を左右する農薬の間接的だが潜在的な作用によって植物の生理が影響を受けることが確認されたと考える。

成長物質と新しい栽培技術の影響

ナシの火傷病に関連することだが、落花防止のために使われた成長物質が花房の二度咲き傾向を強めるので、この技術を控えたり止めたりするのが望ましいという問題がある。

ナシの細菌性火傷病の発生はおもに花器と新梢に集中的におこる。これらの器官や部位は先にも書いたようにタンパク質分解がさかんな状態にある。ところが、このことは合成農薬や成長物質の影響下で強まることもすでに見てきたことである。

たとえば、何人かの生理学者の見解によると、二・四―Dの作用は次のようである。「よく知られた合成植物ホルモンである二・四―Dを実例に上げたい。処理して数分すると、薬剤がかかった葉柄の細胞が伸長をはじめ、葉序の変化が明白になる。高温時には成長ホルモンの作用によって火傷症状が非特異的におこる。数時間後には二・四―Dは植物体全体に広がり、植物器官の奇形などをともなう成長刺激が数日中にあらわれる。形成層、柔組織、髄心部などでは細胞の増殖がおこり、たとえば、挿し木の基部にあらわれるカルスに似た状態も見られる。これらの細胞増殖は柔組織の圧縮と木部導管と師管の閉塞を引きおこす。この段階で全組織の壊死がはじまり、細菌や糸状菌の侵入を許すことになり、栄養物質が豊富にある柔組織が破壊される（『農薬、イエスかノーか?』、前出）。

成長物質の性質をもつこの除草剤の場合でも、細菌や糸状菌の増殖と、植物ホルモンが引きおこす植物の生理の撹乱によっておこる生化学的変化とのあいだには栄養摂取上の関係があることに気づくであろう。今ここに一つの極端なケースがある。それは雑草の駆除をするために除草剤を使用する場合である。確かにはげしいものではないが、同じ性質の影響が作物自身にもおこるであろう。除草剤は作物の寄生者に対する感受性を強めるのである。ムギ類の雑草防除に関しては、目的とする雑草にだけ作用するという「選択性」は完全とはほど遠いものである。また、先に書いたように、「全体としてみると、あらゆる除草剤は、あらゆる植物に対して毒性をもつだろう」といえるのである（同上報告集）。

この二・四―D（二・四―ジクロロフェノキシ酢酸）は、複雑な作用をする化合物の好例であり、ここ数十年の多くの研究にもかかわらず明確なことはなにもわかっていない。しかし果樹栽培でのように注意深く使用されていても、植物での生理的異常を引きおこすことはありうるだろう。もし、前章での結論を考えに入れるなら、タンパク質合成の抑制を引きおこすという養分代謝上の影響によって、これらのホルモンが細菌などの寄生者の増殖を招くとしても驚くべきことではなかろう。

この点で、これらの成長ホルモン剤は種々の寄生者に対して植物の生理状態がもつ重要さについての示唆を与え、その証拠を提供するものとして働いているということもできよう。

ところが、植物、特にブドウなどの果樹の生理の撹乱は成長物質によってだけおこるのではない。前章で解析したいくつかの研究はみな、そこに多数の農薬、とりわけ合成農薬の影響があることを示している。もし、次のような意見に耳を傾けるなら、こんなことは偶然の産物ではないことがわかるだろう。「集約農業をすれば、細菌性の病気の防除は特にむずかしい闘いになるだろう」（同上報告集）。

ところで、新しい農業を特徴づけるのに用いる「集約的」という言葉にはどんな意味が含まれているかを知りたくなる。ここでは収量の増加ということを別とすれば、二つの栽培管理が語られる。一つは毎年あらわれる新しい合成農薬が繰り返し使用される技術であるが、作物の生理に対する配慮はまったくなしに用いられている。しかし、これは保護されるべき作物の抵抗性にかかわる重要な問題である。

農薬の集積による影響については先にも触れたが、そこではいくつかの問題があらわれてくるのは当然のことである。たとえば、細菌性壊死をおこすブドウのオレロン病の突然の蔓延である。その原因は明確になっていない。

この集約的農業の第二の特色は合成化学肥料、とりわけチッ素肥料の多用である。ところが、それは植物組織を可溶性のチッ素で満たすことであり、つまりは細菌病を含む多くの病気に対する植物の感受性を高める結果となる。詳しい研究によってこの過程を検討することにしたい。

(四) 細菌病に対する環境条件の影響 ——植物組織でのチッ素含量の重要性

細菌の増殖とチッ素の役割

スイート・コーンの養液栽培の実験で、マックニューとスペンサー(一九三九)は植物に供給されたチッ素が木部道管内でプセウドモナス属の細菌に摂取されるのを確かめた。道管内の汁液のチッ素の量が細菌の増殖力を決定するのである。

同じ研究者は、この細菌のいくつかの菌株についてその増殖にチッ素栄養が大きく関係していることを証明した。いくつかの増殖力の弱い菌株は無機態チッ素の利用能力が低いことがわかり、また増殖力の強い菌株はチッ素を十分に供給された植物体から検出された。つまり、この細菌の繁殖力は無機態チッ素の同化能力と深くかかわっていた。このことから導かれる結論は、「この細菌の寄生生活は無機態チッ素に依存している」というものであった。

この研究者はナイチンゲールの研究を引用している。それによると、「リンゴの新梢の皮層におこる細菌性火傷病の被害は、その部位に含まれる有機態チッ素の量に比例する。このチッ素の量は肥料として与えられた無機態チッ素の量によって決まる。」

同じようにガレリーとウオーカー（一九四〇）はトマトの細菌性青枯病についての養液栽培での研究で、養液中のデキストロースが一％よりも二％のときにこの細菌の増殖が速まり、また有機態チッ素を含まない培地にくらべてペプトン（タンパク質分解物）を含む場合に急速な増殖が見られたと報告している。

次に角点病に対するワタの抵抗性についての二つの研究を紹介したい。この二つはともにこの細菌の増殖に対して植物のもつ栄養が大きな影響があることを報告している。まずニンヒドリン試薬に反応する二八種の化合物の作用を研究することにより、リプケ（一九六八）はアラニン、アミノ酪酸、およびカリが細菌の発生と大きな関係があることを明らかにした。カリはタンパク質合成の過程に影響を与えるものと見られる。実際、カリ欠乏は種々の可溶性チッ素化合物の増加を引きおこし、細菌増殖に好ましい栄養基盤が成立するのを助ける。ワタの病原菌への感受性が高まっているときは、その組織でのタンパク質分解が進んでいる状態が見られる。つまり、それは栄養関係説が提出する道筋と一致している。

同様のことをワタの数品種を使った研究でヴェルナとシン（一九七四）が次のように書いている。「ワタのある品種がもつ病害への感受性には、いくつかの栄養的な条件が関与している。感受性の強い品種でも糖の含量との関連が見られない場合には、病原菌の成長を左右する最大の要因としてチッ素を考えるべきだろう。」

アラニンとグルタミン酸が斑点細菌病菌の養分として不可欠であることがわかっており、もし細菌がこれらのアミノ酸を利用できない状態がおこると養分不足のために死滅していく。たとえば、セリンのようなアミノ酸が存在した場合がそうであり、細菌の角点病菌がグルタミン酸を利用するのをセリンが阻害することもわかっている。こんな場合、細菌類での養分欠乏による宿主の抵抗性というものの存在を知ることになる。

養液中の陽イオンバランスのもつ意味

第二章で見たように、植物体内の代謝ではカリとそのほかの栄養素、特にカルシウムとの比率が大きな役割を果たす。またタンパク質の合成と分解とのバランスが、とりわけカリ／カルシウム比によって大きな影響を受ける。これらのことを植物と細菌類との関係のなかで説明したい。

インゲンとそれに寄生する軟腐病菌との関係を研究したテジェリーナら（一九七八）は、チッ素の量を同じにし、カリ、カルシウム、マグネシウムの比率を変化させて栽培したが、この比率が宿主（インゲン）と病原菌との関係に影響があるのを認めた。たとえば、チッ素、カリ、カルシウム、マグネシウムのいくつかの組み合わせは細菌に対するインゲンの抵抗性を引きおこすのを明らかにした。

同じ研究者たちの発表によると、「カルシウムの含量を高めると細菌の増殖が見られなくなるのは、それが細菌での酵素活性の過程を不整合にして、培地を細菌類に不適当なものにするからであろう。カルシウムの含量の高まりはチッ素の悪影響を弱める作用があり、多チッ素区で病原菌接種を受けたインゲンが正常に生育した。」

ところでフォルスターとエショーディ（一九七五）は、細菌性かいよう病に対するトマトの抵抗性を研究したが、養液中のカルシウムの増加がほかの陽イオンの吸収にも影響を与えるのを知った。この場合、カルシウムの含量だけよりも、カルシウム＋マグネシウム／カリ＋ナトリウム比が発病を抑えることとの相関のほうがより明確であった（クレーンとスチュアート、一九六一、第1図参照）。

日長の影響

植物の生理状態、つまりはその抵抗性に対して陽イオンのバランスが影響するが、そのほかに日長の影響も付け加えるべきだ。この点については細菌病での研究がある。ガレリーとウオーカー（一九五〇）によると、「長日下では、植物体内の糖度とデンプン、さらには不溶性のチッ素化合物が増加する。この状態では体内のタンパク質合成が強まっている。反対に短日下では炭水化物の含量が減少し、可溶性チッ素化合物の蓄積が見られる。この状態ではタンパク質の合成よりも分解のほうが強まっている。」

このことから、季節によって細菌病の発生が変化する現象がおこる。ガレリーとウオーカーは次のような明快な説明をしている。「短日下の植物では病原菌が利用しやすい可溶性チッ素と炭水化物とが同時に存在するので、植物は無機養分とブドウ糖、ペプトンが同時に存在するような状態になる。つまり短日下では病害の発生が強まると考えられる」。

台木の影響

果樹栽培では、台木が細菌病に対する穂木の感受性に大きな影響を与えることは、植物の感受性というよりは病気に対する抵抗性についての植物の生理状態の重要性をはっきり教えてくれる。リード（一九七三）は、ナシの火傷病に対してバートレット台木は感受性が高いがオールド・ホーム台木は中程度の「抵抗性」をもっていると報告している。

しかしこの場合、こんな表現が混乱を招くことがあることに注意したい。つまり、感受性があるといわれる台木が、実は穂木の感受性を強めている場合がある。またこれとは反対に、穂木に「抵抗性」を付与する場合もある。これについては、接木の抵抗性に対する台木の影響の章で改めて検討したい。今ここで一つの実例をあげるなら、火傷病に対するナシの感受性はバーレット台木によって強まるという考えは、アンズやいくつかのスモモの品種のシャルカウイルス病に対する感受性を強めるブラントン台木の影響のことを思いおこさせる。この両者の場合でも、寄生者の増殖に関係する栄養が問題となるのである。植物と寄生者との栄養摂取上の普遍的な関係がここにも見られる。

細菌病についてはさらに次のことを指摘したい。「果樹の栄養と細菌病に対する感受性との関係についての最近のアメリカとイギリスでの研究報告によると、台木が穂木の栄養状態に影響を与え、その感受性を高めるのは、穂木に栄養的欠陥がある場合である」（デュケヌとゴール、一九七五）。

しかし、栄養関係説の考え方に立てば、穂木の栄養的欠陥はそこでのタンパク質合成の阻害によっておこるのである。この阻害は植物組織のなかの陽イオン養分のバランスと密接な関係がある。ブラン・エカールとブロスイエ（一九六二）のナシの研究では、穂木での二価イオン／一価イオンとの比率が台木の性質によって変化するという。この場合、この比率は穂木の物質代謝の強弱の指標となり、特に可溶性チッ素化合物の量と関係がある。このチッ素は病原菌に対する植物の感受性に大きな役割をもっていることはすでに述べたとおりである。

パスクラサン種のナシは火傷病への抵抗性が弱く困り者だが、この品種固有の感受性の発現は別として、よく使われるマルメロ台木が穂木の抵抗性を弱めていることもあるのではなかろうか。

細菌病の増悪に対する種々の条件の研究をとりまとめると、可溶性養分、とりわけチッ素化合物の含量が高くタンパク質分解がさかんになっている植物の代謝状態と、その感受性とのあいだには明白な関係があるという原則は細菌病についても例外ではないことがわかるだろう。こんな状況のもとでは、私たちがどんな行動をとるべきかが問われているのである。

（五）細菌病の防除には、植物と細菌との養分関係を考えることも必要である

細菌病の蔓延と、植物—細菌の関係の本質

寄生者の増殖に好ましい可溶性養分の植物体内での蓄積と植物の感受性との明白な関係はテジェリーナら（一九七八）が、ニンジンの細菌病の研究でえた結論でもある。この研究者らは次のようにいう。「遺伝的な要素だけでなく、生態的な条件もまた微生物の病原性に大きく関係している。たとえば畑に与えられた肥料はそこで栽培された作物への病原微生物の定着に影響を与えるが、それを引きおこすのは植物組織内の諸物質の生理的、構造的変化である。組織内に蓄積する栄養分の豊富さは微生物が植物体内で定着し増殖するための重要な指標である。病原菌と宿主との関係は、そこでの物質の交換という性質をもつからである。」

ここで研究者らがいう物質の交換とは、私たちの栄養関係説の場合と同様に栄養的な物質の交換を含むといえよう。さらに栽培の現場に目を移して、合成農薬による処理なども植物の細菌への感受性を高めるのかどうかを検討することが重要である。この場合もまた栄養摂取という次元にほかならないからである。

（六）植物─寄生者の関係への農薬の介入

銅剤の影響　──銅とチッ素のバランス

第三章では一般的な意味での農薬の影響を考えた。栄養関係説との関連でタンパク質、正しくはタンパク質合成とタンパク質分解のあいだのバランスと関連した過程が重要なのである。この点をさらに深め、現時点で私たちが入手している種々の研究成果をもとにして、いくつかの過程の重要性を探ってみたい。まず銅剤の場合について、それが細菌病に対して引きおこす確実な、しかし今もって不明瞭な作用を調べてみることにする。

ドゥモロン（一九四六）は、糸状菌による病気の防除で、ボルドー液によって実現した成果を引き合いにだして次のようにいっている。「それ以来、べと病に対する処理法や処理時期ではいろいろと進歩が見られたとはいえ、この銅剤の特異的ともいえる働きについての説明はいまだに実にさまざまである。だからもし研究をさらに進めることによって銅がもつ作用のメカニズムを解明することができれば、広く応用ができる新しい道が開け、果樹栽培にかかる重い負担をいくばくかでも軽減できるだろう。」

だが、それ以来もう四〇年にもなるのに、銅あるいはボルドー液の抗菌作用の解明になんらかの前進が見られただろうか？　たとえば細菌そのものには効果がないにもかかわらず、銅剤は細菌病に対しては持続的な効果を示すことをどう説明するのだろうか？（「国立果樹・きのこ類栽培普及研究所」発行のモモ栽培の衰退に関するパンフレット）。

もし銅が細菌に対する毒性を欠いていること、つまりいわゆる「表面毒性」（接触効果）がないとすれば、まったく別の作用が問題となるのだろうか？　論理的にいえば、そこには一つの間接的な作用があることになる。つまり、植物の代謝に関連して、病原菌への抵抗性を促すようななんらかの影響を与える作用があるのではなかろうか。

そのような場合には、私たちが先に上げた考えに従えば、微量要素としての銅はボルドー液を構成している硫黄やカルシウムと同じく、植物組織のなかの可溶性チッ素の減少を引きおこす作用があるのではないか？　実際、いくつかの分析結果によると、そのようなことがおこっているのである。たとえば、プリマヴェスィら（一九七二）の考えを再考してみたい。つまり、チッ素と微量要素の銅とのあいだには微妙なバランスが存在するということである。イネのいもち病の増殖の研究で、彼は銅の欠乏がチッ素の過剰を引きおこすことを明らかにし、これが結果として病気を引きおこすと考えたのである。チッ素／銅の比率が健全なイネでは三五・〇であるのに対して、銅の不足を示す五四・七のイネでは発病していた。

さらに、イネに病原菌への感受性を与えるのはミネラルの不均衡であると考えた研究者たちは、その論文の結尾に次のように書いている。「もしイネの植物体の養分バランスがよければ、種子、水、土壌がこの病原菌の胞子に汚染されていても植物の健康には影響がないし、いもち病に感受性の高い品種でも発病はおこらない」、「土壌中にマンガンが一八ミリグラム、銅が二ミリグラムあれば十分であることがわかった。」

この結論は実に明確で、これ以上の説明はいらないだろう。ただし私たちの考え方、特に種々の寄生者の増殖の確認にあたって私たちが認めたのは、感染と発病過程についていえば、感染は二次的な役割を果たしているにすぎず、宿主植物の生理状態の重要さだけが明白になったことである。マンガンの場合と同様、銅の作用についてもそれが宿主体内のタンパク質合成を促進しているというのが私たちの考えである。それはさまざまの分析結果が示している事実である。一方、次に述べるように合成農薬については反対のことがおこる。

微量要素の吸収に対する化学肥料と合成農薬の影響

私たちの説を確認することになる次のような発表がある。「植物体内でのごくわずかのチッ素の含量の増加でも、寄生者の増殖をさかんにする」（リッパー、「第七回イギリス雑草管理会議紀要」、第三巻、一九七・一〇四〇―一〇五〇）。

この研究者の観察によれば、カーバメート剤、殺虫剤、除草剤などの合成農薬を散布された植物では、組織内のチッ素含量がはっきりと増加するのが見られるという。

果樹栽培での総合防除のシンポジウム（ボロニア、一九七二）でも同じような結論がだされた。ここでは「あらゆる合成農薬による処理のあと、植物体内の全チッ素含量の増加が見られた」と明快に述べている。

細菌やウイルスによるものを含め、病気の発生は合成農薬が引きおこすタンパク質合成の抑制によっておこることを説明できる事実はいくつもあり、これらがもつ有害な作用をさらに明確にすることができるだろう。

　これとともに明らかなのは、収量を高めるために合成チッ素肥料を高い濃度で繰り返し使用すると微量要素、とりわけ銅の吸収が抑制されることである（このことと関連するが、銅が不足した飼料を与えられた家畜では低血糖症や受胎力の低下がおこる）。これは植物体内の代謝ではチッ素と銅のバランスが重要であることを示すものである。しかし、それ以外の別のバランスがやはり合成肥料や合成農薬によって変調をきたす可能性はないのだろうか？

　ところで合成農薬の成分についての大きな特徴の一つは、それらがどれもチッ素を含んでおり、また多くのものが塩素をも含むことである。塩素はタンパク質合成を低下させ、その分解を促すことは以前から知られている。これは農薬の散布によって植物体内の可溶性チッ素が増加し、それとともに寄生者に対する感受性が高まることをよく説明している。一方、そのようにしておこるタンパク質合成の抑制は、たとえば銅やホウ素のような微量要素の欠乏によってもおこりうるのではないだろうか？　ユゲー女史からの私信によると、土壌にチッ素を大量に施すとチェリー葉内のホウ素含量が低下するという（第4表）。

　この研究者は次のように書いている。「チッ素肥料を多く与えるほどホウ素含量は年ごとに減っていきます。やがてホウ素含量がチェリーにとって最適値以下になるでしょう。もっとも、欠乏症状があらわれる限界値までには達しないでしょうが。」

　このように見るなら、チッ素を含む合成農薬（事実上、すべての殺菌剤と殺虫剤）を毎年のように何回も散布するなら、その集積的効果によって長年の後にはホウ素欠乏にたどりつくこともあるのは驚くべきことではないだろう。それによって、さらには細菌病やウイルス病の発生もおこりうることになる。それについては次章に譲りたいが、そのことは、病理学者や農学者を困惑させるものであろう。

同じようにして、多くの研究者が細菌病やウイルス病をはじめとする種々の病気の病徴と要素欠乏、とりわけ微量要素の欠乏症状を混同することがあることに注意すべき理由がわかるだろう。これと関連するが、もう二〇年も前に農学における微量要素の専門家の一人が次のように問いかけている。

「要素欠乏といくつかの病気とのあいだには、ある種の関係があることは否定できない。病気が要素欠乏の発現を助長しているのかもしれないし、要素欠乏が病気の発現を促していることもあろう。たとえば、ホウ素や亜鉛欠乏の果樹ではウイルス病や細菌病に対する感受性が強まっていることがある」（トロクメ、一九六四）。

第４表　チェリー葉内のホウ素含量と土壌へのチッ素施用の関係　（ユゲー、私信）

チッ素（kg/ha）	ホウ素含量（ppm）
0	24
100	14
200	16
300	15

ところが、このような考えや観察に対して病理学者たちはどんな反応も示さなかった。これはある種の欠乏、思考の領域での欠乏症状ではなかろうかと考えこんでしまう。植物と寄生者とのあいだの関係についての見識の欠乏とでもいえるかもしれない。

栄養関係説という私たちの考えに立って見ると、欠乏という条件が病気の生成の道筋のなかに存在しており、次のような過程をへて展開される。

要素欠乏 → タンパク質合成の抑制 → 可溶性物質、とりわけチッ素化合物の蓄積 → 続いて栄養的な作用によって → 寄生者がもつ潜在的生命力の増加と増殖。

このことはとりわけ細菌病で明確だが、次章で述べるようにウイルス病もこの原則の例外ではないだろう。

殺菌剤の作用メカニズム　――宿主の生理に対する作用にもとづく新しい防除の展開

私たちが最初に細菌病の防除を取り上げたのには訳がある。一つにはそれが防除の困難な病気であること、二つにはそこにある種の謎があったからである。つまり、古くからある農薬、とりわけボルドー液の効果について、薬剤が「表面で」作用すると考えられてきたのに、細菌は植物組織の内部で増殖することである。この効果はどうしておこるのだろうかというのが私たちの問いであり、それに対する回答は、銅は植物の代謝を通じて効果を発揮すると考えたのである。

いくつかの事実が、このいわば間接的な効果を確認しているように思われる。たとえば、数種の殺菌剤がナシの火傷病の原因細菌に対して実験室では効果があったのに、実際の果樹園では無効であった（リード、一九七三）。

こんな事実は殺菌剤の作用機作には不明な点があることを示しているようだ。本当に殺菌剤は「表面で」働いているのだろうか？　こんな研究方向は実際に理に適っているのだろうか？　さまざまの観察はこのような作用機作の考えに疑問を呈している。イネのいもち病菌に対していくつかの殺菌剤の効果がないことをプリマヴェスィら（一九七二）は強調しているし、パルマンティエ（一九五九）もムギ類のうどんこ病に対して各種の殺菌剤がやはり効果がないことを認めている。さらにスゥナン（一九七五）は果樹に対する殺菌剤の研究を長年続けてきた結果を踏まえ、次のように書いている。「最近の殺菌剤は必ずしも糸状菌を殺す特性をもたなくても、なんらかのやり方で菌と宿主との生化学的な関係に介入している。」

こんな結論は、新しく開発されたいくつかの殺菌剤の作用機作と一致すると考えられる。たとえば新しいタイプの殺菌剤、フォセチルアルミニウム（三―〇―エチル・リン酸アルミニウム）の研究者は、薬剤に対する植物の反応に目を向けて次のように書いている。

「これらの事実は、薬剤の作用機作が宿主と寄生者のあいだの関係に働いており、寄生者自身に直接に作用しているのではないことを示している」（ボンペックス、一九八一）。

このような結論は私たちが先に出版した書物（シャブスー、一九八〇）のなかですでに示唆されているが、とりわけ細菌病の防除に関する研究とも一致している。細菌は植物体の表面には定着できないからである。こんな状態にある細菌を殺そうと試みるのではなく、細菌が植物体内に侵入し、そこで増殖するのを阻止することを検討するべきである。もしある農薬の効果があるならば、たとえば研究されたフォセチルアルミニウムの場合のように、それは植物の代謝への介入を含んでいるからである（クレルジョーら、一九八一）。私たちの考えによれば、この作用物質が植物体内のタンパク質合成を促進する働きがあるかどうかを知れば、その効果を判定できるということになろう。

前述したことだけはでなく、弱毒菌株の接種による予防のような特殊な治療法の成果もまたこのことを示している。アールら（一九八〇）も、生きてはいるが不適合な細菌株を前処理としてタバコに接種することにより細菌の二次感染を防ぎ、さらにはタバコモザイクウイルスの感染をも阻止するのに成功した。このことは「寄生複合」という概念を強く示唆しており、後にもう一度検討したいが、植物の生理状態と密接に関連している事柄である。

一方、弱毒性の感染で誘導された抵抗性は新しいタンパク質の合成にともなっておこる。このタンパク質の生成量はタバコモザイクウイルスに対する抵抗性の強さに比例していると考えられ、これは細菌類の再感染に対する場合と同じである。

同じようにスタロンら（一九七〇）は、ストルビュール病に侵されたピーマンとタバコをテトラサイクリンとその誘導体で処理してすみやかに回復させたが、この際に植物組織でのタンパク質の増加がおこった。タンパク質の合成の促進による治癒は、罹病した植物の葉身部ではタンパク質含量が健康なものの半分以下に低下しているという事実によっても示される。

これらのことについては、その方法を注意深く選ぶこと、また特に植物の年間の生育リズムのなかの感受性の高まっている時期を知っておくことが大切だ。それによって、寄生者の養分摂取を抑制することができるだろう。

（七）防除の新しい展望

全体としていえば、農薬の効果のゆきづまりの発生と関連して、細菌病と宿主植物との関係の個別的な解析していくと改めて植物と寄生者の栄養上の関係の重要性を教えてくれるし、さらに植物の寄生者への感受性の高まりがタンパク質分解と組織内の可溶性チッ素化合物の含有量と深く結びついていることをも明確にしてくれる。

他方、合成農薬の大部分は、特に繰り返し使用するなら、タンパク質合成の阻害剤として働き、寄生者に対する感受性を高める。寄生者としてのウイルスも細菌も、この例外にはならない。

ところで合成農薬のかなりのものは、その製造段階でチッ素と塩素とを含んでいる。これにより、銅やホウ素のような微量要素の吸収が阻害され、農薬の有害な影響を引きおこす要因となる。この考えは栽培現場で見られるいくつかの事実の上に立っている。たとえば、チッ素肥料によって銅の吸収が阻害されるといったことである。他方、私たちの栄養関係説に従えば、要素欠乏症といくつかの病気、特に細菌とウイルスによる病徴とがよく似ているという事実は、そこに原因と結果という関係があることを示すと思われる。

ここでもう一度、病気と要素欠乏症、とりわけ微量要素欠乏症との関係という重要な問題をふり返って見よう。まず第一に殺虫剤、さらには殺菌剤の作用機作（もしその農薬に効果があるとしたらの話だが――）がもつ決定的な要因とはなにかが問われている。さらにたとえば細菌病に対する銅や亜鉛などの無機製剤の効果のことを考えてみたいが、そのほかのいくつかの病気に対して無機製剤が効果がある場合でも、その要因はすべて宿主植物の反応によると考えることができる。つまり、それは植物体内でのタンパク質合成が促進された結果であると考える。それは間接的な効果であるが、たとえば先のフォセチルアルミニウムなどいくつかの新しい殺菌剤の効果について注意深く検討してきた少数の研究者たちをも驚かせるような現象である。

植物と寄生者、植物と農薬の関係について私たちがもつ知見を総合した結果、合理的な植物防除を展望するなかで次の二つの事柄を考えてみたい。

（1）防除の動機自体が寄生者発生の原因となる。

どの寄生者についてもそうだが、有毒な方法や手段を使って病原菌を殺そうと試みるのは徒労に終わるだろう。逆に、合成農薬のもつ毒性は植物自体において発揮されることになる。

これらの有毒物の毒性は一見して穏やかな性質のものであるが、植物体内のタンパク質合成を阻害し、さらにまた銅やホウ素などの要素の吸収抑制という生理的影響としてあらわれると考える。新しいタイプの殺菌剤（アニリードなど）の不成功もこれと関連すると見られる。一口でいえば、まず第一にとるべき手段は合成農薬（殺菌剤、殺虫剤、殺ダニ剤、成長ホルモン）の使用を中止することである。ときには悪影響を及ぼすことも含め、その効果についてはよく知られておらず、そのなかにチッ素や塩素が含まれているかどうかも知らされていない。実際、あらゆる合成農薬については、その集積的影響、つまり一年を通じて反復使用され、永年性作物では同一の植物で毎年同じように処理され続けることによる影響はまったく考えられていない。

(2) 仮説としてでもよいが、病気というものが程度の差こそあれさまざまの要素欠乏と関係していると考えるなら、特に開花期なども含め、成育サイクルのなかの敏感な時期での適切な植物体と土壌の分析によって要素欠乏の発生の可能性を検知し、欠乏状態がおこるのを抑える対策を考えるべきである。この問題については、私たちの考えはいくつかの研究による数字に立脚している。特にホウ素のような微量要素はそれがチッ素との関係で重要であると見られる。微量要素の欠乏は土の本来の組成そのものからおこっていることもあるが、また土中の有機物の不足やチッ素肥料の多量投入によって土壌に固定され、植物に吸収されなくなることも考えねばならない。

微量要素以外にも、重要だと考えられるのは陽イオンのあいだのバランスである。基本的と思われる指標としては、カリ／カルシウム比がある。そのほかにもカルシウムと各種微量要素のあいだの関係が重要である。たとえば、ホウ素が組織中のカルシウムを可溶性の形で維持する性質があることがわかっている。植物が吸収できる、つまり生理的活性をもつカルシウムの状態を維持するホウ素の役割がわかっているのである。

他方、陽イオン間の交互作用もさらに検討する余地がある。D・ベルトラン（一九六一）が強調するようにホウ素はマグネシウム、マンガン、モリブデンと組み合わさってはじめて活性化するという。これは興味深い事実であり、農薬製造の関係者によって提出されている「微量要素複合剤」の有効性とも関係がある。たとえば、ホウ素欠乏のブドウに対して微量要素をベースとした薬剤の葉面散布を二年間続けた結果、ホウ素／亜鉛比が一一から四七に上昇し、ブドウの結実不良が好転したと報告されている。

そのほかにも、ヒマワリやブドウの開花期がはじまる時期にホウ素が好ましい効果を示すことはよく知られている。この発育段階は植物体内でタンパク質分解が高まる時期であり、細胞内でのホウ素の増加によって分解が抑制される可能性がある（シャブスー、未発表データ）。

同様にして、秋の終わりの銅剤の散布が各種の糸状菌による病気に対して効果的に働くことも説明できる。最後に、タンパク質合成の促進と種々の寄生者に対する抵抗力を獲得する目的をもつ要素欠乏の矯正を検討することはきわめて重要である。こんな研究への努力は品種固有の抵抗性がもつ生化学的状態の検討とも結びつくのであり、品種改良のための手がかりとなる。

リンゴの黒星病について、ウイリアムズとブーン（一九六三）は次のようにいう。「この病原菌のあらゆる菌株に抵抗性の低い品種、コートランドの葉中のアスパラギン（この病原菌の増殖に必要なアミノ酸）の含有量は、抵抗性品種、マッキントシュの含有量の二・六倍である。」ここでも見られるように、抵抗性とタンパク質合成のレベルは歩調を合わせている。

今まで述べてきたすべてのことから、「遺伝子というものは、広い意味での環境条件と対応してだけ発現する」ことを思いおこす必要があることを確信する。この条件とは気象条件、接木、植物の生理的周期、さらには土壌、そこでの施肥、最後には種々の農薬の影響などである。つまり、遺伝的条件は環境条件のなかの一つの要素であり、そのほかの条件すべての組み合わせによって発現の仕方が変化する。ほかの条件のなかでも特に大きな影響があるのは、人間の手による合成化学物質である。

これらの条件は、場合によっては植物の抵抗性を妨害することが知られている。特に気をつけるべきは、植物の生理に対する影響を考慮せずに闇雲に使用される化学物質による防除である。反対に、適切に行われる「栄養的な調整」を基礎とする防除法は多くの利点をもつ。それによって、植物の抵抗性を支える「自然で本来的な」生理状態に配慮しつつ問題の根源に迫っていけるからである。

さらに付け加えれば、病気の防除に「栄養的な散布」を利用することで得られているいくつかの成果は、細菌病やウイルス病の防除に対してこの考え方を実行する道をたどる者に希望を与えるものである。これは今や大きな可能性をもつ合理的な方法であるように思われる。

第五章　ウイルス病

特定の条件下では、いくつかの正常な細胞核構成物質がその生物に病気を引きおこすようになることは大いにありうることである。この原因として、その生物の代謝の均衡と関連し、またはそのさまざまな物質組み替えの相対的な速度のずれに関連して代謝に変化をおこすような条件が問題となる。こんな過程によって、細胞がその固有のウイルスをつくりだすような可能性があると考える生物学者の数はますます増えている。

モーリス・ローズ、P・ジョール・ダルク（『進化と栄養』、パリ、一九五七年）

（一）環境条件とウイルス病

細菌や糸状菌による病気とまったく同じように、ウイルス病も次第に増加している。マルー（一九七〇）は野菜類の病気に関する文章に次のように書いている。「野菜類で糸状菌によるおもな病気が広くいきわたり、それに効果的な殺菌剤も十分に使われるようになってから、ウイルス病は大きな影響のある病気となった。この病気は今や手におえない相手になっている。というのは、その発生源が謎に包まれており、また、その広がりがひそかに進行していくからである。」
ところがこれらすべてと関連して、新しく開発された合成殺菌剤の効果と影響に疑問を提出したいと考える。一例をあげれば、イチゴの疫病に対して、十種以上の無機および合成の殺菌剤が効果を発揮できなかったことがある（ヌリソー、一九七〇）。前にも考察したように、効果がないことの根本原因が問題である。つまり、植物と寄生者との関係が問題なのである。この章の終わりのところで明確にしたいのだが、この両者の関係はきわめて重要であるのに、そのことを今まで関係者はまったく考えに入れてこなかった。

一般的にいって、ウイルス病には謎が多く進行がひそかに進むからこそ、この病気がさまざまな条件、とりわけ栄養摂取に関する条件と関わりがないかどうかを調べることは重要な仕事である。

さらにこの病気の特徴として、どの植物にも広く感染が見られること、治療が困難なこと、接木によっても伝播すること、さらにはその病徴が多様であることが知られている。また、植物にはウイルス病に対する抵抗性のメカニズムが存在しないこともわかってきた。

種々の寄生者に対して植物を保護する手段として、寄生者に毒性を発揮する手段や条件を見つけるという考えが必ずしも有効でないことを私たちは述べてきた。言い換えれば、病原生物を抑制するために必要なのは、なによりも寄生者の成長と増殖に不可欠な養分が植物の側に不足しているということであると考える。

ところで、同一のウイルスでも植物にあらわれる症状には変化があるという事実はすでによく知られているが、これには植物の生理状態や環境条件のちがいも関係している。さらに接種による感染免疫獲得の技術の作用については、次のような見解がある。「タバコ輪点ウイルスの場合のように、接種によって感染免疫が生じたときは、ウイルスに対する植物の『耐性』ができたのである。その植物が快復したのは、感染に対してもはや反応しなくなったからである。病気を引きおこすウイルスがなくなったのではなく、感染した細胞の強い反応が生じなくなったのである」（リマセら、一九四二）。

先に述べたように、病徴は植物の反応なのだから、その発現の仕方の多様さは植物を取りまく環境条件によって変化を受けつつ、ときにはかなりの程度の抵抗性から完全な感染にいたるまでさまざまである。

ウイルス病に対する防除では、「病原体に対してではなく、宿主に影響を与えるようにする」という考え方が正しいのであり、第五章を通じて、この件に関する新しい証拠を提供したい。そこでは植物とウイルスとの関係こそもっとも重要な問題としており、それには三つの可能性が含まれる。

（1）もっともしばしばおこりうる可能性は、異種の核酸（ウイルス）が、宿主細胞に対して自分の遺伝コードを使った複製を指令し、宿主細胞が生きているかぎりウイルスのタンパク質だけを合成し続ける。

（2）宿主細胞は異種の核タンパク質を拒絶し、それを自己に固有の核タンパク質の複製のための代謝に組みこむ。この異種の要素の同化は組織の免疫力を作動させ、その上に立って獲得抵抗性が成立する。

（3）宿主細胞はウイルスによって全面的に侵されることはないが、その要素を完全に同化することもできない。細胞は、その固有の構造のなかにウイルスの核酸の一部を取りこむ。感染は目に見える形ではあらわれず、ウイルスは潜在的に存在し続ける。ウイルスは増殖しないが、生きている（レピーヌ、一九七三）。

これらの考察はもともと動物や人間のウイルスについてのものであるが、植物のウイルスにも拡大して述べられている。それが強調しているのは、ほかの病原体についてと同じく、ウイルスに対する植物の「受容性」という要素がもつ重要さである。

この章のなかでは、先に触れておいた「寄生複合」という概念にふたたび出会うことになる。たとえば同一植物の上で糸状菌による病気とウイルス病とが組み合わさっているといった現象である。しかし、それはウイルス病が先で糸状菌病がそれに続いて感染するという偶然のできごとなのだろうか？　あるいはまた、原因を同じくするいくつかの条件がそこに存在しているのではなかろうか？　少なくとも、それは一考に値する問題であることは確かだろう。

今まで長いあいだ、ひとまとめにしてウイルス病と呼んできたものが、今やそれぞれ同定された微生物と関係する多くの病気であることがわかってきた。これは電子顕微鏡、走査電子顕微鏡など最近の研究手段のお陰であるが、たとえばマイコプラズマ、スピロプラズマ、リケッチア、ウイロイドといった微生物である。だが、こんな大きな分類範囲はかなりの不便さをともなう。何人かの研究者は、この状況のもとでの病原体の同定や推定に困難を感じている。というのは、病原体の存在と病気の関係を証明することが依然として未解決だからである。言い換えれば、その本来の意味でも、相似しているという意味でも、細菌、ウイルス、マイコプラズマあるいはウイロイドなどが病気の植物のなかに紛れこんでいるかもしれないのである。

さらに進んで、施肥を介した植物の栄養がウイルス病に与える影響にまで立ち入って検討する必要があると考える。この場合、土壌が含む成分からの栄養に加えて、その植物のもつ遺伝的性質も大きくかかわってくる。

(二)　無機肥料とウイルス病の発症

ボーデンとカサニス（一九五〇）は次のように書いた。「ウイルスは絶対寄生性の病原体と考えられ、その増殖能力は宿主植物の代謝のなかで生じる物質によって影響を受けているにちがいない。この代謝の変化は与えられる養分によって引きおこされていると考えられる。」彼らがこれを書いた当時では、引用できる唯一の研究成果はチッ素がタバコモザイク病の発現に影響を与えるという程度のものだった。ところが、この研究者はタバコモザイクウイルス病とジャガイモXウイルス病についての一連の実験を行った結果、「植物に無機養分を与える実験は、ウイルス増殖のメカニズムのついての知見をほとんど与えてくれない」と結論した。

まさにこれに対して、無機質であれ、有機質であれ、肥料がウイルスの増殖に与える影響の問題を検討することによって、この研究者が考慮から外した考え方をはっきりさせ、ウイルス病の発現と密接な関係があると見られるウイルスの増殖の筋道を明らかにしたいと考える。

まず無機肥料の影響の研究からはじめよう。この種の肥料の研究は多く、また長いあいだすでにウイルス病への植物の感受性の高まりとの関係が疑われているからである。特にチッ素肥料について考えてみたい。

チッ素肥料の影響

マーティン（一九七七）は、スペンサー（一九四一）、ボーデンとカサニス（前掲）、フォスター（一九五七）、チェイ（一九五二）、トマル（一九六七）などの研究成果の上に立って施肥の影響を調べた。その結論は「ウイルス病に対する無機栄養の役割はほとんど検討されていない」というものである。

彼はその原因を次のように考えた。つまり、ウイルスのもつ核タンパク質が今までの研究の中心であり、そのために多くの研究は宿主の核酸および正常タンパク質とウイルスの関係や競合に向けられていたからである。さらに彼は「ウイルスの生成は健全細胞によって合成された材料を用い、宿主のもつ酵素の助けをかりて行われるので、無機要素のもつ意味はウイルス感染の研究では二次的なものとなってしまう」と述べている。

ところが、この問題はこれで決着したかどうかは明らかではない。チッ素施肥の影響についていえば、マーティンは施肥と病徴の発現とのあいだには密接な関係があることを指摘しつつも、見た目でのくいちがいがあることに注目している。たとえばタマネギに肥料を多く与えると萎縮病の増悪がおこるが、ビートの萎黄病やジャガイモの葉巻病では病徴の発現はごくわずかであった。ビートのいくつかの品種ではチッ素を大量に与えても病徴の発現はおこらなかったが、ウイルス検定によって全植物で感染が確認された。こんな結果からウイルスの増殖と被害の発現、つまり病徴とを区別したほうがよいことが納得できる。

ほかの病気についても同じだが、チッ素肥料が植物の成長に好ましい面があることはまちがいないが、それと同時にウイルスの増殖にとっても都合がよいことは一般的な事実である。ウイルスと植物のあいだでの養分上の競合のなかでウイルスの側が優位に立ったときに病徴が発現する。この考えにはラソーチャ（一九七三）が引用しているチェルヴェンカ（一九六六）の次のような意見が参考になるだろう。「植物の健康に対して体内の養分は大きな影響がある。養分、とりわけチッ素、リン酸、カリの比率は病徴の発現だけでなく病原菌に対する植物の抵抗性、さらには特に感染の拡大に影響するだろう。」

ベーニング（一九六七）の報告によると、チッ素肥料を単独で大量に与えるとジャガイモの栄養成長期が長引き、ウイルス病の病徴がはげしくなる。チッ素肥料だけでなく、そのほかの養分にも当てはまることだが、肥料はまた、直接に植物の栄養に大きく関係するだけでなく、間接的にも土壌の成分と土壌生物の活動に大きな影響を与える。ここでは土の微生物への影響と、植物の養分吸収、とりわけ微量要素の取りこみを阻害することだけを指摘しておきたい。

リン酸肥料の影響

チッ素肥料とは反対に、リン酸肥料はウイルス病に関して植物に有利に働く。まずはその成熟過程を順調に進め、加齢による抵抗性の発現を早める。さらには、糸状菌病の場合に見られたような抵抗性の一因ともなる。植物の抵抗性の一般的枠組みのなかにウイルス病をも含めて考えればよい。

シェパーズら（一九七七）は、ジャガイモXウイルス病に対する抵抗性に関して、リン酸肥料を補足的に与えると、チッ素肥料の影響に拮抗的に働くことを報告している。チッ素肥料はウイルスに対する感受性を強めている。また先に書いたように、リン酸は植物の成熟を早めるように作用する。

第5表　ジャガイモの健全株（ウイルス不検出）の割合と施肥法
（ラソーチャ、1973）

施肥方法	健全株割合（%）
無肥料区	40.9
リン酸施肥区	32.2
カリ欠乏区	25.1
カリ施肥区	23.8
3要素標準区(対照区)	20.7
チッ素過剰区	16.7
リン酸過剰区	16.4

ジャガイモYウイルス病への抵抗性に関するラソーチャ（一九七三）の実験でもこのことが確認されている。これについてやや詳しく考えてみたい。実験は八品種を使って一九六六年から六九年までの三年間、温室で行われた。結論は次のようだ。

「施肥処理が異なると、ウイルスの存在について大きなちがいが認められた。三年間の平均では、健全な植物がもっとも多かったのは無肥料区で、それに次いでリン酸を補充した植物であった。」（第5表）

この実験でラソーチャはジャガイモの健康状態が感染がおこる時期によって大きな影響を受けるのを確かめた。遅い時期に感染がおこれば、それだけ塊茎がYウイルスに侵されるのが減少する。しかし正確にいえば、このことは植物の成熟の程度と関係しており、それは加齢による固有の抵抗性が生じる時期と関連する。すでに触れたように、これは植物体内の生化学的状態（タンパク態チッ素と可溶性チッ素との比率など）に応じた変化であり、チッ素の過剰施用と不十分なリン酸は強い発病を引きおこす原因となる。チッ素だけを過剰に与えることは栄養成長期を長引かせ、植物の成熟を遅らせ、組織の成熟と関係する抵抗性発現の段階をも遅らせる。

同じくジャガイモを用いて、Xウイルスとの関係を研究したボーデンとカサニスは次のことを明確にした。

――リン酸は植物の成長を促進するが、同時にウイルスの濃度をも高めた。

――カリも植物の成長を増大させるが、ウイルス濃度を低下させる。

ジャガイモについていえば、一方ではウイルスの濃度、他方では植物の健康状態というものを注意深く区別して考えれば、これらの実験結果には整合性がある。施肥の種類が異なると、ウイルスの濃度が感染の強度を決める正しい尺度にはならない場合もおこりうるのである。

タバコについての別の実験で、ボーデンとカサニスはチッ素、リン酸、カリの組み合わせの影響を調べた。この三大要素の働きは、個々の要素の働きではなく、そのバランスのなかにあることを知ったからである。この研究者らは以下のようなことを観察した。リン酸は植物の成長を促進するが、同時に植物汁液中のウイルス濃度をも高め、またこの実験条件の範囲内ではリン酸があった場合にだけチッ素は植物の成長を促進すること、さらにチッ素はリン酸が存在する場合にかぎって汁液中のウイルス濃度を高めることを確かめた。

しかし、彼らは次のようにも付け加える。「植物の成長とウイルス濃度とは完全に同調するわけではない。カリは植物の成長に好ましい影響を与えるが、ウイルス濃度にはマイナスに作用する。」

結論として次のように書いている。「接種された葉でも、絶えず感染を受けている葉でも、宿主の栄養が旺盛な成長を生み出すときのほうがウイルスの増殖は早く、また広範囲である。」

このことは、植物の旺盛な成長というものがもつ生理的意味を問いかけている。これについては後述する。ボーデンとカサニスは、その実験の締めくくりとして、自分たちの研究の結果はスペンサー（一九四一）のそれとはまったく異なるという。スペンサーの場合、チッ素はウイルスの増殖をとりわけ強く促進し、その効果は植物の成長と無関係であった。ボーデンたちは、この結果について説明することはできないと述べている。いずれにしても、ボーデンらの材料はタバコ、スペンサーではインゲンだった。大いにありうることだが、チッ素のウイルスに対する影響は宿主によって異なるだろうと彼らは考えている。タバコでのチッ素の代謝はインゲンなどマメ科植物の場合とはまったくちがうようにも考えられる。

このことは、ウイルスの増殖過程は正常タンパク質にすでに組みこまれているチッ素よりは、むしろ単純な形態のチッ素と関係しながらおこることを示している。

この問題はカリの研究によってさらに明確になるだろう。カリについては、すでにその生理的影響を検討する折があった。

カリ施用の影響

一般的にいうと、チッ素肥料が過剰な場合には、糸状菌や細菌の場合と同じくウイルスに対しても植物の感受性が強まる傾向があることが認められている。しかしカリについてはその反対のことがわかっている。

すでに一九三七年、デュフルヌアはタバコの栽培でカリが不足すると植物にウイルス病の症状が強くあら

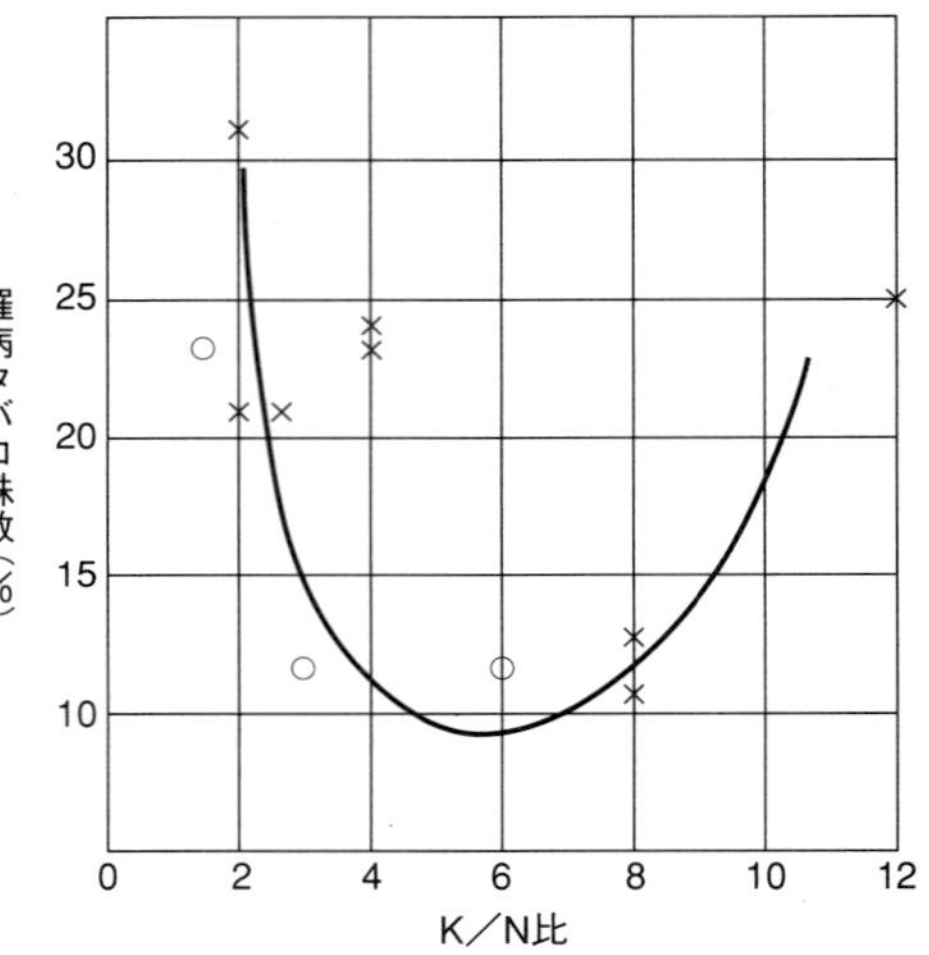

第3図　タバコ葉巻病の罹病率とK／N比
（デュフルヌア、1937）

われるのを観察している（第3図）。

ラソーチャは植物の健康状態に対して栄養が大きな影響があることを指摘しており、チッ素、リン酸、カリの均衡が次のことに影響を与えるのを見ている。まずジャガイモYウイルスによっておこる病徴、糸状菌に対する抵抗性、そして植物体内でのウイルスの広がりである。特にカリについては、その肥料形態によって影響が違うことにも触れているが、いずれにしてもウイルス病に対してはカリの影響が特に大きいとしている。

ワルショロヴァ（一九六八）は、ビート萎黄病についてカリの施用量の影響を研究したが、また媒介生物（モモアカアブラムシ）の寄生に対する影響をも調べている。カリが不足している場合では病徴が早期にあらわれ、被害も大きくなる。カリを十分に与えた植物では病徴の発現は弱かった。

植物組織の生化学的組成についても、カリの影響が認められた。ビートの萎黄病は体内の還元糖の含量を低下させるが、カリの施用はこの影響を抑制した。またカリが糖類の減少を抑制することによって収量は増加した。

要約すれば、糖類とリン酸の代謝に与える影響を介してタンパク質合成に作用することにより、カリが好ましい影響を生じると考えることができる。またアミノ酸が合成された場所から、それが利用されるところへ向けての移動にもカリは大きな関係がある。

そのほかの要素との均衡とも関係するカリの好ましい影響を検討すると、それはほかの病気に対するのと同様に、ウイルス病に関しても植物体内のタンパク質合成を高めることと結びついていると考えられる。

これは先にあげたいくつかの実験結果のばらつきを説明できるかもしれない。たとえば、ボーデンとカサニスがタバコとジャガイモの実験で得た結果はインゲンでのスペンサーのそれと、特にチッ素について一致しなかった。しかし、デュフルヌア（一九三六）はともにナス科であるタバコとジャガイモは「硫黄」と関係のある植物だが、マメ科のインゲンは「塩素」と関係があるといっている。

マメ科のルーサンを使った実験で、ギュイヤンら（一九七二）はチッ素、リン酸、カリの均衡が取れている場合には次のことがおこるとした。

——組織中のアミノ酸含量の低下。

——アミノ酸のタンパク質への取りこみの促進。

——収量の増加。

この研究者は、タンパク質合成が最適になるためにはカリの存在が大きな役割を果たすことを強調している。ルーサンの場合に、特にリン酸／カリ比が重要である。マメ科植物での特異なチッ素代謝から考えると、その可能性がありうる。また同じタイプの施肥であっても、植物の種類がちがえばその体内代謝に対する影響、さらには病気への抵抗性に対する影響も変わると考えられる。

当然のことだがルーサンではチッ素の施用はほとんど効果がないが、リン酸肥料は組織中のセリンとアラニンの含量を高める。しかしアスパラギン酸＋アスパラギン／グルタミン酸＋グルタミンの比は増加する。この研究者の実験でもカリの不足はタンパク質分解を引きおこし、各種の病気への感受性を顕著に高める。ウイルス病もその例外ではない。

カリについての研究を続けたラッセル（一九七二）は、ビートの二品種（ビート萎黄病に感受性のあるシャルプ・クラインと、それに耐性をもつマリ・ヴァンガール）を堆肥土（コンポスト）に各種の「肥料」を添加して栽培した。

研究者の結論は次のようだ。「シャルプ・クラインでは、ナトリウム塩またはカリ塩としてチッ素が与えられるとビート萎黄病の感染による収量低下がはげしくなる。マリ・ヴァンガールの耐性に対してはチッ素の影響は認められない。塩素イオンを与えるとマリ・ヴァンガールのウイルス耐性は弱まるが、シャルプ・クラインでは変化がない。」

実験結果のさまざまな変動に関しては肥料要素の「利用度」の問題が問われている。それには肥料のなかの要素バランスが関係しているし、さらには植物の成長と発育を調節している植物ホルモンなどの消長も関係している。こちらのほうはタンパク質合成と原形質の構築を司っている要因である。これに関連して重要なものとしては微量要素、さらに農薬と有機質肥料という要素も加わってくる。

微量要素の影響

前章で細菌病について書いたように、微量要素の欠乏症状と細菌や糸状菌、さらにはウイルスによる病気の症状とが同時に見られることがある。トロクメ（一九六四）が提出した問題は要素欠乏が先におこって、それから病気が生じるのか、病気が欠乏症状を引きおこすのかということである。私たちは欠乏が最初におこるという考えをもっている。これは栄養関係説にもとづいた考えであり、それによると水分欠乏を含め、あらゆる欠乏はタンパク質合成を阻害し、組織中の可溶性物質の増加をへて病原体の増加にいたると考える。問題はウイルス病やマイコプラズマ病がこれと同じ原理にそっておこるのかどうかを確かめることである。

一つの事実が注意を引く。植物にあらわれる欠乏症状とウイルス病の病徴との類似性である。ブドウについていえば、施肥に対するブドウの反応を注意深く調べた研究者たちは、次のようなことに気づいていた。「ブドウ畑でウイルス症状に似たものが数多く見られる。葉の黄化と白化、葉の巻きこみ、異常葉形などだが、これらと要素欠乏症状とを見分けるのはむずかしい」（ドラとモロ、一九六七）。

しかし、この見分けの困難さに驚く必要はない。先に書いたように、要素欠乏はウイルス病の原因であり、だからこそよく似ているのである。このほかにも、いくつかの要素欠乏と種々の病気や害虫の広がりのあいだには、なんらかの関係があることは多くの研究者が認めている。たとえば、すでに一九三二年、ラブルスは斑点病やうどんこ病に犯されたオオムギがホウ素欠乏をおこしやすいことを報告している。また古くからいわれてきたことだが、ビートのホウ素欠乏症状は糸状菌感染と関係があり、土壌にホウ素を施すと病徴は消える。欠乏症状の改善によって病気を治療する方法を目にしたのである。同じような例としては、ブドウの銀葉病による病徴もホウ素の施用によって治療ができた（ブラナら、一九五四）。

ポルトガルのドロ渓谷で見られるマロンバ病と呼ばれるブドウの病気はホウ素欠乏によるもので、ホウ素を施すと治ってくる。やはりブドウでのことだが、要素欠乏症状を目にして、「これは病気のように思われる」

と考えさせられることがあるのは重要である。これと関連して、「ブドウのウイルス病と、それに類似した症状」という合同研究グループの報告（『農薬、イエスかノーか』、前出）がある。

そこには要素欠乏症と病気が引きおこす病徴とが非常に似ている例がいくつかあげられている。しかし、この比較対照から類似性が生じてくる原因とその結果との因果関係が読み取れる。その理由は先に書いたし、その裏付けとして要素欠乏の矯正によって症状の軽減がおこる実例も引用したが、この書物の第三部でもう一度この問題を取り上げることにする。ここでは微量要素とウイルス病の関係だけに絞って、それを扱っているいくつかの研究の解析を試みたい。

ロッカードとアソマニング（一九六五）はカカオへの養分供給と「茎肥厚ウイルス病」（ＳＳＶ）の発生の関係を研究した。そのなかでウイルスによっておこると見られる新芽の肥厚は銅欠乏の植物でも見られることを知った。このことからカカオにおける養分とウイルスの交互作用の存在がありうると推定している。

この研究によると、鉄、亜鉛、または鉄、亜鉛、マンガンを同時に与えるといくつかのウイルスによる病徴を矯正できることがわかった。一方、ウイルスの増殖に銅が必要なことも観察された。茎肥厚ウイルスとカカオの植物のあいだには、それがつくりだす代謝産物をめぐって養分上の競合がおこっていて、その結果として銅の欠乏症状がおこっていると研究者は考えた。

これらの研究結果は重要な意味をもち、多くのことを教えてくれる。これと関連するが、ロッカードとアソマニングはカカオを用いて二つの実験を行った。一つは多量要素の欠乏と過剰の実験、もう一つは微量要素についての同様の実験である。どの実験でも健全な植物とウイルスに感染している植物とを併用した。

二カ月間の実験の終わりに、ホウ素、亜鉛、鉄が欠乏した植物は枯死直前の状態となった。この時点で、もはや実験が継続できないと考えて、養液中にごく少量の微量要素を添加した。この実験では、光が不足することによってウイルスの病徴がはげしくなるのが観察された。光の不足は植物の成長を大きく抑制する基本的な要因である。

微量要素についての実験では、ウイルスの影響はとりわけ葉にあらわれた。葉中の鉄、マンガン、亜鉛、ホウ素、モリブデン、ナトリウムの含量の低下が認められたが、アルミニウムの含量は増加していた。根については、ウイルスは鉄、アルミニウム、ナトリウムの減少とマンガンの増加を引きおこした。

先に述べたラッセルの研究では、ビートのウイルス病について報告された。そこには施肥とアブラムシ（ウイルスの媒介生物）の行動の関係についても述べられている。それによると、

「植物のアブラムシに対する抵抗性の発現はさまざまな条件によって変化する。特に土壌中の多量要素と微量要素の濃度、葉中の糖類とアミノ酸濃度に影響する諸条件が重要である。」

またガラス室栽培では、「植物の根からの栄養分の吸収はアブラムシとウイルス接種に対する抵抗性の発現の程度に大きな変化を引きおこす」としており、いくつかの微量要素についても触れている。たとえば、リチウム、亜鉛、ニッケルの塩類を与えると葉へのアブラムシの誘引を強めるが、ホウ素はその反対の結果を生じる。ニッケルとセレンはアブラムシの増殖を促す。またビート萎黄病ウイルスの伝搬についてはリチウムとホウ素が促進的で、銅、亜鉛、スズは抑制的に働く。

一方、アブラムシの誘引を強めると見られる微量要素は、必ずしも常にウイルスの伝搬を促進するとはいえない。たとえば寄生した四八時間後でみると、硝酸コバルトを与えられた植物では鉄を与えられたものよりもアブラムシの数が明確に多かったが、ウイルス感染はほとんど認められなかった。

これらの結果について研究者はアブラムシの寄生への抵抗性とウイルスの感染への抵抗性とは必ずしも関連がないことを確かめている。さらに、「葉内の微量要素の濃度はアブラムシの寄生に影響を与えるだろうが、それはアブラムシの食物の組成が変わるという直接的な影響のほか、宿主の体内の代謝が変わるという間接的な影響にもよる」と書いている。しかし私たちの考えによればこの二つの影響は実は同一のものであり、この場合では微量要素の作用によって宿主植物の生理状態に変化がおこったことが原因だと考える。

ラッセルは農業の分野では周知の事実、つまり土壌のなかの微量要素の濃度は場所によって大きなちがいがあり、それがウイルスへの抵抗性の相違の大きな原因の一つになっていると書いている。この問題については、ムギ類のウイルスの防除を扱う章で改めて触れることにする。

ラッセルの研究はロッカードとアソマニングの研究と同じくウイルス病を含む多くの病気に対する植物の抵抗性について微量要素が大きな影響をもつこと、またその影響が宿主植物の生理状態への影響を介しておこることを強調している。この考えは、植物と寄生者の関係についての私たちの立場と完全に一致している。つまりそれは何よりも栄養上の関係であり、各種の養分の欠乏の有無がウイルス病などへの植物の感受性についての基本的な条件となっていることである。

前章で見たように、果樹栽培での防除に使われる農薬や土壌に施される合成チッ素肥料は植物による養分、とりわけ微量要素の吸収を妨げる。このことは今日さかんに語られるようになった細菌や糸状菌による病気の広がりの理由の一つを説明してくれる。先に述べた事柄から見て、これはウイルス病にもあてはまると考える。しかし、この問題に取り組む前に有機質肥料の影響について触れておきたい。

(三) 有機質肥料とウイルス病

長く農業の現場で生きてきた人びとの観察というものが経験にもとづいたものであるのは当然であり、大まかになることがあるにしても、たとえば、作物の栄養と病気への抵抗性の関係についての観察は決して無視できるものではない。ましてや、それらが時間と空間のちがいをこえて一致する場合は、その判断や考えは広く一般的な価値あるものとなる。

ハワード（一九四〇）は、インドでのいくつかの伝統農法が作物に病気への抵抗性を与えることを報告し、その『農業聖典』のなかに「作物と家畜の病虫害の回避」という章をもうけた。彼はインドール作物保護研究所の所長であり、インド政府の農業顧問でもあったが、自分はプサ地方の農民たちを師とする生徒であることを告白したのである。彼は「農民たちが生産する農産物はどんな種類の病虫害にもかかっていない」と書いている。とりわけ私たちが今問題にしているウイルス病でもそうであった。

タバコ栽培について彼は次のように書いている。「よい種子を採り、苗を正しく育て、畑へ適切に定植して土をよく管理すれば、ウイルス病はほぼ完全に消滅する。」

彼は土壌管理の重要性を強調する。畑のなかで作物に害虫が寄生する場所は低湿なところであることが多いことを指摘し、その理由は「排水不良によって、害虫に養分を供給する部位の成分が特殊な変化をおこすからであろう」としている。さらにプサ地方では「土壌の通気不良は必ず病気の発生を招く」のを認めている。ハワードが正しく観察したこの現象は、排水不良が根の窒息状態をおこしてタンパク質合成を抑制し、その結果として植物の感受性を高める事実によって説明できる。一方、過度の乾燥も同じような結果を招く。水分不足は体内の可溶性チッ素、特にアスパラギンとプロリンの含量を高める（ウエアリングら、一九六七、スルーハイら、一九七四）。栄養の好転により病原菌や害虫（アブラムシなど）の増殖がおこる（ウエアリングら）。

反対に、土壌管理がよく通気が良好な場合では根の要求する酸素が十分に供給され、植物は力強く健康に育つ。

ハワードは農場が自給する堆厩肥や腐植土が病気に対する作物の抵抗力を強める好ましい影響を強調する。彼の観察によれば、「驚くべきことに、インドール地方のワタには病害や害虫はまったく存在しない」。この注意深い観察者は作物の抵抗性に対する生化学的状態の重要性を見抜いており、まさにウイルス病というものについても、「感染している植物を調べてみると、その体内のタンパク質の状態になんらかの異常があり、そのことは緑葉の働きが正常でないことをうかがわせる。つまり、タンパク質代謝がうまくいっていないのだ。」

インドにおけるヒンズー教徒の農民の栽培法と、中国農民のそれとを重ね合わせて考えてみるのも、おおいに有益である。植物生理学者のシュアール（一九七二）は、中国への調査旅行から帰ったあと、次のように書いた。「詳しくはわからないが、農民たちが私に語ってくれたことによると、彼らの経験から、山岳地方や低温期に栽培された種イモを使うとジャガイモの収量が多くなることがわかっている。」「似たような経験をあちこちで耳にした。つまり中国農民の栽培法ではウイルスを殺したり取り除くのではなく、その量を減らし、自分たちの栽培状況のなかで病徴がもはや発現しなくなることを考えている。高冷地では夜温が低く光量が強いことが特徴であり、現時点での厳密な科学的根拠はわからないが、ウイルスをなくせずとも病徴を減らしうることは確かである。」

シュアールはさらに書いている。「長い経験による方法を利用することは重要だ。私はこれを〈作物を見抜く農法〉と呼びたい。」

ことのついでながら、経験と科学とのあいだのギャップは一般に考えるほど大きなものではないように思える。たとえば大量の合成農薬を散布するにあたって、作物の生理や土壌生物にどんな影響を与えるかを考えたりはしないだろう。化学的防除は今までも納得して現実に使われてきたといわれるが、これこそ単なる経験主義ではなかろうか。また殺菌剤（これを静菌剤と名を変えているが）の作用機作がどの程度まで科学的にわかっているかを考えることはほとんどないのではなかろうか。

中国農民の技術についていえば、たとえば低温と強光の好ましい影響などは私たちがすでに経験していることだが、それに加えて考えるべきことは畑に豊富に使われている有機質の肥料の働きである。この後にも述べることになるが、厳密に行われた実験によって数千年の農業での経験的実践における有機質肥料の好ましい影響の証拠を示すことができるのである。

厩肥の施用によるウイルス病の抑制

メアニ（一九六九）は、チュニジアでアーティチョークの一品種「ヴィオル・ドゥ・プロヴァンス」にモザイクウイルス病が発生し、栽培の二年目から三年目には収量が激減するのを確かめた。ところが、このアーティチョークのウイルス病はフランスではまったく発病しない。一方、フランスからチュニジアに移入されたトウモロコシにこの病気が発生し、その後、回復することはなかった。

両地での大きなちがいを眼にしたメアニはウイルス病の発現に対する厩肥の影響を研究しはじめた。その

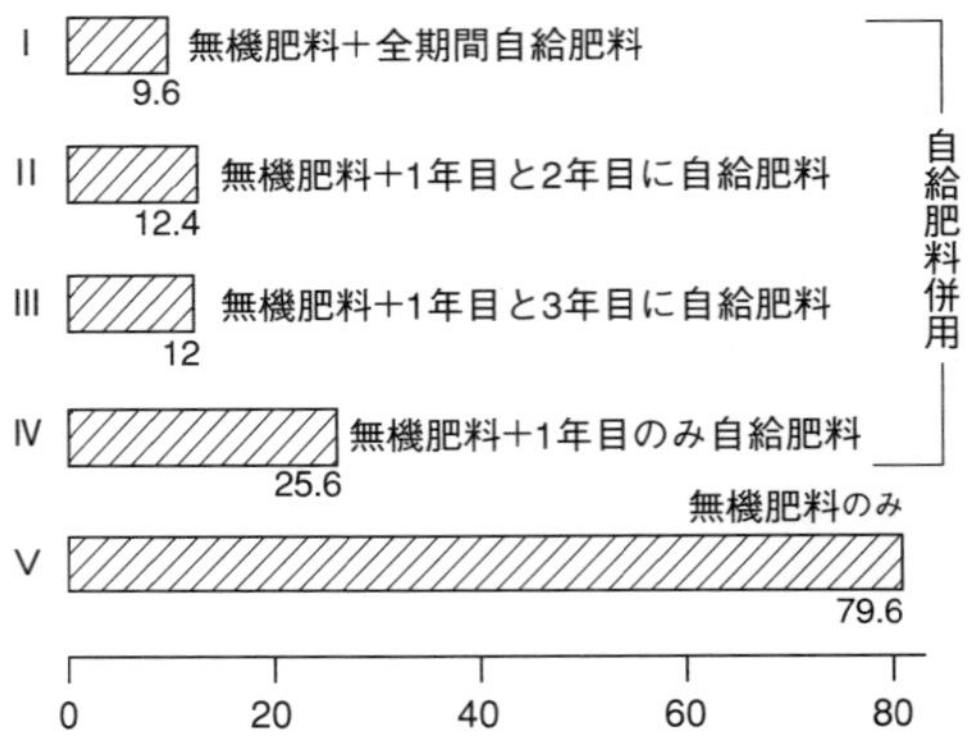

第４図　アーティチョークのモザイクウイルス病に対する厩肥施用の効果（メアニ、1969年から作図。厩肥を与えない区や年度では無機肥料を使用）

端緒はチュニジアのある農家が畑で厩肥を使って「巧みな栽培」をした結果、七年間にわたって病気が発現しなかった事実であった。フランスでの発病がないことも、そこでの似たような栽培法によるのであり、ウイルスは長期にわたって「潜在状態」にあると考えられた。この考え方については後にさらに触れたい。

この研究者の言葉を引用すると、「このウイルス性変性症の多発は植物の正常な発育を妨げるいくつかの条件によっておこると考えられる。」

メアニの実験によると、この問題を事実上、解決したのは厩肥の使用であった。病気は劇的に減少したのである。（第４図）

ここで言っておくべきことは、この厩肥の作用は無機肥料との併用においておこっているということである。二種類の肥料を併用することで、このウイルスに対する植物の抵抗性あるいは耐性を強めることができたと研究者は考える。

植物に抵抗性または耐性を与える体内代謝のメカニズムについて言えば、植物のよい成長という見地から見た養分の組み合わせが重要なのである。植物の成長抑制を引きおこす病気ともいうべきウイルス病がもつ特殊な代謝と正反対の代謝を植物体内に実現することが必要なのである。

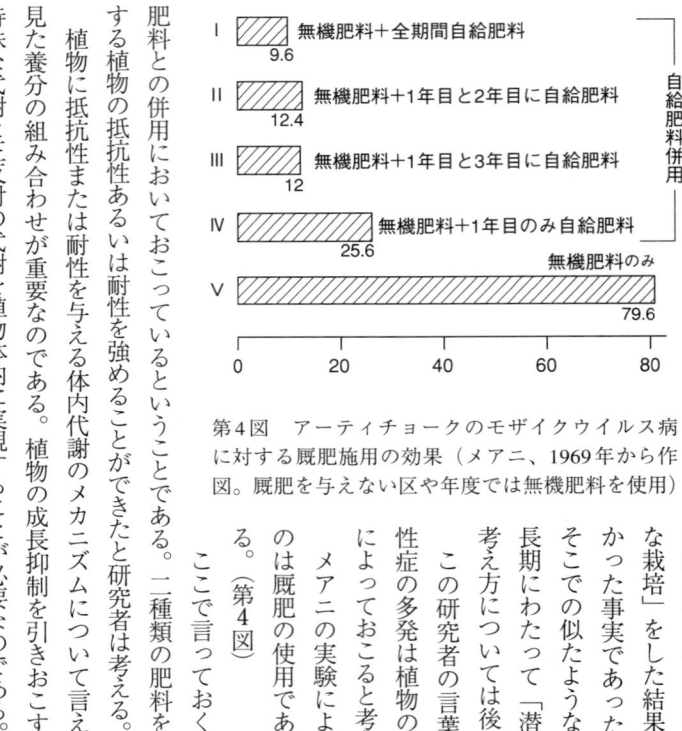

植物の成長と種々の病気への抵抗性に及ぼす有機質施用の奥深い機作はいまだに不可解であるが、有機質肥料が含む大量の微生物の働きによって植物の影響が好転したことが関係していると考えられる。こんな作用はいわゆる農薬の働きとはまさに反対のものである。ウイルス病に対する農薬の作用について少し考えてみたい。

（四）ウイルス病に対する農薬の影響

後述するような媒介生物の駆除を別とすれば、ウイルス病の防除では「病原菌そのものではなく、宿主に影響を与えたらどうなるか」を考えて、植物の代謝に作用するいろいろの物質が試みられてきた。しかし研究上の確たる仮説に立つのではなく、その折おりの状況に応じた対応が行われてきた。

たとえばリマセら（一九四八）は、タバコのXおよびYウイルスに対して二・四―Dを用いてみた。その結果、「このホルモンの散布はウイルスの広がりを抑えることはなく、病原体を殺すこともなかったが、ウイルスの増殖に対しては強い抑制力を示した。試験管内の実験でもウイルスの若干の不活性化を引きおこした。」しかし、この作用は一時的であった。植物には微量のウイルス接種とホルモン処理が同時に行われたが、数カ月後にはウイルスの病徴が茎頂部の葉に発現してきた。

言い換えれば、タバコの代謝への好ましい効果は一時的であった。この場合、二・四―Dへのタバコの反応はそのときの植物の生理的状態、つまり私たちの考える栄養状態によってさまざまに変化する。

植物への二・四―Dの影響は、必ずしも常に植物にとって好適なものではない。たとえば、トウモロコシでは同時にアブラムシやアワノメイガの増殖を引きおこし、さらにはすす紋病への感受性も高まった（岡とピメンテル、一九七六）。

二・四―Dは除草剤としても用いられるが、その特異ではげしい作用を見れば、

農薬　⟷　植物の生理　⟷　ウイルス病の発生

という関係について多くの教訓をうることができる。マケンジーら（一九六八―七〇）の実験室内での研究で、トウモロコシ萎縮モザイクウイルス病（ＭＤＭＶ）に対する感受性に関して抵抗性または半抵抗性の品種を用いた実験では、それらの感受性が除草剤のアトラジンによって強められ、二〇ｐｐｍという低濃度で一〇〇％の病徴の発現を示したという（第5図）。

こんな影響は農薬によっておこる植物体内の生理的変化の結果であることは明らかである。それにともなっておこりうるウイルス増殖についてはいくつかの研究がある。たとえば、ミスラとシン（一九七五）はキクのわい化病（ウイロイド病、ＣＳＶ）についてジベレリン酸、ジチオウラシル、二・四―Dを用いて実験をした。

彼らの最初の実験結果は重要だ。用いたすべての化学物質は植物体内のチッ素含量を増加させたのである。このチッ素が可溶性のものなら、それは病気に対する感受性を高める一つの条件となる。ウイルスについても、この二人の研究者が確かめたところによると、健全な植物組織には含まれていないアスパラギン酸がＣＳＶに感染した六〇日後には存在が明確に認められた。このことは、ほかの病原菌と同様、ウイルス病でも組織内でタンパク質分解がおこっていることを考えさせる。さらにウイルスの増殖にともなって遊離アミノ

酸が減少しているし、これと同調するかのようにカリ含量も減少しているのがわかった。

除草剤が植物の生理に与える影響の研究でも、程度の差こそあれ作物と雑草とが同じような被害を受けていることが報告されている。除草剤がもつとされる選択性は決して完全なものではない。これに関してはアルトマンとキャンベル（一九七七）は次の点を強調している。「カーバメート系の除草剤についての実験結果が示すところによると、感受性の強い植物種では体内のアミノ酸のタンパク質への合成が抑制された。ＣＩＰＣの一〇ｐｐｍという低い濃度でも、この効果が見られた。除草剤に接触してから間もなく、この作用が認められた。」

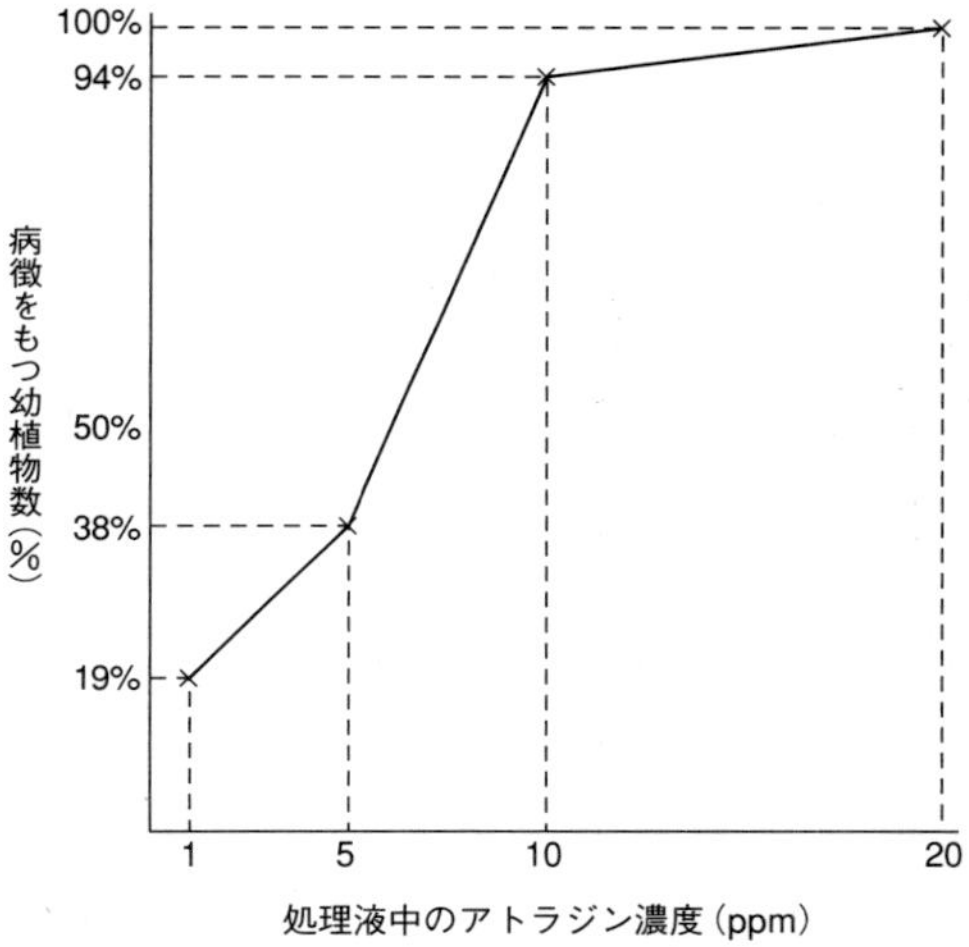

第5図　アトラジンの土壌処理がトウモロコシのＭＤＭＶの病徴発現に与える影響（マケンジーら、1968）

この研究者は次のようにもいう。「除草剤によるタンパク質合成の抑制は、除草剤としての数多くの〈効果〉を説明するものだろう。」これはまさに除草剤が植物の生理、とりわけムギ類の生理に影響を与えていることを指しており、私たちの栄養関係説と完全に一致した考え方である。問題を要約すると、ウイルス病は植物の成長を抑制する病気の一つであり、成長を抑制するあらゆる条件はすべてウイルス病の増悪を促すのである。この場合、要素欠乏の発生を介して事柄が進行することが多いと考えられる。

すべての除草剤は事実上すべての植物にとって有毒であり、言い換えれば、タンパク質合成の抑制剤である。これらすべてはウイルス病の拡大がはじまる原因となっていると見られ、これは実際に確認されている。決してアトラジンだけの問題ではない。

アルトマンとキャンベルの結論は次のようである。「一九四五年以来、植物防除のために大きな努力が払われたにもかかわらず、害虫や病気の攻撃による損害が増大している。環境に対する、また植物体内の生化学的状態に対する除草剤の影響がどれほどのものかを算出するのは困難であるにしろ、多くの場合、除草剤はさまざまな植物への病害虫の寄生という問題を引きおこす原因の一つになっているのではないかと見られる。」

ところで、病気がこれほど大きく広がっていくのに直面して「抵抗性」ということが話題になっている。というのは、それは植物の罹病性の高まりに助けられた病原菌の増殖であることが明らかになってきたからである。しかし、この罹病性の高まりは農薬が植物の生理に影響を与えることによってもおこると考えられる。後に「ウイルス病——アブラムシ——殺虫剤」という寄生複合を改めて検討することにしたい。

さしあたってはコルスら（一九七一）がオオムギの種子をオキシカルボキシン（殺菌剤）でコーティング処理した結果についての報告を調べてみたい。幼植物の葉中でモザイクウイルスの量が増加していたのである。植物への殺菌剤の影響によって、ウイルスの増殖が強まったためと見られる。しかし、このことはこの薬剤にかぎったことではなく、あらゆる薬剤は植物体に浸透し、そこでの代謝、とりわけタンパク質合成に影響を与え、植物の抵抗性に関係していることを示しているのである。

次にウイルスに対する植物の感受性に影響を与えている別の条件、つまり接木について考えてみたい。

（五）接木とウイルス病　――ブドウでの実例

ここに挿入された別章ともいうべき部分は、接穂の抵抗性に対する接木の影響に関するものである。特にウイルス病に対する感受性に関係する条件としての接木の問題を取り上げたい。

今までは、「接木をした株は自根の植物にくらべて丈夫で活力があり、収量も上がるし、寿命も延びるというのは確かではない」といわれてきた（スウティ、一九四八）。

この研究者はさらに、「病気への抵抗性もそうだ」という。しかしウオーレスら（一九五三）によると、「カンキツ類の接木は植物の樹勢、収量、果実の品質、さらには病気への感受性に影響を与える。」

おこらずに済んだことよりも実際におこったことによって驚かされるのが常であり、接木の場合でもそうである。いくつかの穂木と台木の「組み合わせ」がよい結果を生むこともある。たとえば、スゥティク（一九七五）がシャルカ病（ウイルス病、フランスの果樹園で蔓延しつつある）について得た結果がそうであった。

この研究者によると、接木は有効な手段であることがわかっている。糸状菌による病害、たとえばカンキツ類、リンゴおよびナシの疫病（いずれもフィトフィトラ菌による）に対するものである。

しかし、ウイルス病についても、たとえばカンキツのトリステザウイルス病、またリンゴなどの潜在性のウイルス病への抵抗性または耐性をもつ台木の発見は、この病気に対する問題へのソフトな解決を示している。接木技術が利用できる範囲内ではあるが、これはさまざまの農業上の制約（収量と果実の品質など）にも応えうる技術となるだろう。

接木がもたらすマイナスの影響については、マルーが野菜類のウイルス病で注意を促しているように、ときには目につきにくい形でおこることがある。ブドウでも見られたことだが、要素欠乏とウイルスの相関を見ることができる。

ブドウのウイルス病の拡大の歴史を先入観なしで注意深く検討すれば、必ず多くの教訓を学ぶことができる。それはまったく別の「感染」と深く結びついているのである。たとえばフィロキセラ（ブドウネアブラムシ）の侵入があるが、これには農業技術による解決法がある。アメリカ原産のリパリヤ種、ルペストリス種、またはその交配種を台木としてフランスの品種を接木するのである。

しかし、「台木の特性とは穂木に伝達される性質なのか、または少なくとも両方の性質の組み合わせなのかを区別できるのだろうか」（リーヴ、一九七二）。この研究者は次のように強調する。「さまざまな組み合わせ実験の全結果から、台木にかかわるものとウイルスに関係するものとを区別できるとはとても考えられない。」

だが、こんな考えはまったく正確なのだろうか？　そこに台木、穂木、フィロキセラ、そしてウイルスというすべての関連因子間の関係という考え方をもちこむことはできないのだろうか？　つまり、一方では病虫害に対する植物の感受性、他方では穂木のもつ生化学的性質の影響についての今までの知見の枠内で、このことを考えることはできないのだろうか？

ここで、ウイルスの伝搬の問題、つまり「媒介生物」の問題があらわれてくる。今までこのことには触れなかったが現在も論争が続いている。この問題については状況説明が必要だと考える。ブラナ教授は、ブドウとブドウ酒に関する第三回国際会議でフィロキセラがウイルスの媒介生物として確認されたことはなく、「それは、このアブラムシの侵入の広がりとウイルスの拡大とが同時におこったという随伴性のできごとだ」と主張した。

これに対してツィフェリ教授の観察によると、この随伴性は、アメリカ台木の普及により欧州ブドウが古くからもっていた退行性ウイルスとのあいだで数百年間に生じていたバランスが失われたことによると考えた。同教授の主張によると、アメリカ台木に接木されていない欧州ブドウでは、この古くからのウイルスは目立つような損害を与えておらず、反対に、アメリカ台木を使った栽培でウイルスに接触したことのない場合でも、過去数十年間の接木栽培期間の長さに応じて種々の程度に病害が発生しているのを見ている。

ところで、欧州ブドウがネアブラムシに感じやすいとはいえ、鉄不足によるクロローシス（白化症）には抵抗性があることがわかっている。鉄欠乏によるクロロシースは体内の鉄の代謝の乱れのあらわれであるが、土壌のなかの石灰岩の性質によっておこる。ところが、接木をしていない自根のブドウには、クロローシスはあらわれにくい。それは鉄の要求が少ないこと、またその根が土壌の鉄を可吸態にする能力があることによる。「前世紀に欧州ブドウがネアブラムシによって大きな被害を受けたあと、抵抗性のあるアメリカ台木への接木が必要になった。だが、穂木と台木のいくつかの組み合わせによる接木ブドウでは自根の植物よりもクロローシスの発症がはるかにひどくなった。その理由は、地上部の鉄の要求に対して台木の根系からの鉄供給が不十分だったことによる」（国立農学研究所のドゥラー氏の私信）。

つまり、接木は鉄欠乏を引きおこすと考えられるが、それに関連して、接木がブドウの感染性変性症としてのウイルス病への感受性を高めている十分な理由があるのではないか？　また鉄欠乏以外にも、たとえばホウ素や亜鉛などさまざまな微量要素の欠乏がおこっている可能性も否定できないと考えられる。この可能性は今まで一度も検討されたことがなかったからこそ、十分に注意するべきだ。

要素欠乏→ウイルス病という関係を確認しつつ、デュフルヌア（一九三四）の実験では、硫酸亜鉛の散布によってブドウのウイルス性変性症の一つの病徴を消失させることができた。この栽培技術的な治療法という重要な問題に関しては第八章でさらに詳しく触れたい。そこではすべての事実が私たちの栄養関係説を支持することになるだろう。この章の結論としては、ウイルス病およびそのほかの病気全般についてさまざまの外界条件が与える影響の研究について取りまとめをしたいと考える。

そのために、古くからの研究仲間であるヴァゴーの「昆虫の病気における諸条件の連鎖」という研究を取り上げてみたい。それによって、すでに第三章で触れた植物界における「寄生複合」という考え方の拡大に注目したいのである。

（六）ヴァゴーの研究と病気の概念

ヴァゴーは自分の学位論文（一九五六）の冒頭で「病気」というものの概念について次のように書いた。「過去二〇〇年にわたる病理学のあらゆる領域での歴史のなかで、研究者は病理的過程をある明確な実体としてとらえようと努力してきた。しかし現代になって、さまざまな病理学的な状態を「病気」という一つの概念によって説明することは困難であると悟るようになってきた。」

ヴァゴーは、それに続いて次のように述べている。「昆虫病理学の領域が、その新しい見方のもとで我々の現在までの認識を大きく改めさせる可能性が生まれている。」ところが、彼のいう新しい見方と植物における感染の因果関係の様相とのあいだには不思議な一致が存在するのである。この点から、植物と動物の両者にあてはまる一つの生物学的一般法則を考えさせられるようになる。つまり、健康と病気とのあいだの均衡という考えである。

ヴァゴーの研究は一つの調査がそのきっかけだった。一九五〇年頃から、フランスのガール、アルデシュ、ロゼールの三県にまたがる狭い地域でカイコの多角体ウイルス病の被害がはげしくなっていた。この地域の北側に一つの農薬工場があり、工場に近いところほど、またたいていの風向きがこの工場の方向からである場所ほど、病気がはげしいことがわかった。

また、カイコは主としてこの地域で生産されたクワの葉による飼育であることから、この病気には餌が大きく関連していることが確認された。地域外で栽培されたクワで飼育されたカイコでの発病率はわずか二％なのに対し、この地域産のクワを与えた場合には、その十倍にあたる二〇％の発病率であった。

別の重要な実験として、この地域で取れたクワの葉でも、カイコに与える前に十分に洗浄した場合の発病率は一三％、洗浄しなかったものでは二三％であったこともわかった。

これらの結果から、植物体内での残留農薬の影響は確かに大きいが、原因はそれだけではないと考えられた。洗浄した葉の場合での一三％という発病率が示すのは、農薬（フッ化ナトリウム）が植物への浸透後、体内の生化学的状態に有害な変化をおこしたためもあるのではないかとヴァゴーは考えた。

実際、このウイルス病はフッ化ナトリウムの摂取によっておこっており、この化合物は問題の工場の排出物の主成分であった。ヴァゴーは同じ地域の家畜でのフッ素症との比較、さらにはイタリアでの同じケースをも調べている。

要約すると、ここでは毒物中毒によるウイルス病の発生を考えさせられているのである。そのことからヴァゴーの研究は食草自体が及ぼす影響へと進展した。

先にも上げたが、彼はチョウの仲間のアカタテハの餌について、少なくとも二つの条件が多角体ウイルス病を引きおこしうることを確かめた。その一つはクロロフィルがほとんどない黄化したクワの葉を与え続けること、もう一つは本来の食草であるイラクサでも、それが育った土壌の性質によって発病が異なり、粘土質に育つイラクサでは、若齢幼虫の一五〜一九％、壌土のイラクサでは四％に満たない発病率だった（第二章の第2表参照）。

さらにヴァゴーは、アカタテハでの実験結果をカイコでも実証した。非常に老化したクワ葉を餌とすると、幼虫の最初の脱皮から多角体ウイルス病が発症し、その感染は幼虫期のあいだずっと続いた。これらの実験結果はみな病原体への生物の抵抗性を示している。この結果を、植物の病害虫への抵抗性について、その施肥や土壌の状態の影響と比較してみたらどうだろうか。

ヴァゴーの別のいくつかの実験結果を下記に示すが、これはウイルス病の発生についての今までの考え方に再考を促す必要を感じさせる。

カイコのウイルス感染予防と発病

注意深くウイルスの感染を防いだうえで、ヴァゴーはさらにいくつかの実験を行った。まず従来の食草であるクワの代わりに、オサージュ・オレンジ（*Maclura aurantiaca*）の葉を与えてみた。その結果、クワの葉の場合とくらべて摂取量が減少し、カイコの寿命が短くなり、最後にウイルス病が発症した。第三齢に達するまでに、この食草を与えたカイコでは多角体ウイルス病が多発した。第四齢、第五齢では蛹化がはじまり、ほとんど全個体が死亡した。一方、クワを与えたものでの死亡率は二〇％以下だった。

はっきりとした結果が出たのはフッ化ナトリウムを含む食草での実験である。農薬の二次的な作用を追跡するためには亜致死量の作用を見つける必要があった。それに従ってクワをフッ化ナトリウムの〇・〇一％液に浸してカイコに与えた（この量は栽培条件下での材料の分析結果にもとづいている）。実験結果は説得力のあるものだった。薬品で汚染された葉を与えられた区の発病率は八五％、健全な葉では八％であった。ウイルス病がはげしくあらわれたのは実験開始の一三日目からであり、やがて発症曲線は急激にすべてのカイコの死亡を示した。

これらの実験の結果にもとづく彼の結論は重要なので、全体をもれなく書き記す必要がある。はじめに彼はいう。「あらかじめ接種もせず、またウイルスの侵入を完全に抑制した状態のもとでも、急性のウイルス病症状をおこさせることは可能だと考える。」

さらに、「こういった作用を引きおこす手段にはさまざまな性質のものがある。関係する条件としては植物に与えられる養分、化学物質による中毒、さらには気候生理学的条件などがある。」これと反対に、ウイルス症状があらわれない条件とは、植物の生理状態が最適であり、病理的な次元での乱れがない状況のことである。ヴァゴーは次の点に注意を促している。「この二つの考察は植物の生理の乱れとしてのウイルス病の発症の条件をもあらわしており、外界条件がさまざまであっても、この生理的な乱れの影響は細胞レベルでの、ある特定の変化過程（メカニズム）に向けて集中してゆく。」

　ヴァゴーの考えは次のようである。「非感染条件下におけるウイルス病の発症は、さまざまの病理的過程からなる前半の部分と、ウイルス病としてあらわれる後半の部分という二つの過程の複合としてあらわれると考えられる。」

　ヴァゴーは次のようにもいう。「ウイルス病は、植物の代謝が乱れた場合におこる典型的に二次的な病気である。」「一見したところ、ひどく多様な前半の過程の結果としておこるウイルス病の発症は、それらの作用による細胞内の代謝の乱れと密接な関係がある。ここでは、その本質的な変化過程（メカニズム）は細胞間酵素反応として進行するが、それはウイルスの潜在力を担ってすでに存在している要素の働きに呼応して発動する。比較病理学では、このメカニズムによっておこる問題はバクテリオファージや『休眠状態のウイルス』の誘導の問題と同一のものとして考えられている。」（これは「潜在ウイルス」と呼ばれるものと同じである。）

　さらにヴァゴーは話を進め、次のように述べている。「代謝の乱れ→ウイルス病の発現という関連のなかで、初期のさまざまな作用は養分の不均衡状態を引きおこす施肥などによる植物の栄養や、摂取量が決定的に作用する化学物質による中毒から生まれてくることを強調したい。たとえばフッ化ナトリウムによる複合的な影響を解明するためには、問題となっている生物種と、その発育段階に応じた摂取量を明白にする必要がある。」

　結論的にいえば、昆虫での病気の発生の複合的条件にかかわる以上のような考え方は、このようなことが生物界に普遍的におこっているのではないかと考えさせる。ヴァゴーは結論のなかに次のようにも書いた。

「この複合的現象の分析、つまり急性のウイルス病をともなう代謝の乱れを分析していくと、比較病理学ではすでによく知られた諸要因、つまり植物での休眠状態のウイルス、細菌の溶原化《ようげんか》、ショウジョウバエのウイルスなど、感染をともなわないウイルスの発生の問題が見えてくる。」

ヴァゴーが提起するこれらの研究は農学と深い関係があり、全面的な支持を表明したいと考える。「代謝上の乱れ」をおこしやすい条件のなかでも、この章で学んだように、まずは栄養上の欠陥という問題があり、もう一つは中毒の問題がある。こちらは第三章に書いたように主として農薬が原因となる。合成化合物のなかでもカーバメート剤などの使用による場合に注意するべきである。

パリヤコフ（一九六六）によれば、糸状菌への抵抗性を決定するおもな原因の一つは、宿主の生理状態であり、その点で、ジチオカーバメート剤はこの種の病気の発生に大きな責任があるという。彼は次のように書いている。「合成化学農薬の作用の一つを、たとえばリンゴとブドウの糸状菌病の広がりに見ることができる。黒星病とべと病の防除に使われたジネブ剤がうどんこ病の増悪をもたらしたし、ジャガイモの疫病対策として四年間も使用されたジチオカルバミン酸が、別の病気、特にウイルス病の広がりを引きおこした。」

このことについて、二つの点を指摘しておきたい。一つは私たち自身の研究によって、ブドウでのジチオカーバメート剤の使用により、うどんこ病への感受性が高まったことを知った（シャブスー、一九六六）。このとき、糸状菌病とウイルス病の発症が連続的におこるという複合現象の存在もわかった。

他方、たとえばアトラジンなどの除草剤が植物のウイルス病への感受性を高めるのも報告されている（マケンジーら、一九七〇）。こんな作用はチッ素の過剰など施肥の不適切さと組み合わさっていることもあるので、たとえばオオムギの黄萎ウイルス病なども同時に増悪することは驚くにあたらないだろう。

先にも触れたように、これらの現象の奥にひそむ原因としては養分欠乏の発生がきっかけとなることもある。この点についてヴィカリオ（一九七二）は、チッ素を基材とした農薬は陽イオンを含んでいるので、カルシウム、マグネシウム、亜鉛などの転位を引きおこすことがあることを明らかにしている。これは、別の研究結果によっても証明されている（ユゲー、一九八三）。

もちろん、こんな欠乏がウイルス病の発現する時点で植物体内に変化を与えうるかどうかは問題である。しかし、ウイルス病は植物の成長にかかわる病気である。成長を抑制する条件はすべて、ウイルス病の増悪を助長することになる可能性があり、要素欠乏という条件もその一つである。デュフルヌアが、ホウ素欠乏のインゲンで分裂組織細胞の有糸分裂相に異常がおこるのを指摘したことを思いおこしたい。

これらすべては、病気、とりわけウイルス病の発症に関して要素欠乏がいかに重要であるかを示している。そこでの代謝では、タンパク質分解が優位を占めるのである。このような考え方については、第八章で養分欠乏の矯正によって病気の抑制がおこる実験結果を示したいと考える。

この章にあげた結論は、合成農薬や化学肥料の使用が植物の代謝に影響を与え、それによっていくつかの複合的な作用をすることを考慮しないかぎり、ウイルス病の防除は困難であるということを示しているといえよう。次章では改めて、このことについての証拠となる事実をあげてみる。

第六章　ウイルス病の防除　――その過去と未来

（一）ウイルス病は特殊な病気なのか？

現在、一般的な考えによれば、ウイルス病は普遍的に存在し治療が不可能であり、接木によっても伝搬され、病徴が多様であること、また植物はウイルスに対する防御機構をもたないという。しかし、もしこれらのウイルス病のさまざまな特徴を詳しく吟味すると、それらがことさらに特殊なものではないことがわかる。

普遍的に存在するといってもそんなことはまったくない。同じ種に属する植物たちがその成育の時期によってはウイルス感染を受けつけないこともある。

治療が不可能であるというのはそのとおりであるが、それは病原体であるウイルスを破壊しようと考えるかぎりのことである。もしこの章のなかで述べるように、植物の栄養と病気の予防の対策を考え、ウイルスが細胞のなかで増殖したり生成してくるのを妨たげるような配慮をすれば、治療は不可能ではない。

接木による伝搬は確かにおこるが、それは台木と穂木の組み合わせがウイルスの増殖を許す場合におこることである。ウイルス病に対する台木の影響は穂木の生理状態を経由しておこることが問題なのである（本章の接木の影響の項を参照）。

病徴が多様であるのも事実だが、それはこの病気だけの話ではない。つまり、ウイルス病に特徴的な病徴を真にウイルスの感染によるものとすることができないのである。厳密にウイルスと関係するとみられる病徴はほとんど存在しない。反対に、たとえば植物の栄養上の問題とウイルス病感染とが一致している状態はたくさんある。

ほかの病気にもあてはまることだが、植物の栄養摂取と毒物による中毒が植物の生理状態、同時にまたその抵抗性を決定するという点から見れば、ここにあげられたことはごく普遍的な現象である。

ウイルス、糸状菌、細菌による病気、さらには害虫の加害に関して、植物を取り巻く諸条件が常にある普遍的法則性をもって働くのである。一方、ウイルス病が特殊なものであるように見えるのは、ウイルス病では以上のような法則性のある現象が細胞レベルで発現するからである。ウイルス性の病気は、植物体内の代謝の乱れによって生み出される。先にも述べたように、この乱れ自体は栄養障害と毒物による中毒に由来するが、またウイルス（DNAまたはRNA）の生成、少なくともウイルスの増殖に原因するのである。

ウイルス病防除の今までのやり方は、媒介生物（アブラムシ、ヨコバイ、ネマトーダなど）の防除の研究に依存している。しかし、この方法はウイルスに対する植物の「感受性」に影響を与える生理的状況や、期待に反し不都合な影響が生じる可能性、たとえば植物の代謝に対する農薬の作用などを無視している。

その結果、媒介生物に対する化学的防除の挫折がおこってくる。化学物質は媒介生物を増やし、同時に病気をはげしくする可能性がある。これはタンパク質分解を促進するという同一の過程によっておこるのである。

（二）媒介生物の化学的防除

（1）アブラムシ防除のゆきづまり

多くの研究者は化学薬品による媒介生物の防除に失望させられている。マルー（一九六五）は次のように書いた。「殺虫剤の直接散布によって媒介生物を殺すという方法でウイルス病を制圧することはできない。」実例として上げられたモザイクウイルスの多くは、植物の葉にアブラムシを一度だけこすりつければ感染を引きおこすのに十分であり、この場合、アブラムシは死ぬのだが、植物はウイルスに感染するのである。

事実はもっと複雑だと思われる。化学防除の場合、昆虫を追い払うと病害はむしろ拡散するともいわれる。だが、農薬のこの不成功の仕組みが意味するものはさらに深いと考える。散布してからの短い有効期間の後、農薬の多くはアブラムシを殺す代わりに、それを増加させるのである。この増加の原因は単に天敵の死滅によるのではないことはすでに第二章で述べてある。

殺ダニ剤の不成功も、いくつかの植物種で見られる。たとえば、ミュンスターとムルバッハ（一九五二）によると、リン酸エステル（ペストックスなど）が散布されたジャガイモ畑では、散布回数がもっとも多かった区画でダニの個体群が一番多いことがわかった。また、散布区のジャガイモは無処理の畑のものとくらべて病気が少ないという事実はなかった。この研究者は、散布された植物での農薬の毒性が不十分であったことと、そこでのアブラムシの移動性が強まったことによって、この結果が生じたとしている。一方、彼らは処理の結果としてのダニの増殖については検討していない。この後のところで、これが単に天敵の死滅による現象ではなく、さらに重要な問題を含んでいることを明らかにしたいと思う。

ジャガイモのアブラムシの研究を続けてきたボヴェとマイヤー（一九六二）は、ヒ酸石灰、カルバミル、DDT、ディルドリンが、ジャガイモの葉につくアブラムシの数を増加させるのを認めた。彼らの考えによると、一つはアブラムシの天敵が除去されたことにもよるが、もう一つは、葉の裏側でアブラムシの増殖がさかんであったことも原因としている。これらの研究者は、ウイルス感染の増大を予防するためにはジャガイモハムシの防除剤の使用を必要の最小限にとどめることを推奨している。

同じような不成功は、ジャガイモのモモアカアブラムシ（葉巻病の媒介生物）を駆除するためにダイアジノンとシュラダンを散布した場合にも見られた。処理後二週間で、処理区のアブラムシは無処理区の四倍にもなった。また処理後のウイルス病の増悪と収量の減少は、有翅と無翅のアブラムシの数の増加と関係しておこったと研究者は考えている（クロスターマイヤー、一九五九）。しかし、ここには同時にもう一つ別の条件が働いていた。ジャガイモに対する農薬の作用である。

ジャガイモYウイルス病の防除について、シャンクスとチャプマン（一九六五）は同じようにマイナスの

第六章　ウイルス病の防除

結果を得ている。その結果は予期しないほど明確なものだった。パラチオンを散布した植物では、無処理区にくらべアブラムシの生存期間が二〜三倍も長くなったのである。

このことは、殺虫剤が植物の代謝に変化をおこしていることを示すものと考えられる。農薬処理の結果、ウイルス感染の発生が多くなるが、この場合でのアブラムシの役割と植物の生理の役割を区別することが考えられていない。しかしラッセル（一九七二）の考えによれば、ウイルスに対する抵抗性は次の事柄を含んでいることに注意するべきだとする。

——媒介生物であるアブラムシへの抵抗性
——ウイルス接種への抵抗性
——ウイルスへの耐性

以下にも述べるが、これらの条件は〈植物——農薬——ウイルス——媒介生物〉という複合要因のなかに含まれている。そのことを最初に示したのはローランド（一九五三）である。

この研究者の実験目的は、残留性殺ダニ剤の反復散布がジャガイモの健康状態に与える影響をウイルス学の立場から検討することだった。

葉巻病ウイルス、YウイルスまたはXウイルスに汚染した種イモをすべて取り除いたアッカーゼーゲン種を隔離温室で増殖を続けた。ここでは病徴はまったくあらわれなかった。この材料を二区に別けた実験用の畑に植えつけた。一方は一〇〇ｐｐｍのパラチオンを一〇回繰り返し散布し、他方の対照区は無撒布とした。その年の秋に収穫し、冬のあいだはアブラムシから隔離して貯蔵した後、次の春にふたたび栽培し、その秋に収穫したものを一五日後に調査した。ここでのウイルス病は前年の栽培のときについていたアブラムシを介して生じたものである。第6表は調査結果である。

パラチオンの反復散布はジャガイモのウイルス感染を改善することができなかっただけでなく、むしろ葉巻病の発現が増大したのは研究者にとって驚きであった。ローランドはこの農薬が昆虫を誘引する作用をしたのだろうと推察した。シャンクスとチャプマン（一九六五）も種々の農薬がジャガイモでのモモアカアブラムシの行動に変化を与え、たとえばパラチオンやジメチルモルを散布された植物上では対照区に比べて二、三倍も長い期間生存したことを観察している。彼らの結論として、この研究が農薬はアブラムシによるウイルスの伝播を抑えることができず、ウイルス感染を増大させることになる理由について考える機会を与えてくれたとしている。

後にふたたび述べることになるが、この現象はパラチオンやメヴィンフォスが植物の代謝に影響を与え、それを通じて間接的ではあるが栄養関係によるアブラムシの増殖がおこることを説明してくれると考える。これは、ダニ類について私たちが明らかにした事柄と似た過程であろう（シャブスー、一九六九）。

第6表　パラチオン散布によるジャガイモのウイルス感染
（ローランド、1953）

ウイルスの種類	散布区 植物数	散布区 割合(%)	無散布区 植物数	無散布区 割合(%)
ウイルス罹病株	33	82	21	50
葉巻病	31	77	17	40
Ｙウイルスモザイク病	3	7	5	12

他方、パラチオンのような殺虫剤によってウイルス病の広がりがはげしくなることは、ジチオカーバメート剤（ジネブ剤）のような殺菌剤とジャガイモについて述べたことと驚くほど似ているのを指摘しておきたい（パリヤコフ、一九六六）。

（2）殺虫剤散布によるアブラムシの増殖

多くの研究者はアブラムシの増殖にさまざまの農薬が関係していることを指摘している。それらをすべて紹介することはできないが、その根本となる因果関係を検討することは大きな意味があると考える。

一九四六年以来、ミシェルバッハはクルミシンクイの防除に用いられたＤＤＴがアブラムシを増殖させることを確かめている。この作用はカタカイガラムシの仲間についても見られる。

ピメンタール（一九六一）も、ＤＤＴがキャベツのクビレアブラムシをはげしく増加させるのを観察したし、ピーターソン（一九六三）はジャガイモでモモアカアブラムシの増殖がＤＤＴだけでなく、カルバリル、グサチオン、ダイシストンによっても促進されることを報告している。

グラネットとリード（一九六一）はカルバリルがビートのクビレアブラムシを、サーストン（一九六一）はタバコのモモアカアブラムシを、それぞれ増加させたとしている。

有機リン剤系の殺虫剤についてもアブラムシの増殖を促す作用がしばしば報告されている。フェントン（一九五九）は牧草のルーサンについて、ヒゲナガアブラムシの増殖はパラチオン、トクサフェン、デメトンによって促進されるとした。

レデンツ・リュシュ（一九五九）が、チェリーにパラチオンとデメトンを一年間にわたって散布したところ、秋にはアブラムシとダニ類が大発生した。この害虫に対し、農薬が少なくとも初期には非常に効果的であることがわかっていたので、ひどく驚かされた。

シュタイナー（一九六二）もやはりチェリーに種々の無機殺虫剤と合成殺虫剤を散布し、各種の害虫に対する作用を注意深く観察した。マラソン、チオダン、パラチオン、ＤＤＴなどの農薬によってアブラムシの増殖を明確に認めた。またデメトン、ダイアジノン、トクサフェン、ヒ酸鉛によるダニ類の増殖が認められた。

今まで述べたことは、みな主として殺虫剤に関することである。従来までの学説では、こんな場合の害虫の増殖は天敵が殺されたからだとしてきた。しかし、この考えの不十分さを正すべきだと考える。ところが、トウモロコシのアワノメイガに合成ピレスロイド剤を使用すると、アブラムシが増殖することが大きな問題となっているのが現実である。この現象には真剣に対応しなければならない。殺菌剤についても同じことがおこっているのである。

多くの殺菌剤はアブラムシの天敵（捕食性および寄生性天敵）に対しては無害である。それだけにアブラムシに対する殺菌剤の影響は重要な研究課題である。

さらにシュタイナーはチュウラム（ＴＭＴＤ）やキャプタンの散布によって、チェリーのアブラムシとキジラミの増殖がおこるのを報告している　私たちの実験によると、キャプタンはダニ類の増殖を引きおこすことが多い。

私たちの観察は福島（一九六三）の実験と同じような結果となっている。特に収穫期のリンゴについてヒ酸鉛とキャプタンの組み合わせ処理に引き続いてアブラムシの大増殖がおこっている。この両者はどれも天敵に対して特に顕著な毒性があるわけではない。

福島と安藤（一九六七）の正確な実験によると、リンゴアブラムシの受胎力とリンゴの葉内の養分含量とは関係があると報告している。これによると、アブラムシが伸長中の枝の葉を特に好んで寄生するのは、それがチッ素化合物を多く含むからである。同じ理由でアブラムシはリンゴの品種のラルス・ジャネットよりもデリシャスを好んで寄生するのである。これは室内でのアブラムシの飼育実験によって確かめられており、そこには天敵は存在しなかった。以下にこの結果の証明を試みたいと考える。

(3) 農薬散布が引きおこす植物体内の養分の変化によるアブラムシの受胎力の増大

マクスウェルとハーウッド（一九六〇）は、害虫の受胎力と植物の生理とは農薬の影響によって関連づけられているのではないかと考えた最初の研究者だと思われる。彼らはインゲンに二・四―Dを散布すると、エンドウヒゲナガアブラムシがはげしく増加するのを確かめた。葉分析の結果と照合すると、アブラムシの発育がもっとも進んでいた葉では遊離アミノ酸の含量が高いことがわかった。二・四―Dはアラニン、セリン、グルタチオンの含量を大きく高めるのが認められた。

スミルノヴァ（一九六五）もインゲンで、ヒゲナガアブラムシの増殖がDDT散布によってはげしくなり、葉では非タンパク態のチッ素と糖類が増加しているの見ている。こんな変化は散布後八〜一五日におこった。この研究者の結論として、「非タンパク態のチッ素が増加するにつれて、アブラムシの数も増加した」と書いている。

これらの結果や見解と一致するのがチャン（一九七二）の研究である。彼はオオムギに寄生するムギミドリアブラムシに対する品種間の抵抗性のちがいを研究した。先にリンゴの品種の研究を紹介したが、オオムギでも葉中の遊離アミノ酸の含量が高い品種は感受性が強かった。そのほか、可溶性全糖についても同じ結

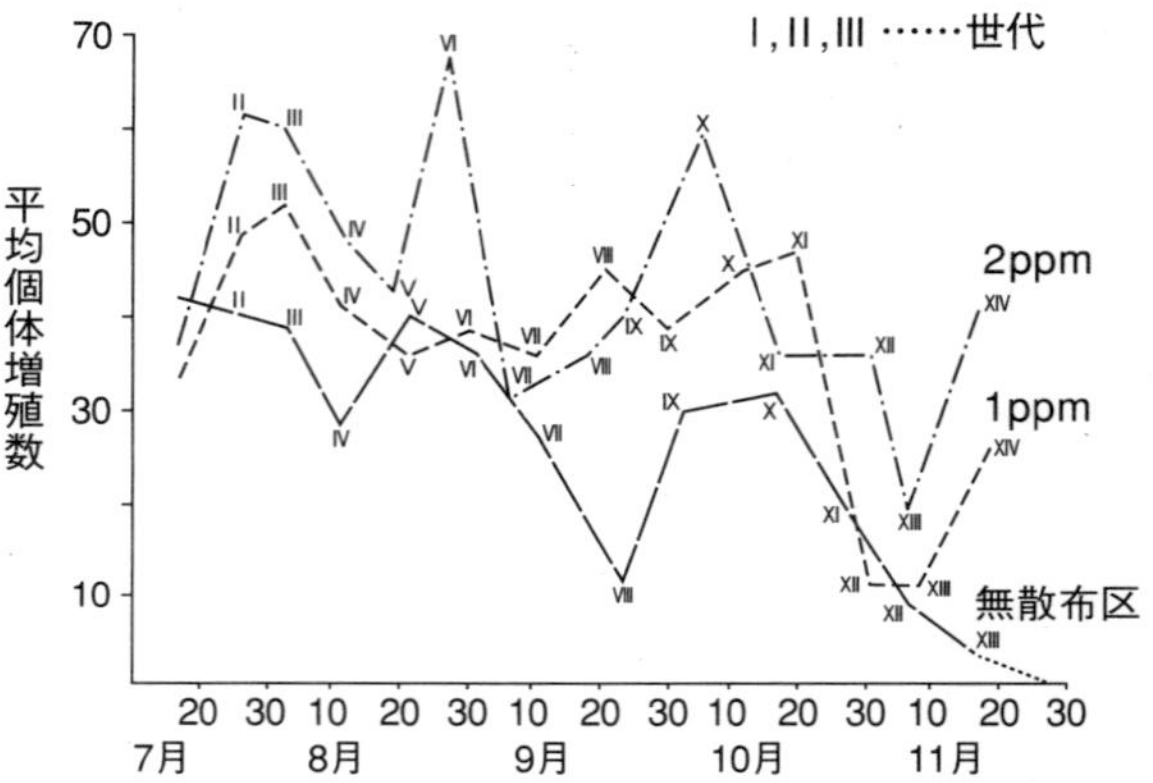

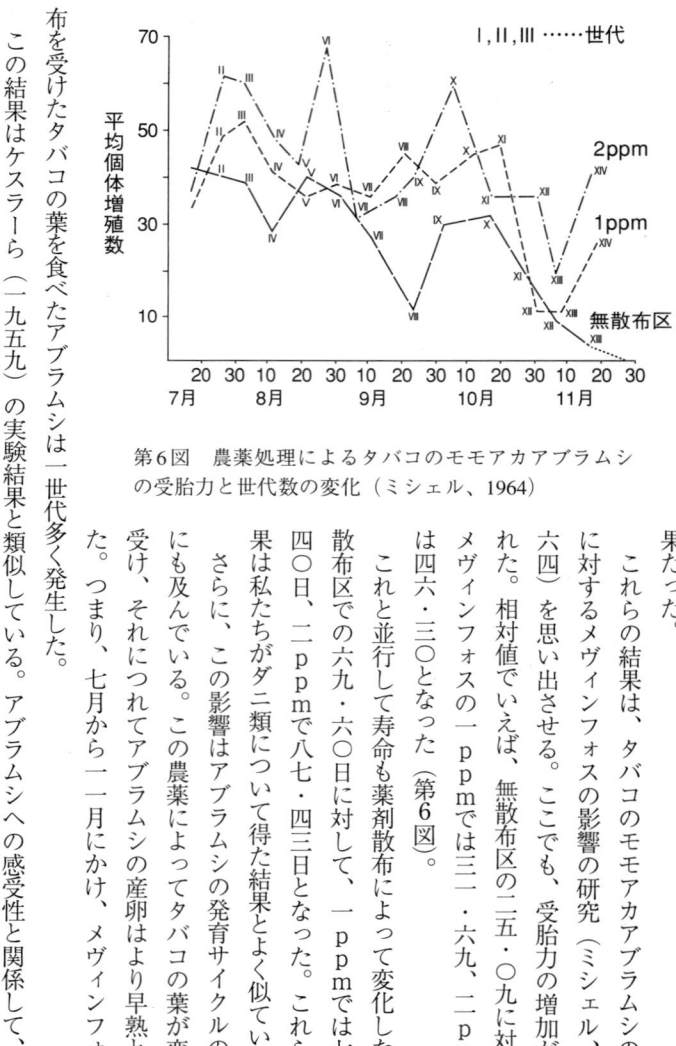

第6図　農薬処理によるタバコのモモアカアブラムシの受胎力と世代数の変化（ミシェル、1964）

果だった。

これらの結果は、タバコのモモアカアブラムシの寄生に対するメヴィンフォスの影響の研究（ミシェル、一九六四）を思い出させる。ここでも、受胎力の増加が見られた。相対値でいえば、無散布区の二五・〇九に対して、メヴィンフォスの一ｐｐｍでは三一・六九、二ｐｐｍでは四六・三〇となった（第6図）。

これと並行して寿命も薬剤散布によって変化した。無散布区での六九・六〇日に対して、一ｐｐｍでは七四・四〇日、二ｐｐｍで八七・四三日となった。これらの結果は私たちがダニ類について得た結果とよく似ている。

さらに、この影響はアブラムシの発育サイクルの速度にも及んでいる。この農薬によってタバコの葉が変化を受け、それにつれてアブラムシの産卵はより早熟となった。つまり、七月から一一月にかけ、メヴィンフォス散布を受けたタバコの葉を食べたアブラムシは一世代多く発生した。

この結果はケスラーら（一九五九）の実験結果と類似している。アブラムシへの感受性と関係して、プリン（ピリミジン環とイミダゾール環との縮合化合物）の効果を検討した研究である。またリンゴの葉をカフエインで処理するとリンゴアブラムシの受胎力が低下した。アブラムシがカフェインを摂取しても直接の影響はまったくない。つまり、カフェインはリンゴの葉の代謝系になんらかの変化を引きおこしているのである。

この場合の葉分析の結果によると、カフェインは全チッ素、特に可溶性分画とDNAの量を減らす。反対に、タンパク質とRNAはカフェインの濃度が高まるにつれて増加する。カフェインの影響と葉齢の影響とは一致する。両者が並行しているとRNA／DNA比とタンパク質合成が高まり、DNAと可溶性チッ素は減少する。

自然におこったにせよ、人為的に引きおこされたにせよ、葉内の生化学的変化に対応してアブラムシの発育は影響を受ける。たとえば、植物の成熟による抵抗性はRNAとタンパク質の比率が高まることの結果である。しかし老化がはじまると、その反対のことがおこる。タンパク質の分解が促進され、またRNAとDNAも減少していき、これによって大量の可溶性チッ素化合物が放出され、アブラムシに対する植物の感受性がふたたび高まり、アブラムシの増殖が進むことになる。

(4) アブラムシの養分要求と受胎力

アブラムシの養分要求の決定はこの近年の飼育技術の進歩のおかげでかなり明確になった。以下に紹介するのはオークレールら（一九五七、一九六〇、一九六四）のエンドウヒゲナガアブラムシの研究、ミットラーとダッド（一九六三―六五）のモモアカアブラムシの研究による。またルーサンとモモにつくアブラムシについてのオルトマン（一九六五）の研究、さらにはソラマメアブラムシ、モモアカアブラムシ、ダイコンアブラムシについてのウエアリング（一九六七）の研究も重要である。

これらを通じて、最適の養分要求はアブラムシの種類と、その齢によって異なることがわかる。これはアミノ酸と炭水化物の最適比率があることを示していると考えられる。この二つにかぎっていえばアミノ酸だけではモモアカアブラムシの嗜好を引き出すことはできず、糖類との組み合わせによって食餌反応がおこることがわかっている。

さらに一般的には、エンドウヒゲナガアブラムシについてオークレールらが示したように、アミノ酸の量が増えればアブラムシの成長と発育、寿命と増殖力が増える。

ミットラーとダッドの飼育実験で見られるように、現実の植物汁液中のアミノ酸とアミドの濃度は人工飼育での良好な成育のための最低必要濃度よりもかなり低いのである。前節で見たように農薬処理によって植物体内のタンパク質合成が抑制された結果、アブラムシにとっての養分が増加し、これとアブラムシの増加とが一致するのである。このような代謝の変化は植物のもつアブラムシへの誘引力と関係がある。これがアブラムシの宿主選択のキーポイントであり、この問題にごく手短かに触れてみたい。

(5) アブラムシの宿主選択の条件

リプケとフレンケル（一九五六）が強調していることだが、寄生者がその宿主を選ぶ条件の研究は農業昆虫学の中心課題である。ケネディ（一九六五）は、「健康な植物とは病害虫に免疫性をもつ植物のことだ」とか、「幼虫のための栄養環境が成虫の産卵の場所の選択を決める」という以前からの考えを安易に一般化しないように勧めている。

アブラムシについてもいえることだが、宿主となる植物との関係は複雑である。植物の種類、季節のちがい、また昆虫の発育期によって変化がおこる。ケネディ自身のソラマメクロアブラムシとモモアカアブラムシについての研究によると、このアブラムシの食物の選択は植物によって供給される栄養分に対する反応にもとづく。若齢葉でも成熟葉でも同じことだが、それが糖類とアミノ酸など可溶性物質を豊富に含むことが選択の条件である。それによってアブラムシはよりよい繁殖力を保つことができるからだと彼は考えた。

しかし、以前から広く採用されてきた考え方がある。害虫の食物への選択が特定的である場合には、それは主としてさまざまな精油やアルカロイドなどの不揮発性の化合物が「行動の合い言葉」のように働き、昆虫はそれに反応したのであるというものである。ケネディのような考えは従来までの考え方と対立するものである。

もちろん、それらの誘引物質が宿主のほうへ昆虫を移動させるのに一役かっていることは否定できないとしても、植物の代謝活動の産物として、昆虫の成長と繁殖に欠かせない栄養を提供するようなものではないことは確かだ。このような栄養関係的な考えは、最近のいくつかのアブラムシの人工飼育での昆虫の行動とその結果、つまり宿主植物の殺虫剤処理に引き続くアブラムシの増殖によって確認されていると考えられる。

多くの研究成果は栄養物質が害虫、特にアブラムシの摂食刺激のメカニズムに深くかかわっていることを示している。オークレール（一九六五）によると、エンドウヒゲナガアブラムシの餌の好みと受胎力とは並行しているという。この場合、若いアブラムシは、糖含量の多い（蔗糖にして三五％）食餌をより好むが、成熟したものは、二〇％ぐらいのやや少ない糖含量の餌を選ぶのであるが、それによって寿命は長くなり繁殖力はより強くなるのが見られた。

ミトラーとダッド（一九六五）はモモアカアブラムシの人工飼育の実験を行ったが、その結論のなかで、「今や、ケネディの考えはまちがいとはいえない」と書いている。ここでも、ウイルス病の場合のように、新しい「生物学的な」条件を導入した考え方に到達するのではなかろうか。

（三）ウイルス病、媒介生物、殺虫剤の複合的関係

（1）植物のアブラムシ誘引力に対するウイルス病の影響

ケネディ（一九五一）はビートとソラマメアブラムシとの関係を研究した。その実験結果によると、アブラムシはモザイク病におかされている植物により強く誘引された。同時に、健全な株にくらべ、罹病株ではアブラムシの増殖力は一・五倍になった。ウイルス病の病徴が発現している状況は伸長中の葉、成熟葉、老化葉を問わずアブラムシの生物活性にとって好ましいことがわかった。言い換えれば、「ウイルス病は、成熟した葉だけでなく植物体全体を媒介生物にとって好ましいものにする。」（第7図）

このアブラムシの行動の変化は、ウイルス病の結果としておこった植物体内の生化学的変化と関係がある

のは明らかである。また、この変化はウイルス病の程度によっても明確に異なる。たとえば、モザイク病はC／N率をはっきりと低下させ、それとの関連で上に見たようにソラマメアブラムシの増殖をさかんにすると見られる。しかし、葉巻病やビート萎黄病などではアブラムシの受胎力の向上は明らかではない。

アブラムシのある種に対しておこる栄養上の影響は別の種のアブラムシにはほとんどおこらないこともある。たとえば、ビートでは、無翅のモモアカアブラムシは、モザイク病やカーリー・トップウイルス病にかかった葉よりも萎黄病の葉のほうを好む（ミンク、一九六九）。

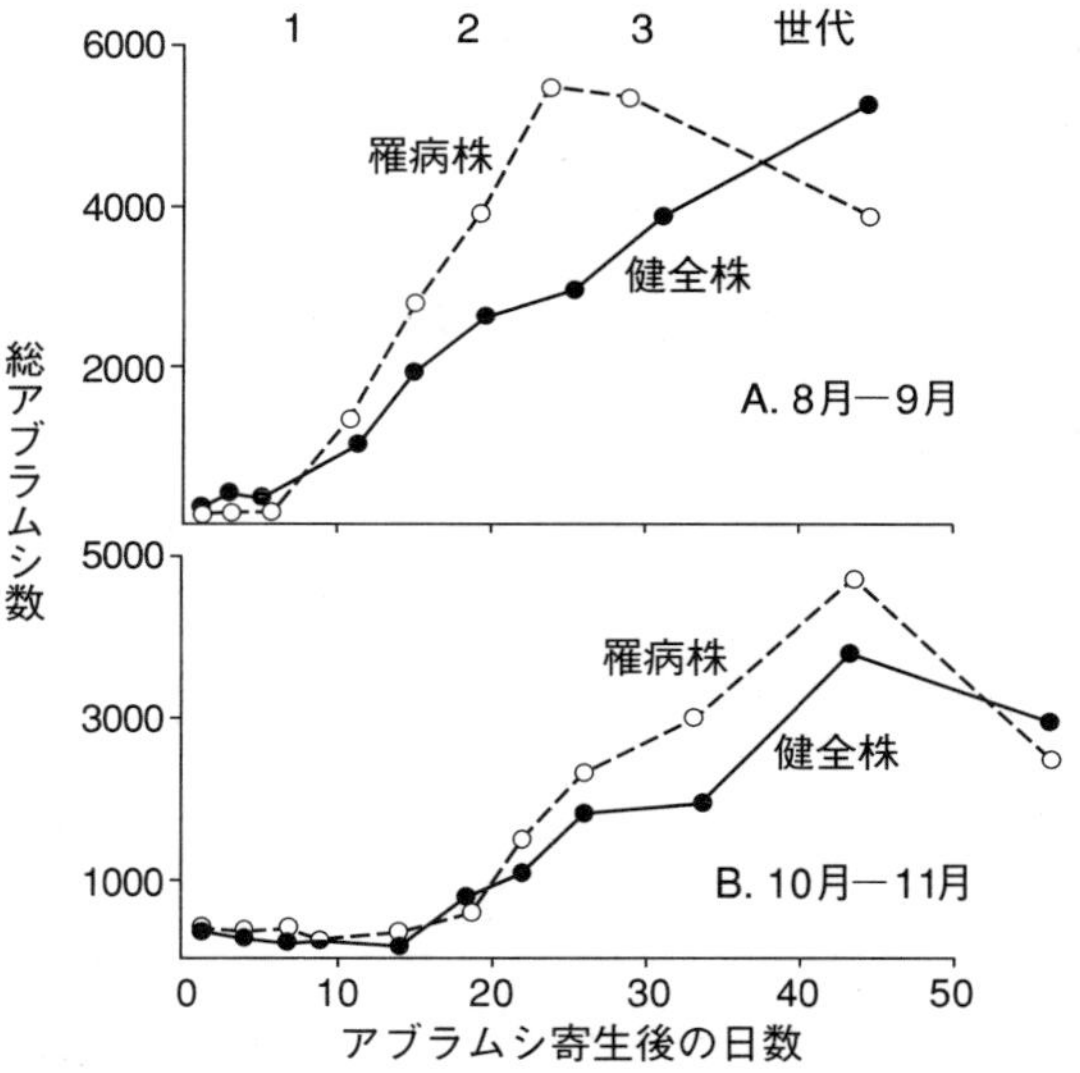

第7図　サトウダイコンの健全株とモザイク病株におけるソラマメアブラムシの発育（ケネディ、1951）

植物体内の代謝と昆虫の生物的潜在力とがどの点でつながっているかを示唆することであるが、アブラムシの増殖はウイルス病自体のはげしさとも関連することがわかっている。マークラとローレマ（一九六四）が確かめたところによると、インゲンマメ黄斑モザイクウイルスを接種したアカクローバーでは、病徴の発現がゆるやかな場合はエンドウヒゲナガア

第二部　養分欠乏と病害

ブラムシの増殖は拡大したが、病徴がはげしくなるにつれ増殖力は低下した。同じ研究者によると、ウイルス病にかかっている植物の体内では遊離アミノ酸の含量が増加していた。オオムギ黄萎病ウイルスに感染しているエンバクではムギクビレアブラムシの受胎力は遊離アミノ酸の増加とともに増大する。一方、ムギヒゲナガアブラムシでは同じ状態でも繁殖力に変化はなかった。これはおそらくこの二種のアブラムシの栄養要求のちがいによるのであろう。これに関連する事柄は先に述べたとおりである。

Xウイルスに感染したタバコの葉分析の結果、遊離アミノ酸含量の変化が大きいことが明瞭になった（ポジュナール、一九六三）。グルタミン酸、アスパラギン酸、リジン、トレオニン、アラニンの急激な増加とグリシンの減少が顕著であった。これらの変化はアブラムシにとっての栄養摂取の変化を意味し、アブラムシの種に応じた行動と受胎力の変化を示すものだろう。

ミラーとクーン（一九六四）は、ウイルス自体がアブラムシの生命活動に与える影響を研究した。黄萎病ウイルスに感染または非感染のオオムギでムギヒゲナガアブラムシを飼育し、いくつかの処理を加えてアブラムシの反応を調査した。実験区では、ウイルスに感染していないアブラムシを健全葉で飼育する、ウイルスに感染している植物の上で飼育を続ける、ウイルス感染葉の上で四八時間だけ飼育しその後は健全葉に移すという処理をした。

実験後、ウイルスを保持しているアブラムシだけを調査した結果は次のようであった。

(a) 卵から成虫までの発育サイクルの速度の増大（同じことが別の研究により、メヴィンフォス散布のタバコでのモモアカアブラムシでも観察されている）（ミシェル、一九六四）。

144

（b）寿命の延長。
（c）生殖期間の延長。
（d）結果として、アブラムシの数の増加。

この研究者の見解によれば、これらすべての結果はウイルスと媒介生物とのあいだに「活発な生物的交互作用」が生じていることを示すという。私たちの見解では、それは栄養摂取上の交互作用にほかならないと考える。

上に述べたことすべては、媒介生物に対する化学物質のさまざまな処理のゆきづまりのメカニズムを説明するものであろう。事実、殺虫剤は植物に影響を与え、栄養摂取というルートを経由してアブラムシの増殖を引きおこす可能性をもっている。まず植物体内でのタンパク質合成を抑制することにより組織内に可溶性チッ素、とりわけ遊離アミノ酸を蓄積させ、それは還元糖とともにアブラムシの受胎力を強めることになる。

いくつかの合成農薬の影響のもとで同じ原因によって繰り返しおこる事柄はウイルス病に罹病した植物についてもおこるのである。しかし、ここに一つの問題がある。「もし媒介生物とみられるアブラムシがウイルス病におかされた植物のほうを好むとするなら、その植物の感染のはじまりに対してアブラムシはどの程度のかかわりがあるのか？」ということである。

言い換えれば、健康な植物または外見上は健康な植物はどの程度まで感受性があるのか、あるいはまったく感染しない状態なのかということである。この問題はすでに第五章で提出されているが、もう一度、考えるべき問題である。以下にムギ類での「寄生複合」の場合を例として、ごくかいつまんで、その答えを述べてみたい。

（2）ムギ類の生理状態と寄生複合

第五章を通じて考え、その解析によって明らかになったように、ウイルス病は「集約的」と称される農業と関連しながら拡大してきた。この集約的農業という言葉の意味するものを私たちの考えで言いあらわすなら次の二つの技術になる。ますますはげしくなっている化学肥料、とりわけチッ素肥料の多用があり、またその結果としてと考えたいのだが、合成農薬（殺菌剤、殺虫剤、除草剤）の乱用がある。

一見したところ不思議なことだが、これと並行してさまざまな病気の大発生がおこっているのである。まずは「寄生複合」という形での糸状菌、細菌、ウイルスによるさまざまな病気の発生がある。感染のはげしい拡大を目の当たりにして、ほどこす術もない技術関係者は言う。「病気の重なりのなかのある一つの要因がもつ特定の役割を明確にすることすら事実上不可能である。」

これまでのいくつかの章では、この寄生者たちの発生について、種々の農薬のもつ役割のいくつかを明らかにできたと考えるが、ここでは今一度、施肥の影響を取り上げたい。それはつまり、植物栄養の問題である。この植物の栄養は植物の生理状態の重要な決定因子であり、それとの関係で植物の抵抗性をも決定する要因である。

第一に取り上げてみたいのは、栽培法のちがいによってアブラムシの増殖に変化が生じることである。ごく最近、コヴァルスキーとヴィサー（一九八三）は冬コムギでのアブラムシの寄生について慣行栽培と有機栽培との比較を行った。葉内での遊離アミノ酸含量の分析を一つの指標とした。

化学物質を使用する慣行農業では、有機栽培とくらべてアブラムシの発育と増殖が促進される。また慣行農業では葉内の遊離アミノ酸含量が特に六月で高いが、それは四月はじめにチッ素肥料が与えられたことと関係があるだろう。これはなによりも「植物栄養についての考え方」が害虫に対する抵抗性、ひいては防除プログラム全体にわたって根本的な役割を果たしていると、この研究者らは結論づけている。

化学物質処理を受けた冬コムギでは種々の寄生者の数が多かったが、有機農業の畑ではアブラムシに対する強い抵抗性のために、その寄生はもっとも少なかった。コヴァルスキーらは、植物と昆虫との相関関係のなかで重要な役割を果たす昆虫個体群の変動因子としては遊離アミノ酸があり、またそれと非タンパク性のアミノ酸との関係があることを強調している。

この結果は、先に提出された問題、つまり「植物―ウイルス―アブラムシの関係」についての問題提起を確認させるものである。

もう一つの問題がある。チッ素肥料、特に合成チッ素肥料が植物の要素欠乏、とりわけ微量要素欠乏を引きおこす影響をもつことである。これについては、牛乳一〇〇ミリリットル中の銅の含量に関する数字を引用したい。

――チッ素肥料を与えた飼料を給餌した乳牛：一四マイクログラム。

――チッ素肥料を与えていない飼料の場合：四七マイクログラム。

第二の点はウイルス病の広がり、およびアブラムシの増殖に対する施肥の影響の仕方についてである。フォルク（一九五四）は、ジャガイモ栽培で肥料として塩化カリ、硫酸カルシウムなどを施し、アブラムシの発生との関係を検討した。

もっともアブラムシの発生が多かったのは硫酸カルシウム区であったが、葉巻病の症状をもっとも多く示したのは塩化物を与えた区であった。硫酸カルシウム区では、アブラムシの数が多かったにもかかわらずウイルス症状は少なく、植物は健全であった。

この結果は今までの考えとまったく異なるが、アブラムシの加害とウイルス病の被害の程度とのあいだには関係がないことを示しているように思われる。言い換えれば、施肥の仕方による植物の状態の変化が重要だということである。この研究者が示したことに従えば、土壌に与えられた塩素が大きな関係があると考えられる。

私たちの考えによれば、塩素はアミノ酸およびタンパク質の合成を抑制し、その分解を促進する傾向があると見られる。この特性は、同時にまたウイルス病を含む種々の病気や害虫に対する植物の感受性を高めるものである。

多数の合成農薬、特に除草剤は塩素を含んでいることが知られている。これらの薬剤で処理されたムギ類で寄生者に対する感受性が高まるのは当然であろう。もし農薬が栽培植物の生理に影響を与えることに着目するなら、結局はいわゆる「寄生複合」を成立させるようになることが理解できよう。

(四) 結論

(1) この章のはじめに述べたように、ウイルス病はほかの病気と同じ原理に従っている。その罹病の程度とその発生そのものさえも、植物を取り巻く種々の外部条件に依存しており、それらの条件が植物の代謝に与える影響によって、その植物は発病にいたるのである。

(2) 一般的にいって、また私たちの栄養関係説によれば、環境条件の影響の程度を決めるのはタンパク質の合成／分解のあいだのバランスである。

(3) 昆虫についてもおこりうることだが、肥料と農薬による植物の養分摂取と、ときにはおこりうる中毒という二つの重要な要因が生物の代謝を変化させ、やがて細胞のなかで「潜在性」のウイルスを「活性化」したり、ときにはウイルスそのものの生成を引きおこしうることが明らかになりつつある。

(4) 化学物質で媒介生物（主としてアブラムシ）を殺す場合に、どんな影響が生じるかを無視し、最後にその結果がどうなるかをも考えないと、その結果は、農薬使用の不成功につながることは明らかである。

その不成功の理由は少なくとも二つある。

一つはいくつかのアブラムシがウイルスの伝搬に関与していることが必ずしも常に明らかになっていないことである。ウイルス病は植物の生理状態全体に深くかかわる病気であると考えられる。

第二には、殺虫剤は散布後しばらくのあいだはアブラムシの減少を引きおこすが、やがてウイルス病とアブラムシの両方に対する植物の感受性を強める。

ウイルス病以外の病気についてもいえることだが、病気に対する合理的な防除手段はひとえに植物にとって適切で好ましい状態を整えることである。たとえば、バランスのとれた施肥を行って要素欠乏を矯正し、また合成農薬（チッ素と塩素を含む）を無分別に使用するのを避けて中毒を未然に防止しつつ、植物体内のタンパク質合成を最適化することである。この書物の終わりの部分で、これらに関するいくつかの実例をあげてみたいと思う。

第七章　接木と抵抗性

（一）接木の原理と成果

第四章、第五章で細菌病とウイルス病のことを考えた際に、これらの病気に対する接木植物の感受性も検討した。しかし、この問題をもっと一般的な形でとらえ、できれば接穂の感受性と抵抗性の発生という現象の全体像をより明確にするために、ここに別章をもうけた。

そもそも、接木の技術が普及した理由を考えてみよう。第一にある品種を維持し、それを迅速に大量増殖することができる。第二にはその土地にあった台木を用いることにより、本来はその土地に適さない種類の植物を栽培することができる。ある土地で、そこには適さないモモが栽培できるようになった実例がある。

その反面、この章で新たに述べることになるが、接木の結果として穂木がさまざまの寄生者に感受性をもつようになることもあるし、反対に抵抗性をもたらすこともある。最近の事例としては、シャルカウイルス病に対する接木の試みがある。

さらに接木はある寄生者に対する唯一の対抗手段となることもある。この場合、全滅や栽培中止をまぬがれる「耐性」を獲得することがおこる。フランスのブドウ園がブドウネアブラムシ（フィロキセラ）の蔓延の後、接木栽培によって再興されたのは農業史に残る有名な成果である。

台木・穂木結合体の生理学

接木によって一つの新しい生物体が生まれる。それは一つの「合体」であり、むしろ一つの「キメラ」だといえばよいだろう。その性質も、台木のそれではなく穂木のそれでもない。それは新しくできあがった固有の生理をもっている。

手短にいえば、穂木は葉でつくられる炭水化物や種々の物質を台木の根に供給するし、根からは土壌のカリ、カルシウム、マグネシウム、硫黄などのミネラル、各種の微量要素などを吸収して穂木に与える。この合体植物の生理状態は次の二つの機能に依存している。

まず根での陽イオンそのほかの吸収能、もう一つは接木によっておこる種々の問題である。

イギリスのイースト・モーリング試験場に集められた名高いリンゴ台木のなかでも、M―一は環境に対して非常に敏感でカリの要求が強いものだが、同時にうどんこ病と黒星病が発生しやすく、またCOX穂木の台木になると、枝条にがんしゅ病を引きおこすし、多くの系統はウイルスに汚染されている。

つまり、接木栽培でも新たな形で「寄生複合」に出会うことになる。広く利用されているブドウ台木がもつさまざまな影響を検討することにしたい。それは興味深い事実を教えてくれるし、研究者を驚かせることでもある。

（二）　接木によっておこるブドウの病害

接木によっておこるブドウの病気の一つに灰色かび病がある。以前にも触れたように、この病気はジチオカーバメートなどの合成殺菌剤の使用によって再燃したものである。一般的に次のようなことがいわれている。「灰色かび病はいつでもおこり、フランスのブドウ園ではかなりむずかしい病気となっている。特にこの二〇年のあいだの接木技術の導入によってブドウ園の再興がはじまった頃から発生が増え、症状も重くなっており、その防除の先が見えにくくなっている。」

サン農業大学の教授、ペリエ・ドゥ・ラ・バティは、「ブドウ栽培」誌の一九〇四年八月号から灰色かび病についての研究論文を掲載しはじめた。実際、接木がもたらすと見られたこの厄介な病気の影響はいくつかの品種では特に深刻だった。たとえば、フオレ・ブランシェは、接木によって樹勢が旺盛になるにつれ灰色かび病に対する感受性がはげしく高まったため、もはや実際栽培には使えなくなった。

同じように、エスカ病がフランスのブドウ園の再興運動のあとではげしく蔓延した。この菌は主として若い枝に寄生したが、それまでは老齢ブドウ樹に寄生する病原菌と見られていた。若い枝の老化の早期化によって高い感受性がおこるのだという考えも出された。また、この病気はタンニンの生成と関係があるとも見られた。ここでも接木によって穂木の代謝に変化がおこったこととエスカ病が蔓延することとは関連があった。

当然のことだが、ブドウ園再興運動の数年後、一八八〇〜八五年におこったべと病の大発生でも接木の影響があるという疑いが向けられた。また南部フランスのルーション地方では一八八三年に接木が導入されたが、この技術が広く行われるようになった六年後に、ブドウ園はべと病にひどくやられた。天候のせいもあったが、一八八五年、八七年、八九年、ブドウの収量は平年作の半分になってしまった。

ブドウのフィロキセラと関連して名を知られたマクシム・コルニュ氏も一八七三年以降、アメリカの新品種を導入することの危険性を警告していた。それらは原産地でべと病に感染していたからである。

接木によって、病原菌への感受性が台木から穂木に伝えられると考えるのは決しておかしくはない。その病気にはべと病、灰色かび病、エスカ病が含まれている。ウイルス病については後に触れることにするが、ここでもムギ類やブドウ以外の果樹栽培で見られる「寄生複合」に直面しているのである。

一方、アメリカブドウのリパリア種は、台木としてフランスのブドウ園の再興のために一番多く使われ、今も使われ続けているが、リパリアの生理を検討することにより接木栽培におこりうる事柄をよりよく理解できるだろうと考える。

(三) リパリア種の生理と、リパリア台木による各種の「組み合わせ」ブドウ

この品種の生理をより詳しく調べたいと考えるのは、この種が台木として登場して以来もっとももてはや

第7表　台木のちがいによるブドウ植物体のカリ（K）／マグネシウム比（Mg）
（品種は「メルロー」、デュヴァル・ラファン、1971）

根　系	Mg（mg／乾物kg）	K／Mg
自　根	2110	5.39
／リパリア×ベルランディエリS04	765	14.27
／リパリア×ルペストリス3309	1009	11.28
／*Vitis riparia*	912	17.09

されてきたからである。これを使った接木は南フランスだけでも数百万株にのぼると推定される。

ところでリパリア種の特色の一つは、接木された穂木のいくつかが、「ほうき立ち」状の樹形になることである。こんな状態になった穂木を「リパリア型になった」というほどである。この「ほうき立ち」の姿はブドウ以外の果樹、特にリンゴでも見られる。この場合は「魔女のほうき」と呼ぶこともある。この奇形は寄生者によって発生することもあるし、カルシウム欠乏によることもある。この場合、ホウ素欠乏の結果として生じたカルシウム欠乏の可能性もある。

このことと関連するが、リンゴで「異常萌芽病」といわれたものが、実は感染源としての病樹の存在などとは無関係であることがわかっている。この場合の感染源といわれるものは、なによりも場所によって異なる土壌とその組成であった（ボヴェー、一九七一）。リンゴのＥＭ—一一号、一二号のような台木を使った接木での異常萌芽の高い発生率を見ると、この種の台木は接木された植物の養分吸収、ひいては抵抗性に影響を与えたことが確認されている。

実際、アメリカ種のブドウに接木されたフランスのブドウでは、さまざまな要素欠乏が認められている。たとえばメルローでは明確なマグネシウム欠乏がしばしば見られる。枝条でのカリ／マグネシウム比を調べた研究（デュヴァル・ラファン、一九七一）の結果の一部を第7表に示す。

メルロー種をカリ／マグネシウム比の高いリパリア台木に接木した場合には、マグネシウム不足が見られる。デュヴァル・ラファンは次のように書く。「接木されたメルロー種をマグネシウム含量の不十分な土壌で栽培すると、マグネシウム欠乏をおこす危険が増大すると考える。」

この研究者はリパリア種のカルシウム含量が少ないことをも明らかにしている。このことは、いくつかのフランスのブドウでいわゆる「リパリア化」が栽培土壌との関連でもおこりうることを証明しているといえよう。

こんな形での要素欠乏、特にマグネシウムやカルシウムの欠乏はそのほかの果樹栽培でも見られる。たとえばクルミ（ガニェールとヴァリエ、一九六八）、カンキツ類（ウォーレスら、一九五三）、モモ（グロクロードとユゲー、一九八一）などである。ブラン・エカールとブロスィエ（一九六二）は台木が陽イオンのバランス、特に二価の陽イオン／一価の陽イオン比に大きな影響を与えると推定している。しかし先にも書いたように、この比率自体は植物の生理、とりわけタンパク質合成、あるいはタンパク質合成／分解比に影響を与えている。この比率は寄生者に対する植物の感受性の判断基準ともなる。

ところで、接木が穂木の代謝に影響を与えるのはチッ素、カリ、カルシウム、マグネシウムなどの多量要素に対してだけではない。たとえば、ホウ素、亜鉛、マンガン、モリブデン、ヨードなどの微量要素のあいだの関係にも影響している。実際、さまざまな研究が示すように台木は微量要素にも影響を与える。たとえば、ラバナンスカとビタース（一九七五）によるカンキツ類についての研究では、カリやカルシウムのほか、塩素、ホウ素、銅、鉄、硫黄の含量にも変化がおこることがわかっている。

ここでの問題であるブドウについては、カールら（一九六六）がセーヴ・ヴィヤール一八八一五と一二三七五について実験したところによると、本来の銅の含量が十分にあったこの品種が、接木によって銅含量が低下することがわかった。また、リパリア×ルペストリス三三〇九を台木にするとマンガンの吸収にも変化がおこった。

要素欠乏とウイルス病などの病気

植物体の分析による情報のほかにも、接木による要素欠乏の明確な証拠としては白化（クロローシス）の発現がある。ブドウでは、「接木をするとクロローシスがおこる」という主張がしばしば聞かれる。接木をしていないブドウでも白化はおこるが、目立たないままに推移し、穂木の成長を抑制することはない。たとえばコニャック種のように、葉の色のうすい品種などがそうである。広く栽培されているメルロー、カベルネ・ソーヴィニヨン、セミヨン種なども白化によって影響を受けることは少ない。これらのいわば「耐病性」は、一つには本来的に鉄の要求性が少ないか、その根系が土壌の含む鉄を可溶性にしたり可吸態にしたりする性質をかなり強くもつからであろう。

しかし、フランスのブドウ園がリパリア台木などによる接木栽培を導入して再興された後、穂木と台木のいくつかの組み合わせは、自根のときよりも白化に対する感受性が強くなったことは事実である。これは接木ブドウの地上部の鉄要求が、台木の鉄吸収力によって満たされなかったからである。

ところで、栄養関係説の考え方によれば、鉄欠乏による白化に対する感受性をもつブドウは、ほかの病気、とりわけべと病にも感受性がある。これと関係して、たとえばカルシウムとホウ素の欠乏を引きおこすことが知られているリパリア台木が穂木におけるべと病への感受性の高まりを引きおこすことはないだろうか？これについてのミヤルデ（一八八一）の報告によると、べと病の防除の場合、石膏に硫酸鉄を加えた薬剤がすぐれた効果を示した事例を思い出すのは重要なことであろう。彼の処方によると石膏二〇キロに硫酸鉄四キロを添加するとよい（「フィロキセラに関する国際会議」、ボルドー、一八八一）。これは、植物病の治療における一つの画期的な成果であろう。次の二つの章でこのことについて再考したいと思う。さしあたって、ブドウの接木栽培に関連したウイルス病の問題を取り上げてみたい。

あえて繰り返せば、穂木の生理的、生化学的状態の変化を引きおこすことになる接木技術と、ウイルス病そのほかの感染に対する「感応性」との関係を再考したいのである。

これは単にリパリア種だけの問題ではなく、そのほかの台木でも見られることである。要素欠乏についていえば、たとえばリン酸とカルシウムの欠乏がすでに問題となっている。アルミとボヴェ（一九七二）は、広く利用されている台木のリパリア×ルペストリス三三〇九が生食用ブドウ品種のシャスラの成分に変化をおこし、チッ素とカリが増加し、リン酸とカルシウムが減少するということを発見したが、これはしばしば引用される例である。

この台木の三三〇九に欧州ブドウのいくつかの品種を接木した場合、ミケラージ（一九六五）は、次のような物質代謝の変化を観察している。

一方では台木の根での物質合成能はゆるやかになり、クレブス回路（ＴＣＡサイクル）での物質転換のなかで利用されなかった糖の蓄積に同調してアミノ酸含量が減少した。他方、穂木の葉ではアミノ酸のタンパク質への転換が停滞する結果としてアミノ酸の蓄積が見られ、また穂木の成長と体内の各種イオンの転流に欠かせない化合物も蓄積することが認められた。

この観察は、この接木が行われた植物では全体として、また特に穂木では、相対的ではあるがタンパク質合成が停滞する生理状態になったことがわかる。栄養関係説に立って考えれば、これは種々の寄生者に対する植物の感受性の増大を含む代謝状態になった。

この感受性の増大の実験的証拠は、リパリア台木に接木されたメルロー・ルージュ種の穂木で飼育したリンゴハダニの生物活性がベルランディエリ×リパリア四二〇Aを台木とした場合よりも平均して七〇％増大していることである（第8図A、B、カルルら、一九七二）。また、葉分析が示すところによると、このダニの受胎力の高まりと寿命の延長は、リパリア台木に接がれたメルロー・ルージュ種の葉内のアミノ態とアミド態チッ素の含量がもともと高いことと関係がある（第8図C）。

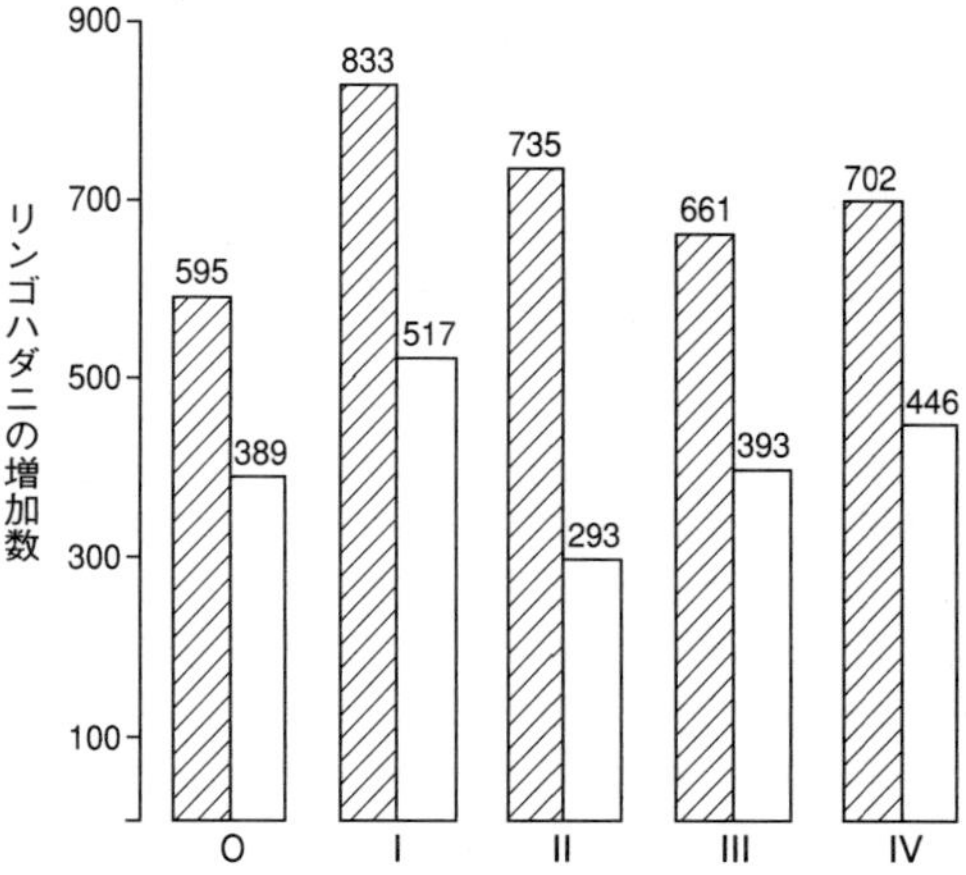

第8図A　台木のちがいが飼育リンゴハダニの受胎力に与える影響（品種メルロー・ルージュ」、カルルら、1972）
０,Ⅰ,Ⅱ,Ⅲ,Ⅳは５月中旬から７月中旬までの５回の飼育期を示す。斜線棒グラフは「リパリア」、中抜き棒グラフは「ベルランディエリ×リパリア420A」

タンパク質分解が強まっている生理状態はタンパク質合成の力が落ちていることによって引きおこされるのであり、このことは、この場合に証明されている範囲では鉄やカルシウムの欠乏によっておこるし、ほかにもホウ素欠乏なども疑われる。先にも見たように、要素欠乏はウイルス病の発生の原因となることがわか

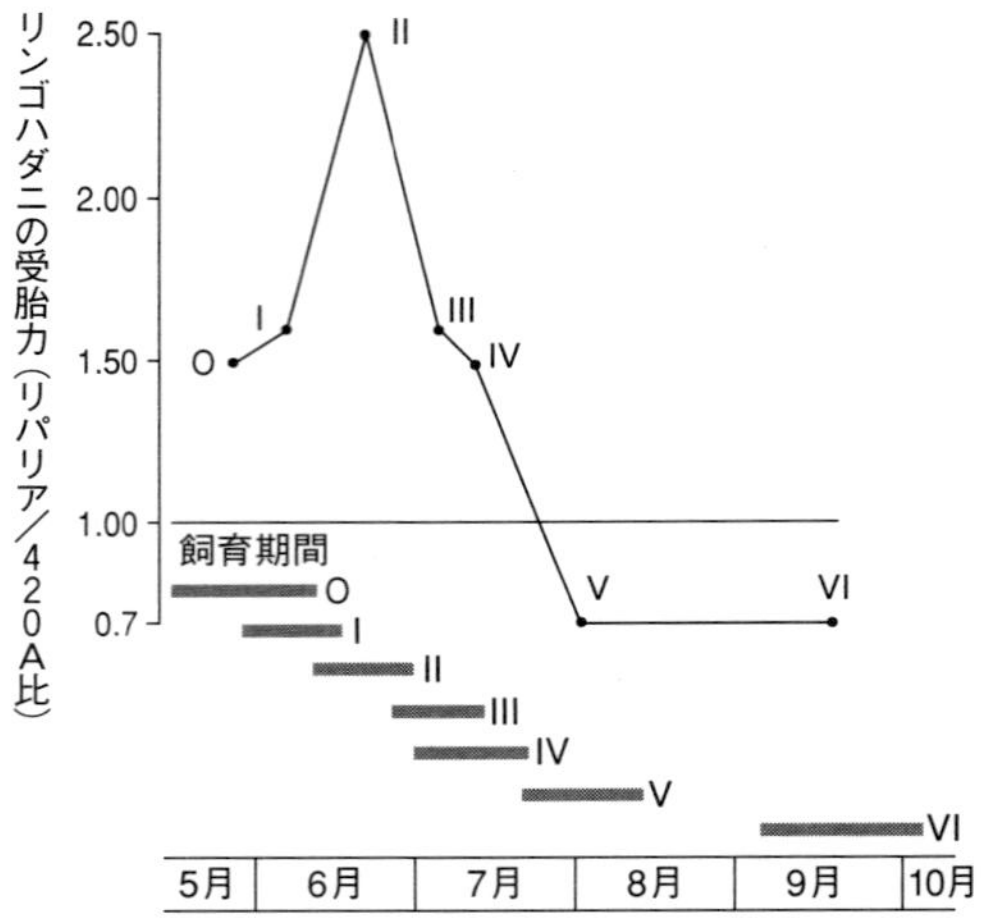

第8図B　台木のちがいによる飼育リンゴハダニの受胎力の季節変動（リパリア×420A比、カルルら、1972）
註：老化にともなう生化学的変化により、最後の2飼育期（V,VI、7月中旬以降）で比率が逆転することに注目。

っている。これらは可溶性チッ素を多く含む植物ではげしくおこるのである。

接木栽培によって再興されたフランスのブドウ園での各種の病気の広がりと関連して、たとえば灰色かび病の急速な蔓延は人びとを驚かせた。先にも述べたことだが、接木によるブドウ樹の感受性が高まっていく過程は、ジチオカーバメート剤（ジネブ、マンネブ、プロピネブなど）の使用により灰色かび病への感受性が高くなった場合とよく似た様相を示している（シャブスーら、一九六八）。

程度の差はあっても、ウイルス病の発現についても同じことがいえる。ウイルス病の蔓延にはフィロキセラ（ネアブラムシ）が媒介生物であると疑われたこともある。たとえば、感染性変性症を示すウイルス感染の場合である。しかし、ブラナはフィロキセラの侵入とウイルス病の蔓延には単なる類似関係があるにすぎないとした。

他方、この問題についてのスィフェリの適切な指摘を考えるべきである。こんな現象の解明には一つの重要な条件、つまり植物自体がウイルスとネアブラムシの両方の栄養宿主となっているということを忘れてはならないという。アメリカ台木に接がれた穂木の生理に関係する以上の事柄はすべて、たとえフィロキセラがブドウのウイルス病の広がりに一役かっているとしても、それは二次的な性格のものであることを示している。というのは、アメリカ台木に欧州ブドウが接がれたのは、フィロキセラへの耐病性を与えるためだったからである。だが、アメリカ台木は、それがもつ要素欠乏への傾向と、それが引きおこすタンパク質合成抑制を介して穂木である欧州ブドウのウイルス病そのほかの病気への感受性を高めていることは事実である。特に感染性変性症をおこすウイルス病に対してそうである。

さらに、ヴュィトネ（一九六三）がオオハリセンチュウが感染性変性症の媒介をすることを指摘したのはよく知られている。しかし、先に述べたように病気へのブドウの感受性に関する生理状態こそが最重要な問題であり、媒介生物は二次的な存在であると考えられる。

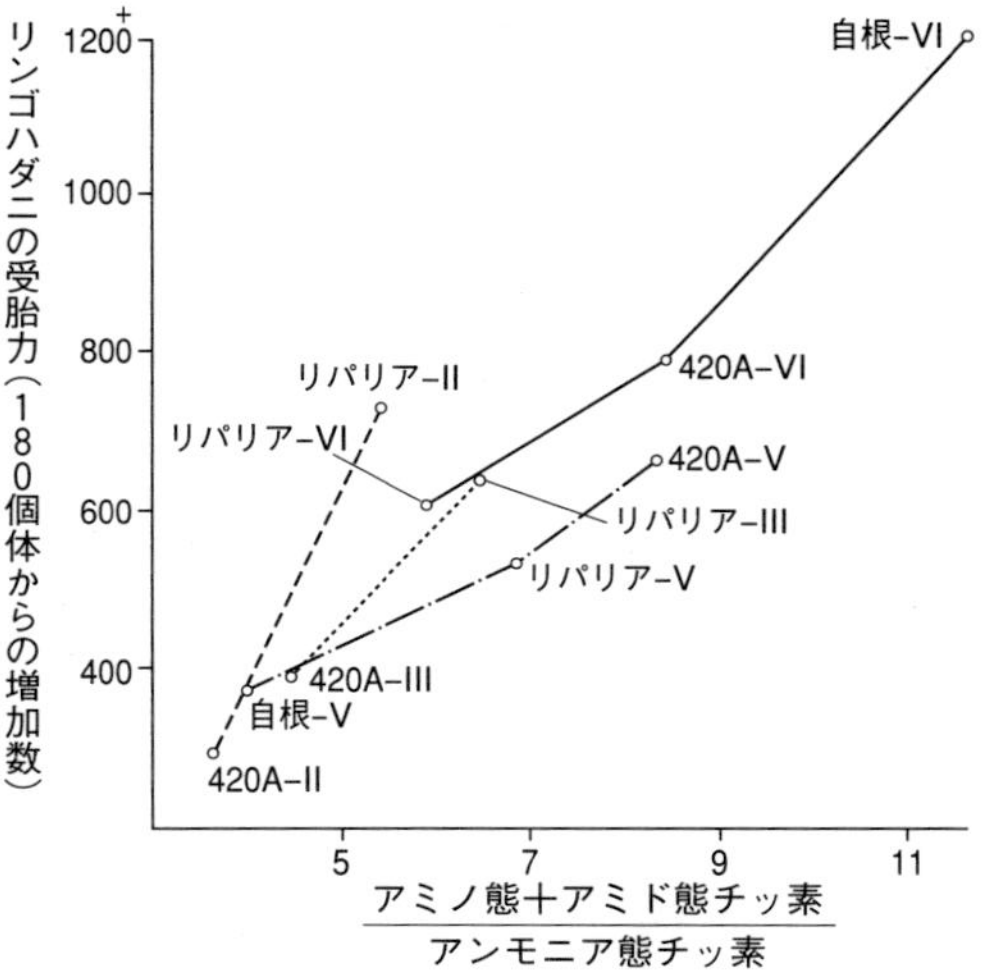

第8図C　飼育リンゴハダニの受胎力とブドウ葉内のアミノ態チッ素／アンモニア態チッ素との関係（カルルら、1972）
註：この飼育実験では自根の「メルロー・ルージュ」をも用いた。自根樹ではV（7月中旬−8月）とVI（9月はじめ−10月はじめ）の飼育期で変化がおこっている。7月中旬までは抵抗性が明確だが、その後、タンパク質分解に続いてアミノ酸が増加し、老化が進行した。

つまり、「フィロキセラが出やすい土」でのブドウ栽培を可能にしてくれる接木の重要性を確認しつつも、フィロキセラに対する「抵抗性」と「罹病性」を明確に識別することが必要である。マイエ（一九五七）の観察によれば、フィロキセラに抵抗性があることで知られる台木（リパリアやルペストリス）では、寄生しているフィロキセラの数はきわめて多く、増殖もしており、産卵もさかんに行われているのがよく見られた。

しかし、この現象が生化学的、栄養的なものに原因があることを私たちは見てきた。それはまた、接木ブドウにおいても灰色かび病、べと病、ウイルス病、フィロキセラ、ダニ類を含む「寄生複合」に感受性がおこりうることの理由をも説明してくれる。同じような「寄生複合」がリンゴでもおこることは先に見たとおりである。M一台木に接がれた穂木で、弱い感受性またはやや弱い感受性が観察されている。

ブドウについてマイエが、「接木技術は対症療法であり続けるだろう。フィロキセラは消え失せることはない」といったのは正しいと考える。しかしここで見たように、接木の効果は十分にあるが、それが寄生複合をおこしやすいことも事実なのである。

しかし、これらの結果には、ブドウ栽培の再興のために使用された台木の影響が絡んでいることをも明確にしておきたい。最近、国立農学研究所（ボルドー）で開発された台木「フェルカール」については別のこともおこっている。この品種はリパリアやルペストリスとは関係がなく、遺伝的にはベルランディエリ×コロンバール一号×三三三EMの血を引いている。この台木は白化症への抵抗性が強いことがわかっているので、鉄欠乏をほとんど、またはまったく生じないと推定されている。だが、それが種々の寄生者に対して抵抗性があるという見通しになるかどうかはわからないのである。

逆に一言つけ加えておけば、接木栽培のいくつかの組み合わせによって、穂木に対して種々の病気、とり

（四）台木による穂木の抵抗性の強化

スュティク（一九七五）は接木技術を用いて植物の抵抗性を強化することに専念し、いくつかの成果をあげている。適当な台木に接ぐことにより、いくつかの病気に対する抵抗性を誘起した。たとえばカンキツ類、リンゴ、モモの疫病（どれもフィトフィトラ菌による）などの場合である。

またリンゴのトリステザウイルス病への抵抗性台木の利用がある。この場合は「潜在性」のウイルスに対する抵抗性、少なくとも耐性の発現が見られている。

この結果を引きおこす原因となる過程の中身はなんなのかということを私たちは知っている。ブドウのフィロキセラについては、台木のネアブラムシに対する耐病性が重要なのであり、これによってブドウは生き続け収穫をもたらすが、他方、感染性変性症のウイルス病を含めたいくつかの病気に対しては感染するのである。これは少なくとも現在まで利用されている抵抗性台木についていえることである。

問題は、穂木に真の「抵抗性」を与えるような台木を入手できるのか、あるいはむしろ主要な寄生者に対する「免疫性」を与えうるかどうかということである。しかし、病原性因子の存在と、いわゆる「病気」、つまり「被害」とを区別することが必要だと考えられる。たとえば接木という方法を用いて被害を避けることができれば、たとえ寄生者が多少ともそこに存在していても、その防除法を手に入れたことになるのではないか。

カンキツ類のトリステザウイルス病（一九五五年、マイヤーによって同定された）に対して利用される台木は一つの例である。フレザールによると、ライムの一品種（「メキシカン」）を台木にすると穂木に病徴はまったく認められなかったが、一九六七年になって、この植物自体がトリステザウイルスの伝播者であることがわかった。台木の特殊な性質によって穂木の生理が変化し、ウイルスの増殖をくいとめていたのである。

ウイルスについての知見は、マイコプラズマ病を含むすべての病気から害虫にいたるあらゆる寄生者に対しても同じように対応できることを考えさせる。リンゴワタアブラムシに抵抗性があるとされる台木についても、このことがいえる。もしある台木が植物の代謝に影響を与え、そこに実際に寄生複合を成立させたとしても、反対にそれはワタアブラムシへの抵抗性を高めることもありうる。スラール（一九五二）は、台木の免疫性は穂木に伝えられることを示唆した。それによれば、「穂木の上に細々と生き残ったアブラムシのコロニーは、その加害を広げる前に寄生性天敵であるツヤコバチの第一世代によって根こそぎやられてしまう。」

スュテイクは、シャルカウイルス病の防除のために接木を利用して成功している。病害を受けているポゼガカ種のスモモの芽を強い抵抗性をもつマレセフカ種に接芽した。二、三年後には接芽でのシャルカ病の病徴は消失し、最終的には株全体でも病気の発現はなかった。

スュティクによれば、ルーマニアとユーゴスラビアでも、シャルカ病にかかっているスモモの接木による防除に台木としてスロー・スモモを用いて効果をあげている。アンズについても同じことがわかっている。ブシェ・トマ（一九四八）によると、これらの効果はリンゴのがんしゅ病、ワタアブラムシ、カイガラムシの被害軽減に接木を利用した場合と似ている。ここでも免疫性または抵抗性をもつ植物組織の生化学的状態の本質とはなにか、という問題を考えさせる。これについてド・ヴァール（一九七二）は次のような有益な示唆を与えてくれる。

彼はリスボン・レモンの穂木を種々の台木に接木し、その生化学的影響を研究した。それによると、「接木の組み合わせが成功したものでは、春に採取した葉内の可溶性糖類の含量は接木しないものの含量に近く、ごくわずかだった。夏の終わりには、接木が成功した穂木の葉の糖含量は明らかに増加した。」「接木がうまくいかなかったものでは、春先の葉内の全糖含量が高くなっていた。」この研究者は、春に葉内の可溶性糖類の含量が高いことは、体内の「転流」が悪いことを示していると考えるのである。すでに先にも見たことだが、これらすべてが教えてくれるのは接木樹と自根樹のあいだの代謝のちがい、とりわけ要素欠乏を介しておこる接木樹でのタンパク質合成の低下が好ましくない結果を生むことである。

しかし、こんな結果はウイルス病に対する接木のいくつかの成功例でも見られる。たとえばモルヴァンとカストラン（一九七二）がアンズの白化葉巻病（ECA）に対してスロー・スモモを台木とした場合である。そのほかの病気についても、代謝のなかの重要な生化学的指標を用いて、いくつかの代謝過程を調べることが大切である。たとえば、カリ＋ナトリウム／カルシウム＋マンガン、あるいはカリ／カルシウムなどの陽イオン比は台木の評価の目安として第一に取り上げるべきである。これは穂木に抵抗性を与えうるかどうかということと関係がある。さらには微量要素の欠乏の可能性を検討することも必要だ。

（五）接木と果実の品質

接木は穂木の生理に影響を与えるのだから、収穫物の品質にも影響を及ぼすと考えるのは当然のことである。ブドウ栽培についての研究でも、このことについて研究者の注意を引いた事例は多い。たとえば成熟過程のある時点における果実内の糖含量とブドウ酒の品質とは関係がある。また糖含量とその変動は台木の性質と関係があるが、それは台木が植物の成長リズムに影響を与えるからである。たとえば、成長停滞の時期が少し早いか遅いかが収穫物の品質を決定する。栄養成長が進みすぎないようにすることは果実の良好な成熟に好ましく、一般的には品質の高いブドウ酒の生産につながるが、これは台木の勢いが弱い場合におこる。リパリア台木は根でのフィロキセラの増殖を抑えるとしても、そのほかの病気には弱いという問題があり、ここでいう弱い台木の一つである。

特にブドウ栽培では、ブドウ酒の品質を高めることと植物の抵抗性とをうまく両立させるソフトな方法を研究することが重要である。抵抗性については、植物栄養をバランスよく調節することによって要素欠乏をなくし、それを介して病気に対する抵抗性を強めるのは一つの正しい方法だろう。この書物の終わりの部分では、この問題をより深く検討したい。

第三部　栽培管理と作物の健康

〈ムギ類の病気について〉
なぜ、よりによってこんな悪性の病気だけが、ムギ作にこのような巨大で終わりの見えない災害を引きおこすのだろうか？　どんな呪いが畑にかけられているというのだ？　この悪循環からの出口はないものだろうか？

――プロスイダ社の広報誌、一九八〇年

第八章　栽培法による作物の健康の変化

（一）　ムギ類の集約栽培と近代化病の大発生

（1）寄生者の蔓延は、その増殖か、殺虫剤への抵抗性か？

第一章と第三章で殺虫剤を使用した後におこる寄生者の増殖メカニズムを説明した際に、この問いがすでに出されている。しかしムギ作での病害の拡大に見られるように、このことはきわめて明白になり、冒頭に掲げた疑問が示すように、必ずしも強い確信がないのに農薬による防除を推進する立場に対して疑問を提出することになる。それは、この重要な問題を私たちがまだ十分に自覚していないのではないかと考える理由ともなる。

なにはともあれ、壊滅的な病気に直面している農家を苦しめる心重い問題に私たちは答える責任があるのだ。

まだ一五年ほどしかたっていないのに、ムギ類の病気のひどい広がりと増悪を目にするようになっている。この現象の重要性を認識し、それを抑止するために取るべき手段を十分に把握するには、それまで多くの病気が無視されてきたか大したことはないと考えられてきたことを知る必要がある。たとえば、葉枯病や立ち枯れ性の赤かび病である。

さらに眼紋病や立枯病、またリゾクトニア菌による紋枯病などもひどく広がっている。またごく最近になって次のような困惑した技術者の声も聞かれる。「オオムギがいろいろな病気の複合的病徴（雲形病、うどんこ病、眼紋病、立枯病など）をもつことが多く、個々の病原体の役割を見分けることは実際上とてもできない」（アランジェ、一九八四）。

ここには先に述べた「寄生複合」をみることができるが、宿主の生理状態を検討して根本原因を追及するようなことはできていない。

他方、斑葉病と斑点病の新しい種がはげしい勢いで広まっているし、オオムギをはじめとしてウイルス性の黄萎病も多くなっている。

これらの病気、とりわけ斑葉病と斑点病について、国立農学研究所（ＩＮＲＡ）のある研究者によると、「この広がりはムギ類の栽培面積が急拡大したことと関係があり、また病気の増加を促すような栽培技術にも関係がある。」しかし、この研究者はこれ以上のことは語っていない。

農薬会社の側からの困惑ぶりも、冒頭にあげた文章によってうかがわれる。それは自らに問うている。「慢性的に広がっている病気は基本的には病気の複合体であることに注意するべきだ。」「いくつかの病気がこんなに急速に、しかも大規模に増えたことをみると、土地条件や気象条件のほかにもなにか病気を悪化させる要因が必ずあるにちがいない」（プロスイダ社、一九八〇）。

このムギ類の病気の解析について、同じ会社が今度は「近代病」という言葉も使っている。しかし、これらの病気の種々の原因に関しては、私たちの見解と一致しているかどうかは疑わしい。

私たちの考えによれば、ここではいわゆる集約栽培と呼ばれるものによってムギ類の病原菌への感受性が高まったことが原因とみられる。この場合、このような病気の悪化を説明するのによく使われる集約栽培という言葉は次の二つの大きな内容を含む。

一つは肥料、とりわけチッ素肥料の多量投与。二つは合成農薬、とりわけ異常なブームとなっている除草剤の大量使用であり、それは今や「無くてはならないもの」になっている。殺菌剤では、コマーシャル的な表現をすれば「この市場は非常に好調である」。

しかし、斑葉病や斑点病では、ナンシー農業大学のある研究者はアンケートに答えて、これらの病気の増大に関するおもな条件を次のように述べている。

・早播きと密植、
・チッ素肥料の多投、
・成育中の殺菌剤の多用。

前章に書いたとおり、殺菌剤などの効果は一時的で、植物の表面にだけ作用する薬剤もムギ類の生理に影響を与え、ひいては種々の寄生者に対する抵抗性への感受性も変化させることがあるということは驚くにはあたらない。しかも、研究者たちによると、これは浸透性殺菌剤の効果にも変化を与えることがわかっている（パルマンティエ、一九七九）。

ところで、殺菌剤に対する病原菌の抵抗性だと信じられてきたものは、上に見るような植物の生理を通じた間接的な影響であるとも考えられる。たとえば、ムギ類の眼紋病について、浸透性のカーバメート剤（ベノミル、メチルチオファネート、カーベンダジンなど）への「抵抗性」菌株の存在が知られている。しかし、特にブドウについて、いわゆる「抵抗性」と考えられているものが、実は栄養的影響による寄生者の潜在的生命力への刺激が、その増殖を引きおこすことが、ここでも問題とされるべきである。

寄生者への感受性の高まりを引きおこすメカニズムが問題となる。この場合、前章までに検討されたウイルス病に関するいくつかの研究によれば、除草剤も一つの役割を果たしている。

特に、それはムギ類の生理への影響という点にしぼられ、ウイルス病の広がりのなかで明らかになってきたものである。そのほかにも、今までほとんど注目されなかった研究論文によって証明されている事実もある。

なかでも、アルトマンとキャンベル（一九七七）による植物の病気の拡大に対する除草剤の影響についての総説はよい参考になる。この研究者は除草剤の使用によっておこる病気の多数のケースを取りまとめているが、そのなかから二つの例を取り上げてみたい。

(1) 除草剤による植物の成長の抑制は、病気に対する感受性の増大を引きおこす（たとえばカーバメート剤処理を受けたビート）。その原因についての研究者たちの意見の一つは、病原菌の栄養物の利用度が高まるからであろうというものだ。

（2）カーバメート剤の処理を受けた土壌は、そこで成育する植物体内のグルコースと無機塩の含量を高め、それらは葉からしみ出て病原体の養分となる。

その植物体内ではタンパク質合成の抑制がおこっており、病原菌への感受性を高めるアミノ酸と還元糖など可溶性養分が増加していると考えられる。グルノーブル大学出版部の研究報告集（一九七九）は、「一般的にいえば、あらゆる除草剤はすべての植物に有害である」と述べている。雑草問題に取り組むほとんどの人びとが知っているように、除草剤がもつ選択性は完全とはいえないのである。

製薬会社のいくつかはおそらく除草剤のもつ難点を知っているが、その市場の拡大と好況を維持するために、たとえば選択性を強めるような「解毒剤」を添加することによって問題を打開しようとしている。しかし、なんらかの成果があがった場合でも、それに続いておこる事柄は除草剤が土壌生物や土壌成分に与える影響という問題を解決することはできない。

（2）除草剤のアトラジンと二・四―Dが寄生者の増殖に与える影響

トウモロコシ萎縮モザイクウイルス（MDMV）病への抵抗性品種についてのマケンジーらの研究は、アトラジンの使用量に比例して病徴が強まることを明らかにしている。二〇ppmのアトラジンでは、一〇〇％の発病が見られた（第五章、第5図を参照）。

続く実験でも（一九七〇）、アトラジンの使用がトウモロコシの葉内成分（リン酸、カリ、カルシウム、鉄、銅、ホウ素、アルミニウム、セレン、亜鉛）の含量に大きな変化を与えることがわかっている。

さらに、グラムリヒ（一九六五）は、畑のトウモロコシと牧草のソルガムに微量のアトラジンを散布すると、体内のチッ素含量が大きく上昇することを認めた。また散布により、寄生者に対する植物の感受性が高まった。除草剤のシマジンがアトラジンの効果を増強する場合では、作物に対する「偶発的」リスクは薬害によるだけでなく寄生者への感受性の増大にも見られるが、これらは除草剤の残留性によってさらに強められる。つまり、それらすべてはタンパク質合成に対してマイナスに働くと考えられる。

オオムギについてのアルトマンとキャンベル（一九七七）の報告によると、シマジン散布区ではチッ素含有量が三〇％増加した。アミノ酸のうち、スレオニンとヴァリンの増加はわずかだが、アスパラギンは大きく増えた。後に触れるが、このアミノ酸は寄生者、とりわけ病原菌の生命力を栄養的に増強するのに効果的であることがわかっている。その結論では、参考文献からの引用を含め除草剤によるタンパク質合成の抑制がこの農薬の有害な作用の多くを説明できるとしている。この研究者は、これらの農薬が多くのタンパク質と同様にイソシアン酸をもっていることを指摘している。

この二人が確認したところでは、「一九四五年以来、植物防除のための大きな努力にもかかわらず、病虫害による収量の低下がますますはげしくなっているという報告が多数あらわれている。この損失のなかで除草剤の生態的、生化学的な影響が占める割合は多くの場合、除草剤は作物での寄生者の発生という難問を引きおこすのに一役かっている。」

しかし、寄生者に対する作物の「抵抗性」の低下はタンパク質合成の抑制を原因とし、寄生者にとってもっとも好ましい栄養成分がその生命力の高まりに有利に働くからであると説明できる。植物組織のなかでアミノ酸と還元糖という可溶性物質が蓄積するのである。ここでも栄養関係説が提示する事柄は明らかである。

この研究者らは結論として次のように書いている。「除草剤の使用が作物の感受性を変えることがありうる。」だが、現在すでに、このことは十分に証明されている。

シマジンがトウモロコシのアワノメイガの増殖を促すことがわかっているが、これはまた合成ホルモンの二・四―Dにもあてはまる。岡とピメンタール（一九七六）は、この除草剤が一方でトウモロコシのアブラムシの増殖を引きおこし、さらにはアワノメイガの増加をも促すのを観察した（第8表）。

第8表　トウモロコシのアブラムシとアワノメイガの個体群に与える2,4-Dの影響　（岡とピメンタール、1976）

2,4-Dの散布量	アブラムシの数	アワノメイガの被害株
無処理区	618	16%
0.14kg／ha	1388	24%
0.55kg（標準）	1679	28%

これは一九七三年のデータだが、次年の実験でも同じような結果であった。また、八〇〇ｐｐｍの二・四―Dを散布された区での蛹の平均重も無散布区よりはるかに大きかった。これは処理されたトウモロコシでのアワノメイガの栄養状態がすぐれていたことを示している。

そのほかの実験から岡とピメンタールは、二・四―Dの散布によってトウモロコシのごま葉枯病に対する感受性も高まるのを観察した。先に触れたように、これは農薬の使用によって同じ植物上に害虫、糸状菌、細菌、さらにはウイルスによる病害が共生するという「寄生複合」が成立することを指摘していると考える。

アブラムシについての岡とピメンタールの報告は、アダムスとドリュー（一九六五）の観察を説明している。それによると、エンバクとオオムギでのムギクビレアブラムシとエンバクヒゲナガアブラムシの激増は二・四―Dの散布と関係があるという。このことは、アブラムシの増殖を一掃するために殺虫剤と除草剤とを併用したときにおこる結果が説明困難なことを思い出させる。

また除草剤だけを使った場合には、年によるちがいもあるが、アブラムシの個体群がいつも無散布区を上回るのが見られた。たとえば一九六二年で一〇八％、次の年では二〇五％であった。アダムスとドリューは、これを天敵のテントウムシが除草剤によって減少したからであるとしている。しかし除草剤がムギの生理に影響を与えているとすれば、このようないわば間接的な影響が問題の原因であると考える余地は十分にある。

同様に、トウモロコシのアワノメイガに対して合成ピレスロイド剤を使うと、アブラムシの増加を招くとに驚く必要はない。また、このアワノメイガの蔓延はフランス中部とパリ盆地での除草剤の使用増加と関係があるだろう。これに関して興味深いのは、パリ盆地での何人かの農業技術者の考えを書いた次の文章である。彼らはアワノメイガの異常繁殖に疑問を抱いた末、なんらかの理由で「トウモロコシの生理状態に変化がおこり、それが寄生者の食欲をそそるようになったことと害虫への感受性の高まりとは関係があるのではないかと考えるようになった」（アグリセプト、一九八一年、四月一七日号）。

こんな考えは私たちを力づけてくれる。こんな状況に対応して正しくも「生物バランス」と名づけられた事柄について、事実かどうかは別として今や害虫の大発生については天敵の死滅とはまったく別の説明を必要とするようになってきている。近い将来、多くの研究者がこの考え方をも検討するようになることを期待したいものだ。

取りまとめると、ムギ類の寄生者の異常発生といわれている場合には、防除薬剤によるムギ類の体内代謝の変化も原因として考えられる。もっとも多く使われる除草剤は殺菌剤や殺虫剤と同じ働きをしている。さらには上述した施肥の問題もある。アワノメイガとアブラムシのほかにも多くの害虫がムギ栽培ではは げしくなっており、その原因はまったく同じだと考えられる。

ネマトーダについても考えるべきことがある。かつてはほとんど存在せず、被害も少なかった根こぶ病を引きおこすネマトーダが四種類もムギ類で発見されている。国立農学研究所の専門家の一人は、「栽培法の大きな変化が、今まで知られていなかったネマトーダの増殖を促している可能性がある」ことを指摘している（リター、一九八一）。

ところが不思議なことに、この栽培法の大変化のなかには新しい除草剤の大量使用と化学肥料、とりわけチッ素肥料の多投についての話は出てこない。しかし、「エンバクで二・四―Dがナミクキセンチュウの増加を促すことは以前から知られている。しかも除草剤が植物体の生化学的変化を引きおこし、これが寄生者の栄養摂取にとって好ましい状況をつくりだす」ことが指摘されている（ウエスター、一九六七、ランビエ、一九七八）。

そのほかにも、いくつかの殺菌剤がイチゴやネギ類のネマトーダの増殖を促すことが報告されている。

トウモロコシのアワノメイガやムギ類のアブラムシ、ネマトーダなどの増加は、殺虫剤と化学肥料が植物体内に新しい生化学的状態をつくりだした結果なのであり、いずれもタンパク質合成の抑制につながっている。これに関係して、ネマトーダが寄生している植物の根のアミノ酸とアミドの含量は、健康な根とくらべて一七～三一六％も増加していた（ハンクスとフェルトマン、一九六三）。この一五年ほどのあいだに見つかっている「寄生複合」のなかへのネマトーダの増殖の「組み込み」といわれるものは、以上のことによって説明できるだろう。一方、フランスでの除草剤の生産量は一九六一～六五年は七万八〇〇〇トン、七二年は一四万七〇〇〇トンと急増している。

ムギ作での病虫害の大発生に対して除草剤が影響を与えることがわかったとしても、それに対して殺菌剤と、増収のための化学肥料、とりわけチッ素肥料の大量使用の影響も加担していると考えられる。一つの例としてベノミルが生み出す作用について検討してみよう。

(3) ムギ類に対する殺菌剤の「二次的」作用

技術普及用の印刷物には次のような文章をよく見かける。「最近、ムギ作農家は畑での殺菌剤散布によっておこる問題に悩まされている。」この現象の根本原因はなんなのかを問うことはしないことにするが、先にも書いたように除草剤や成長ホルモン剤が糸状菌病の増悪になんらかの責任があると考えられ、同時にそこには特にチッ素肥料の多用も関係している。この両者は植物組織中の可溶性チッ素の増加をもたらす。実際、いくつもの事実は言い古された次のような結論にたどりつく。「施肥、特に大量のチッ素肥料を施すことは寄生者による被害を大きくする。」ムギ類・牧草研究所（ITCF）が一九七三年にフランス北部のコムギについて調査したところによると、ヘクタール当たり二四〇キロのチッ素肥料の投入は、病虫害の被害の増大により五〇〇キロもの減収をもたらしていた（「穀物輪作での防除」、ITCF研究報告集、一九七五年）。

パルマンティエ（一九七九）は、チッ素肥料を無分別に多投するとムギ作にうどんこ病が多発する危険を繰り返し報告している。これはうどんこ病以外の病気についても同じであり、また肥料でなくて各種の殺菌剤についてもいえることである。ある農薬が「効かない」ことに直面して、病原菌が問題の農薬に抵抗性をもつようになったと考えるのはよくある話だが、こんな考えを安易に受け入れるべきではない。今まで繰り返しムギ類⟷除草剤や、チッ素肥料⟷寄生者という相互作用の構図を示してきたが、穀物の貯蔵・出荷という観点からも、このような植物と寄生者の関係を見直すことが必要である。

実際、肥料、除草剤、殺菌剤などが植物の生理に影響を与えて寄生者への感受性を高め、病害虫の発生を激化させることを認めるなら、農薬の効果が失われること、さらには寄生者を増殖させることも驚くにはあたらない。これはたとえばムギの眼紋病菌では、ベンジミダゾール剤に抵抗性があるといわれる菌株があらわれることにも見られる。イギリスでは、二種類の抵抗性菌株がベノミルとカルベンダジム処理区で見つかっている。こんな農薬処理がムギ類の眼紋病への感受性を高めることは確かだが、それとは別に、成育をはじめる前にすでにムギが除草剤処理と過剰なチッ素肥料によって眼紋病に対する感受性を高めており、このことが使用農薬すべての効果を弱めるのだと考えられる。

高名な病理学者の一人によると、このベノミルは一九六〇年頃、植物防除の大きな期待を担っていたし（ポンシェ、一九七九）、ムギ類の病気に対しても徹底した研究が行われた（プレーン、一九七五）。このときの状況を手短に分析してみよう。これは学位論文のための研究で、実験室と戸外の両方で実験された。

実験室ではベノミルが殺菌剤として作動しないことがあった。たとえば一〇ｐｐｍまで濃度を高めても、ムギ類の赤かび病の胞子の発芽を妨げることはまったくなかった。菌糸体の成長を完全に抑制するよりもやや低い濃度でのベノミルは、その成長をむしろ促進するのが見られた。

これに近い状況のもとでベノミルはふ枯病について、次の二点で促進的だった。一つは柄子殻の発生速度を早めること、二つは、柄子殻を形成するコロニーの比率を高める。さらに、退行期にあった菌株はベノミルによって再生しはじめた。

似たような結果であるが、エンバク畑でのベノミルの三回の散布により紋枯病の寄生が拡大したのである。つまり、それは殺菌剤による病気の増悪であり、決して農薬に対する菌の抵抗性によるものではないことが明らかだと考えられる。

プーランの戸外実験の結果は重要であり、さらに考えを深めさせるものを含んでいる。それによると、まずチッ素肥料が病気を促進する影響が見られた。一例としてはコムギ（品種「カピトール」）では栄養成長がはじまった六月二五日までは病気の進行はゆるやかだったが、二回目の調査では、ベノミル処理の有無にかかわらず病徴の発現ははげしくなっていた。「農薬散布は病気の広がりを数日間は遅らせるが、増悪をくいとめることはできなかった。」

つまり、その特性にもかかわらず、ベノミルはムギのふ枯病の殺菌剤としては効果がないわけである。こんな手づまりの原因の一つは、施肥によってムギ類に生理的な「変化」がおこるからであろう。プーランによると、アルディ種のコムギに対して二二〇キロという量のチッ素肥料は「農薬の効果の発揮を許さなかったのだろう」という。事実、この研究者は続けていう。「立枯性の病気のなかでは、紋枯病も農薬処理が病気を促進していると見られるような被害がおこる。殺菌剤の一回処理でも、病徴を示す植物が増えたり被害がはげしくなるのが観察された。」

寄生者の増殖および防除の困難さは、農薬の影響による感受性の高まりに関係があることを示しているが、一般的には、そこでの原因の連鎖は次のようなものだろう。

除草剤と殺菌剤による中毒、およびチッ素肥料の多投による栄養障害 ──→ 作物体内の代謝障害（タンパク質合成の抑制と要素欠乏の発生）──→ 糸状菌と害虫に対する感受性の増強 ──→ 細胞核の変

化 ——→ ウイルスの生成。

植物の生理に与えるベノミルの影響は大きく、また長期にわたるものである。プーランは次のように書いている。「実験のあらゆる結果から見て、成育中に殺菌剤処理を受けた区から得られたムギ種子の発芽力は、無処理区のものにくらべて弱いことが明らかであった。」

（4）除草剤と雑草との関係

一見したところひどく矛盾することだが、病気の防除の場合と同様、雑草の化学的防除では農薬による雑草の制圧によって決着をつけることはできないだろう。このとき、いわゆる雑草の「抵抗性」という問題が生じてくる。しかしここでも、この言葉が正しいかどうかを検討する必要がある。特に、除草剤の「二次的」影響が問題雑草の成長を促進しているのではないかと疑われるからである。

処理時の直接的な作用以上に、除草剤は土壌生物の働きに変化を引きおこす。たとえば、土壌微生物に悪影響を与え、硝化作用や土壌中のフォスファターゼ、さらにはデヒドロゲナーゼなどの酵素活性に変化をおこす。その結果、植物の栄養障害が生じ、寄生者への植物の感受性を高めることになる。植物体内でおこるこれらの現象は土壌中でも同じようにおこるのである。マクラーグとバーグマン（一九七二）も、種々の除草剤の使用が植物体内のカルシウム含量を低下させ、収量が大きく減少することを確かめている。寄生者への抵抗性も同時に低下して、減収となったと見ている。

さらに、除草剤の影響とチッ素肥料のそれとを比較してみることができる。ある量以上になると、チッ素肥料はたとえば銅などの微量要素の吸収を抑制することがある。（最近の研究によると、ナタネでヘクタール当たりチッ素施用量が一五〇キロをこえ、二五〇キロに達すると、体内の硫黄が一五％、ホウ素一一％、モリブデン八％、マンガン三％が減少し、反対にチッ素は一〇％増加している。）養分不足は植物の生理状態と寄生者への抵抗性に変化をおこさせることは先に触れたとおりである。

ほとんどすべての合成殺虫剤はチッ素を含んでいるが、それ自体は陽イオンであり、置換性錯体のなかのカルシウム、マグネシウム、亜鉛などの陽イオンを置換することができる。これと関連して、クロード・ユゲーはチッ素肥料を繰り返し施すとチェリーではホウ素吸収が抑制されるのを確かめている。

チッ素、リン酸、カリだけを長期間にわたって施肥すると、作物のカルシウム含量が大きく減少する現象も同じ過程によっておこるのだろう（ブテーグとコトニー、一九七三）。さらには、カーバメート系の除草剤と殺虫剤のマラソンを散布された土壌ではリン酸の減少が見られることをつけ加えておこう（ヴィカリオ、一九七二）。

肥料、とりわけチッ素肥料、あるいはチッ素と塩素を含む各種の農薬によって引きおこされる土壌成分の変動が、いずれも雑草防除での挫折を説明していると考える必要がありそうにみえる。リン酸の欠乏やカルシウムとマグネシウムの減少が広葉雑草の繁茂を招くことを思い出すべきだし、土壌中の陽イオン間の変動がスズメノテッポウやカラスムギなどイネ科雑草といくつかの広葉雑草（コシカギク、ミチヤナギ、イヌノフグリなど）の成長を促す事実もある。これらは除草の仕方の手ちがいだとか、雑草が除草剤に抵抗性をもつようになったなどと決めつけられている（バラリ、一九七八）。

しかし、ここでは雑草の抵抗性ではなく、雑草に提供された栄養条件の変化によっておこる増殖に直面しているのである。たとえば、トウモロコシのアワノメイガの防除に使う殺虫剤が地表に落下するのは当然で、これがそこでの雑草の性質に影響を与えることになる。アワノメイガの防除のためにダイアジノンを散布した畑では、種々の雑草の成長が促進されるのがわかっている（ゴジュコ、一九六七）。この研究者は結論のなかで次のように書いている。「この結果から見て、作物の防除に使う農薬の散布によって、雑草が発生したり増加したりすることを常に組織的に研究する必要がある。」

こうした所見は、除草剤に対する雑草の「抵抗性」の発現という仮説に対する疑いを強めさせる。最近、ある農業技術者はトウモロコシの除草についてまさに次のように指摘している。「高濃度のアトラジンの常用は新しい問題を引きおこしている。イネ科の夏雑草を制圧することがますます困難になるのがわかってきた。だからと言って、それは真の抵抗性ではないのである」（モラン、一九八一）。

いわゆる抵抗性の生じた雑草の例はほかにもあり、いずれも除草剤のゆきづまりの例である。たとえば、タデ科雑草のハルタデに対するアトラジンの問題がある。ヨンヌ県のヴィリェ・ボヌー地方の農家はこの厄介な雑草に悩まされた。この植物は、播種前処理剤のアトラジンに抵抗性のある葉緑体をもっている。この地方では一九六四年以来、トウモロコシとコムギの輪作をしてきたが、アトラジン処理を五、六回行った頃から、この「抵抗性」が明瞭になってきた。報告者によれば、タデ科雑草の爆発的な蔓延は「初期の除草剤処理以来、淘汰された多数の抵抗性個体がアトラジンが与えてくれた淘汰を利用して引き続き大量に増殖し続けている」（ダルマンスィら、一九八一）。

だが、よく考えてみると淘汰というのは長期間にわたるプロセスであり、処理をはじめてまもなく抵抗性が生じるとは考えにくい。この研究者たち自身もひどく驚いたのである。それとは別に五、六年もシマジン散布を続けるなら土壌の変化がおこり、ハルタデの成長と増殖に好都合な状態になることはありうるのである。さらに、数人の観察者が次のように書いているのも偶然ではない。

「農業の現場ではアトラジン散布の後に雑草が大量に発芽するのを目撃するようになっており、これは除草剤への抵抗性が生じたからだという人が多い」（モラン、一九八一）。

この表現は、除草剤散布のあと雑草の増殖がおこっている事実をあらわしており、除草剤の反復使用によって雑草防除が次第にむずかしくなっていくことを表現しているのでは決してないだろう。

現場で努力を重ねている研究者たちの発言は、農薬処理によって植物の葉のなかにおこる「生物的不均衡」の場合とまったく同じく、私たちが本質的にちがう二つの過程を混同しているのを改めて教えてくれるようだ。つまり、一つは現実におこっている雑草（寄生者）の増殖、もう一つは除草剤（農薬）に対する抵抗性であるが、このほうははるかにまれな現象である。

この考えによれば、除草剤の量と回数を増やすことによる、いわゆる「除草剤抵抗性」との戦いにおいて、その農薬の効果が減っていく現象も説明がつくだろう。除草剤の多用は、結局のところ雑草の増殖という現象をはげしくする方向に進むだろう。研究者の言葉を借りれば、「こんな複雑きわまる化合物を、きわめて精緻な構造をもつ自然界のなかに、ほとんど手放しでばらまくとは実に無分別な話である。」（ブシュとファイヨール、一九八一）。

もしムギ作で合成農薬、とりわけ除草剤を使わない方法へと栽培技術を広い視野で検討するなら、その結果は大きな意義をもつものとなるだろう。

（二）伝統的栽培法、または「有機農法」で生産されたムギ類の健康

「有機農業研究・応用研究所」（ＩＲＡＡＢ）のある出版物は農薬と合成化学肥料を使わない技術による九戸の農家の実践成果を報告している。今まで「普通の」農業をしてきたこれらの農家は、当然のことだが、現代の組織的な化学的雑草防除をしている農家と同様に雑草の繁茂に悩まされてきた。先にも見たように、化学的防除はたとえばギョウギシバ、アザミ、カラスムギ、スズメノテッポウなどの広がりを強めていたのである。

しかし、「農業生物学」の原理に従ったやり方、つまり有機的な農業技術に切りかえてから白土地帯ではカラスムギ、砂質土ではギシギシが消えていった。

調査をした九戸のうちの四戸について、雑草防除という視点から見た土壌管理について参考になる事項が見られる。どんなことが雑草の減少にかかわっているのだろうか？

新しい栽培管理への移行を解析してみると二つの段階が見られる。まず除草剤だけを完全にやめることである。たとえば第二号の農家では、それによってカラスムギとギシギシが消えたことは明確になったが、二回の機械除草、糸状菌病への二回の農薬散布、さらにアブラムシ防除の農薬の一回散布は行っていた。

また別の農家は雑草防除だけでなく、同時に病害虫への薬剤の使用も一切やめている。それによると、農薬散布の廃止はムギ類の健康を生み出す大きな要因であることが観察された。先に示したことからわかるように、農薬によるムギ類の感受性の高まりが見られなくなっているのである。

他方、いくつかの栽培管理が雑草との関連で大いに役立っていることも明白だ。たとえばある段階で深耕をするとギョウギシバなど深根性の多年草を根絶させることができた。また、これは特に目新しいことではないが、マメ科植物の利用の重要性がある。マメ科植物とムギ類との輪作は雑草を大きく減らし土壌を肥沃にする。有機態のチッ素だけでなく、カルシウムも増加させている。これらは合成肥料や化学農薬の使用の場合とは正反対の結果を生み出しているのである。

この「有機農業」技術の調査によれば、この農法は雑草問題の解決に役立っているだけではない。これにかかわっている農家自体の考え方が変わってきた。

合成農薬を使わないことにより、アブラムシが大きく減少するとともに、作物の健康状態が明白に改善されてきたし、また敗血症や乳房炎の消失など家畜の健康の回復にも役立っていることが感じられた。同じようにしてマダニの寄生もなくなった。家畜の「生理的な抵抗性」ともいえるものが存在することを忘れていたことにも気づいた。またエネルギー消費の大きさの問題がある。調査結果によると、トウモロコシ、コムギ、オオムギなどの有機栽培では慣行栽培のほぼ半分か三分の一のエネルギー消費で済んでいる。このことはすでに知られているが、ここで再確認しておきたい。

以上のような結果は、合成化学製品が生み出す好ましくない影響を二重の意味で示している証拠である。一つは、その製品による処理が引きおこす直接的な作用であり、さらには、たとえばムギ類の栄養摂取のメカニズムに与える影響である。これらはともに私たちが提出している栄養関係説を確認させるものである。これは特に、いわゆる伝統的農業技術のもつ二重の好ましい影響によって明確となる。つまり、まず作物の抵抗性を強めていることであり、さらにこの作物を食物とする家畜、ひいては人間についても、その抵抗性を高めるのである。これらすべては作物でのタンパク質合成の変化と合成能の向上によって、その食物としての栄養的価値を高めることにつながっている。ここには生理学者や栄養学者にとっても非常に重要で興味深く広大な研究領域が広がっている。ただ、残念ながら今までのところ、ごく部分的にしか研究されていないのが現実である（シュファン、一九七四）。

収量の問題　ヘクタール当たり一〇トンの収量は理にかなった目標か、それとも危険な神話か？

ヘクタール当たり一〇トンというムギ類の収量は、いくつかの農場、とりわけフランスでは可能なことはすでに知られている。だが、これはすべての農場で理にかなった目標値なのだろうか？

増収をはばむ第一の条件は、周知のようにその年の天候である。たとえば暖かくて雨の多い冬には分げつは増えるが、そのかなりのものは劣悪な穂をつけることになる。また、六月が乾燥する年も有害である。しかし、一方で、農家の栽培管理が不適切で、バランスを失した施肥や種々の農薬を多用したためにおこる病虫害の多発に警告を発する文書といったものはほとんどないのが現状である。農家も農業関係者も化学的防除こそ進歩であると考えているのだが、それは正確ではない。一方、農薬が作物、なかでもムギ類の「健康」に対して有害であることを無視するような報告もある。私たちは農家の側に立ち、農家の良識に訴えるために上にあげた収量についての疑問を提出したいと思う。

もちろん、一〇トンという収量をあげるためには、いわゆる「集約農業」によるしかない。つまり十分な量のチッ素肥料を与え、各種の除草剤と農薬を使うのである。しかし、こんな技術が多くの害虫、また種々の病原菌とりわけウイルスに対する植物の感受性を強めることは、これらの病害虫が蔓延する事実を見ればわかり、それに対してはさらに各種の殺菌剤と殺虫剤を使うしかないが、この効果はしばしば不十分である。ウイルス病にいたっては、ほとんど手も足も出ない状態に立たされる。

この問題については、各種の農業関係の雑誌、たとえば「アグリセプト」誌の投書欄は、もしそこに言外の意味を読む気になれば実に多くの教訓に満ちている。実例をあげれば、この雑誌の編集部が「ムギ畑の幻想」とタイトルをつけた投書は次のように書いている。

「ロアレー県は肥沃なボーズ地方とやせ土の地方とが混在する場所で、ボーズ地方の八トンのコムギ収量を筆頭として多収の地域が続いた。特に一九七〇～七四年は収量が多く高値だったことが農家をそそのかして、放牧地を鋤き返し、家畜を売り払い、馬力の強いトラクターを購入させた。」「だがよい年の次は悪い年がくるものだ。七二年と七三年は四・五トン、そしてこの七年間の平均をとると三・三トンに落ちこみ、これでは必要経費もまかなえない。」（一九八一年、五月二一日号）

そこで問題が出てくる。どうしてこうも減収するのかと。それは「集約栽培」にともなう必然的結果ではないのか？　つまり、チッ素肥料の過剰投与、当初からはじまった除草剤の使用、それに続く各種殺菌剤の好ましくない影響によるのではないか？

トゥルーズ地方のある農家の白けた言葉を思い出す。一〇トンの話が出たとき、彼は笑いながらいった。「コムギは黄萎病にやられていて、平均収量だったら残念ながら六トンそこそこだろう。」また、もう一人の農家は次のようにいう。「一〇トンだって？　とても信じられないし、有り得ないことだ。問題は増収ではなくて、値段だよ。」「こんな乾いた年にチッ素をやったりすれば、もう夜も眠れなくなるよ。」

とはいえ、これらの農家は自分たちの栽培技術と世にいう文明病の発生との関連を疑う機会をもたなかったのである。この文明病は、その必然としておこる悪循環のもとで当然のことながら化学防除に訴えるしかなく、それは作物の生産コストを引き上げることにつながる。さらに周知のように、ウイルス病に対しては農薬で闘うことはできず、その果てには、あるいは農薬自体にその原因があるのではないかと農家が考えるようになりはしないだろうか？

その反対に伝統的農業の実例を見ると、いくつかの栽培技術、とりわけ均衡の取れた施肥は寄生者に対する植物の抵抗性を高めることを教えてくれる。以下に、この視点から稲作を例として新しい実例を検討してみたい。

（三）稲作　――イネの健康と均衡の取れた施肥の成果

（1）イネの寄生者たち

イネの病害虫のなかでも次のものは重要である。まず糸状菌による「いもち病」の被害は大きく、特にインドとブラジルで猛威をふるう。また細菌による「白葉枯病」は日本と東南アジアで毎年のようにイネの生産量の三〇％におよぶ被害を出している。

害虫については、まずトビイロウンカがある。穀粒に黒斑を生じ、それはやがて消える。農薬の効果は宣伝されるほど明確ではない。科学誌の「ニュー・サイエンティスト」によると、この害虫による被害は以前は特に大きくなかったが、いくつかの栽培法の基本的な変化によって近年は激増しているという。このことには後にまた触れたい。

そのほかの害虫についてはニカメイガがあり、茎に被害を与えるものではサンカメイガ、葉に被害を与えるものにはイネクキミギワバエ、タイワンツマグロヨコバイ、コブノメイガなどがある。

しかし、これらさまざまの害虫の被害は、ある種のカリ肥料の施用によって実用上、無害となることがわかってきた。このことは後に述べる。

また、ココクゾウムシの被害はチッ素肥料の多用によって増大しつつあることをつけ加えておきたい。

（2）寄生者への抵抗性に対する除草剤の影響

石井と平野（一九六三）は、イネの除草剤である二・四—Dがニカメイガの加害を激化させることを報告した最初の研究者であろう。それによると、二・四—Dを散布したイネ体内のチッ素含量は一五％増加し、それと並行してニカメイガの成長と増殖がさかんになったという。

別の研究者は、同じ理由でアルドリンによるイネの種子処理はイネミズゾウムシの幼虫の数を増やすことを明らかにした（ボーリング、一九六三）。

石井と平野の実験はイネ体内の可溶性チッ素含量の増加がその感受性の高まりを引きおこす原因であることを証明した。これと関連して後に述べるが、チッ素肥料によっておこる同様のプロセスが、カリ肥料による養分のアンバランスでもおこる。

しかし、稲作が主として水田で行われることを考えると、農薬、とりわけ除草剤の施用がもつ大きな問題点に目を向けざるをえない。これらの農薬は植物のタンパク質合成を抑制することによって、多くの寄生者の増殖を引きおこしている。

イネを含む種々の水生植物が塩化物（たとえば、各種の農薬とポリクロロフェノールなど）を吸収し、体内で濃縮することが南部フランスのローヌ河デルタ地帯で確かめられている。調査によると、この地方の水生植物は、たとえばアルファ態とガンマ態のヘキサクロルヘキサン、DDT、PCBなどを吸収し、植物と化合物の種類によるちがいはあるが、乾物重比では水中の濃度の一万六〇〇〇倍から二万倍となることがある（ヴァケー、一九七三）。こんな濃度の物質が植物体内の代謝に明確な変化を引きおこすとしても不思議ではないだろう。こんな状況におかれた場合のイネも同じである。

イネの除草に使われるのは二・四―Dだけではない。

フェノプロップ（二・四・五―TP）は発芽前、三、四葉期、または分げつ期に使用されるし、プロパニルは発芽前処理剤、モリネートはカルバミルの誘導体だが、この系統の農薬処理を受けたイネでは体内チッ素含量が増加し、それは各種の寄生者に対する感受性を高めている。

塩素を含む農薬がアミノ酸の合成を低下させタンパク質の分解を促すことはよく知られている。しかし、植物に対するこの毒性こそが除草剤としての作用であり、それを利用してイネ科作物の除草に用いられている。この毒性は確かにわずかではあるがタンパク質合成を抑制する作用があり、ウイルス病を含むあらゆる病気に対する感受性を強めるにも十分であると考える。

イネに関するトロルドニエら（一九七六）の観察によると、多くの病原性生物は植物体内の糖類とアミノ酸など可溶性成分を自らの必須栄養素としている。これはたとえばデュフルヌアの見解などとも一致している。この場合、これらの栄養分は、チッ素を十分に与えられたりカリが不足している植物細胞のなかで高い濃度を示している。その結果、チッ素が過剰な施肥、またチッ素／カリ比が高い植物では、病原性生物に対する抵抗性が低下することになる。

（3）イネの寄生者に対する抵抗性と施肥問題

合成チッ素肥料の有害性

寄生者に対するイネの感受性が除草剤によっても強められることがある以上、チッ素肥料によって引きおこされる同じような効果が見られるのは当然である。たとえば、イーデン（一九五三）は、ココクゾウムシによるイネの被害がチッ素肥料の量と並行して増大することを指摘している。この因果関係は二・四―Dの散布とニカメイガの増加とのあいだにもあることが知られている。

他方、チッ素肥料の作用はいもち病について特に明確で劇的にあらわれる。スリダール（一九七五）はチッ素肥料として硫安を使った実験で、イネの葉内の可溶性チッ素の含量がとりわけこの病原菌の増殖を促すことを明らかにした。実際、この菌は炭素源として種々のアミノ酸を利用することがわかっている。ところが、チッ素肥料を施すとグルタミンとアスパラギンの含量が増えることが確かめられた。体内チッ素の含有量の増加は寄生菌の発育に必要な前駆物質が増えることになるとスリダールは考えている。

ところで、組織内の可溶性チッ素の過剰は部分的にはほかの要素とのアンバランスからも生じてくる。このアンバランスは、アミノ酸が不溶性のタンパク質、つまり寄生者が栄養源として利用できないものへと縮合するのを妨げるのである。このことはカリ欠乏の場合によくおこることであり、そのタンパク質合成と抵抗性の成立過程でのチッ素／カリ比のもつ重要性という一般法則がイネでも働いていることを示すもので、それを次に見ることにする。

寄生者へのイネの抵抗性に対するカリ肥料の効果

施肥が与える影響はイネの品種によってかなりちがう。ランガら（一九七五）の研究によると、同じようにカリ肥料を与えても白葉枯病菌に対する反応は品種によって大きく異なる。たとえば、感受性の高い品種（TNI）ではどんな改善も見られないが、感受性がやや弱い品種（IR—8）ではカリの施肥を増すと抵抗性がはっきり強まる。

一方、一般的な法則であるが、感受性の高い品種（TNI）の葉にはIR—8とくらべてフェノールと還元糖、非還元糖、アミノ酸の含有量が多い。

ここでわかるように、フェノールの含有量は抵抗性のプロセスとは関連がない。他方、可溶性の還元糖やアミノ酸など栄養分の存在こそが病原菌への感受性を強めるのである。

ランガらによれば、カリの施用が不十分だと、この二つのイネの品種のいずれでも葉中の可溶性栄養分の蓄積がおこることが明白だという。

糸状菌による病気へのカリ施用の効果はイネの害虫に対してもあらわれる。ヴェティンガムの最近の研究

（一九八二）によると、カリはイネの害虫のいくつかに対する抵抗性を高める。

要約すると次のようだ。水田と実験室で多数の葉分析を含む研究が行われたが、十分にカリを施すと次の害虫に対してはっきりとした抵抗性を示した。

まずトビイロウンカだが、この昆虫に対する農薬散布がまったく効果のないことは重要である。次にタイワンツマグロヨコバイとコブノメイガ、さらにはサンカメイガもカリの施用によって寄生が大きく減少する。またイネクキミギワバエも同様である。

この研究者の結論には次のように書かれている。「この五種類の重要害虫に対し、カリとしてヘクタール当たり最高で三〇〇キロを施用すると殺虫剤散布をしなくても済む。」

この研究者は、カリによる抵抗性発生のプロセスは、イネの体内でタンパク質合成のためのアミノ酸の利用が増大することにあるとしている。他方、カリの不足はバリン、アスパラギン酸、グルタミン酸、アルギニンなどのアミノ酸の蓄積を引きおこす。この点からも、体内チッ素について考えるときはタンパク態と非タンパク態とを区別して検討する必要がある。抵抗性は組織内にアミノ態チッ素が存在しないことと関連があるからだと、この研究者はいう。

この実験結果と結論は、私たちの栄養関係説と完全に一致している。寄生者に対する植物の抵抗性は、そこでのタンパク質合成の高いレベルと関連しているからである。

カリの施用はいもち病への抵抗性をも生み出すにちがいない。この病気については、微量要素との関連で、後にふたたび触れることにする。私たちの以前の書物にすでに述べたことだが、ここでも陽イオン同士の比率が特に重要である。これと関連して、プリマヴェスィら（一九七二）も健全なイネではカリ／カルシウム比は七・五だが、いもち病に罹病している場合には二一・九であったと報告している。

カリの施用の効果は細菌病とウイルス病に対しても明白であり、先にも書いたことだが、これはタンパク質合成の不足による「寄生複合」の発生と共通する原因となっている。しかし、現在までの認識によればタンパク質合成の高まりは一つには可吸態カリの性質、もう一つはカリとそのほかの代謝物質、とりわけ微量要素とのバランスに関係している。

この点についてジャン・シャンら（一九八二）によると、イネによるカリの吸収は易溶性のカリよりも遅効性のカリのほうが効果が高いという。しかし、重要なことは、高チッ素、高リン酸による集約的栽培条件下では、イネの調和の取れた成育のためのカリの量はいつも不十分なレベルとなっているということである。

これはごく一般的な現象であって、たとえば不均衡な三要素施用による要素欠乏症状とならんで、チッ素肥料の過剰投与が引きおこす悪影響を説明してくれるものである。三要素を過剰に与えると当面の増収となるが、それは同時に代替不可能な諸要素のもち出しという結果を生むことに気づかされるだろう。チッ素の過剰施肥によっておこる微量要素やカルシウム、マグネシウム、硫黄などの欠乏に関する多数の研究は、同時にカリ肥料についての不均衡をも教えてくれるのである。たとえば次のようなことにも気づかされるだろう。

「病徴が顕在する要素欠乏に加えて、潜在性の欠乏症もますます多く人びとの注目を集めている。あらゆる種類の肥料が多投されるにつれ、とりわけ砂質土ではおもだった要素すべてのバランスが重要な問題となってきている」（バスラー、一九八二）。

実際、要素欠乏症状は排水不良土でもしばしば見られている。ところが化学分析によって有機物が豊富に含まれていることがわかった土でも、そこには置換性のカリや可吸態のリン酸や亜鉛の含量が少ないこともある。しかし、こんな有機質の多い土でもチッ素、リン酸、カリに加えて銅、モリブデン、亜鉛などの微量要素を添加することによって生産力の高い水田に変わることが知られている（キデー、一九七八）。

微量要素がイネの抵抗性に与える影響

肥料の種類によってイネの抵抗性に変化がおこることを示すさまざまな研究の概要を書いてきたが、それらが示すのは、なによりも栄養素のあいだの均衡こそが植物体内でのタンパク質合成のレベルを決める重要な働きをすることである。だから、微量要素が構成要素として酵素の働きに参与し、それによってタンパク質合成に対しても基本的な役割を果たしているとするなら、微量要素と多量要素（チッ素、リン酸、カリ、カルシウムなど）との均衡のことをも考慮するのも理の当然であろう。

今までは主として害虫に対するイネの抵抗性のことを考えてきたが、これは本来的な意味での病気全般についても当てはまるだろう。赤井（一九六二）は、イネのごま葉枯病について次のように書いている。「今までのところ、カリと植物の病気との関係についての研究は病気のメカニズムに対してカリが果たす役割についてはほとんど述べてこなかった。」

水耕栽培のイネを用いたカリに関する赤井の研究が示したのは、この病気の病徴の発現（黒斑の拡大）はカリを十分に与えた区では最小で、チッ素欠乏区とカリ欠乏区で最大だったことを示している。

さらに、菌の分生子の発芽の割合は十分なカリ施用区でもっとも低く、チッ素欠乏区でもっとも高かった。またイネの葉からの分泌液はグルタミン酸、アスパラギン酸、ロイシンなどのアミノ酸を含んでいるが、こいる。

の研究者は「分生子の発芽の割合は葉に含まれる遊離アミノ酸の含量とほとんど並行しており、この種のアミノ酸含量が高いほど胞子の発芽も増加する。しかし、葉のカリ含量はほとんど影響を与えない」と書いている。

カリがタンパク質合成に間接的だが関与していること、また植物体内のカリの移動速度が速いことが確認されている。そしてここでも、カリ／チッ素比は重要な役割を果たしている。何人かの研究者によると、アンモニア態のチッ素だけを与えると水生植物でのカリの吸収を抑制するという。赤井もまたチッ素を過剰に与えた区ではイネの葉中のカリ含量が低下するのを観察している。

拮抗作用も重要である。カリとマグネシウムのあいだの拮抗作用はよく知られている。赤井は「カリ／チッ素比が不均衡な水田では、チッ素の過剰のほかにマグネシウムやリン酸の影響も考慮する必要があるだろう」と書いている。この研究者の結論は明確であり、イネのごま葉枯病の黒斑の拡大は遊離アミノ酸からタンパク質合成への過程が阻害されることから生じると考えている。こんな考えと実験結果からも、カリ単独ではなくほかの要素との関係のなかでカリを考えるべきこと、また抵抗性の増大の指標はタンパク質合成の高まりであり、逆にいえば遊離アミノ酸の含量の低下に注目することが必要だとわかる。

微量要素について赤井は、ごま葉枯病へのイネの感受性はヨード、亜鉛、さらにはマンガンの施用によって軽減されることに注目している。この効果はイネの栄養成長の促進にあると考えられ、先に述べたように酵素を介してタンパク質合成過程を促進する微量要素の働きを考えざるをえない。同じ研究者の観察では、マグネシウムの欠乏、またはリン酸の過剰、さらにはコバルトの過剰はみなこの病原菌への感受性を高めるという。結論には次のように書かれている。「カリがごま葉枯病へのイネの抵抗性を高めるという問題を、単にカリだけにしぼって検討することはできない。」

このことはプリマヴェスィら（一九七二）の研究での考察についても当てはまる。イネのいもち病への抵抗性に関する彼らの研究結果を分析してみたい。

この研究者らは次のような生物学的基本法則に注目している。

——チッ素、リン酸、カリの多用は病気に対する植物の感受性を高める。

——養分が十分にあることよりも、要素間のバランスが取れているほうが重要である。

——塩基性のものであれ酸性のものであれ、多量要素と微量要素のあいだにはきわめて微妙な均衡が存在する。

——チッ素と銅のあいだにもきわめてデリケートな均衡がある。

この最後の点が重要なのは、実験結果としていもち病の発病は養分上の不均衡から生じる事実を見ればわかる。たとえば、チッ素の過剰自体が銅の欠乏を引きおこすことを考えるとよい。

先に見たように、イネ以外の植物でも、たとえばカリとチッ素のバランスが重要で、チッ素過剰はカリ欠乏を引きおこす。プリマヴェスィらも、チッ素過剰と組織中のアミノ酸の増加がイネの代謝に大きな変化を引きおこすことを指摘している。このことから、いもち病、さらにはごま葉枯病への感受性の高まりが生じる。さらに、殺菌剤の効果が低下する現象もおこっており、それについてはサラベリー・リベイロ（一九七〇）やサンシェ・ネイラ（一九七〇）も、養分バランスの調整は病気の予防手段として重要だと述べている。

プリマヴェスィらの研究結果を整理すると次のようになる。

——収量との関係ではカルシウムとマグネシウムの重要性が高い確率で統計的に証明されている。

——病気の発生とpHの関係についての実験では、健康なイネが育つ水のpHは五・四～五・八だったが、いもち病のイネが育つ水では六・八～七・九であった。

——チッ素含有量の高い養液はイネの感受性を強め、カリの多い養液では感受性が低下する。

——健全なイネのカリの含有量は〇・八九一％、いもち病のイネでは〇・七三九％であった。

健全なイネといもち病のイネでは、体内の要素の比率が大きく異なる。イネの抵抗性、つまり健康状態によって養分間の比率が異なることを示す次表から多くのことを学ぶことができるだろう（第9表）。

ここに見るように、罹病しているイネではマグネシウム、カリ、マンガン、銅の比率がはっきりと低い。

第9表　イネの健全株といもち病株が含有する各種要素の比率（プリマヴェスィら、1972）

要素比率	健全株	罹病株
K／Ca	7.6	2.0
Ca／Mg	1.5	4.0
Ca／Na	2.1	2.2
K／Na	19.1	6.4
P／S	6.4	2.2
N／Cu	35.0	54.7
P／Mn	35.6	118.3
塩基／酸	3.6	2.3
多量要素／マンガン	231.0	656.0

ブドウでも同様の要素の欠乏がウイルス病の症状をおこしていることを思い出してほしい。このことは、養分欠乏とウイルス病のあいだには因果関係があるのではないかという問題を提起しているので、次章でこの問題を取り上げることにしたい。

さらにこれらの研究者らは、イネの深水栽培をすると体内のマンガンが減ることを指摘しているし、また銅の重要性が大きいことも強調している。結論のなかには次のように書いてある。

「種子、土壌、水がいもち病菌の胞子に汚染されていても、イネの栄養の均衡が取れていたら、その健康に対する影響はない。感受性の品種でも病原菌は生き続けることはない。実験に使った土壌のなかにマンガンが一八ｐｐｍ、銅が二ｐｐｍ程度含まれていれば、イネは健康に成育することが認められた。」

種々の寄生者に対するイネの抵抗性に各種の肥料成分が与える影響を研究した結果は、タンパク質合成の促進という観点で植物の栄養を見直すことの重要性をはっきりと示すとしている。

他方、除草剤はその本来の性質としてイネ科植物のタンパク質合成を抑制することに加え、一般的に寄生者に対する植物の感受性を強める作用がある。除草剤のいわゆる選択性は決して完全なものではない。除草剤の働きは、均衡の取れた施肥の作用とは正反対のものである。

だが、この均衡の取れた施肥という言葉はよく使われているが、その中身はあまり明確ではない。もし新しい内容を与えたいと考えるなら、どんな目標をもって施肥をするかを明らかにする必要がある。ここで私たちが考えるのは植物体内でのタンパク質合成を高めることであり、とりわけ植物の生理的周期のなかでも開花期のような敏感な時期に注目するべきである。この目標を実現するためには、まずそれぞれの植物の必要とする栄養条件などを知ることであり、同時に種々の農薬による中毒の発生を避けることである。

私たちの知識の現段階では、施肥の見直しは確かに不明確なところが多いが、できるかぎりの努力をして要素欠乏の矯正をはかることが必要だし、そのためにも、土壌と植物の化学分析を手掛かりとしてあらゆる治療法を考慮することが重要である。次の章ではこのことを改めて述べることにするが、土壌への施肥の仕方に加えて、まだきわめて経験的な要素を含んではいるが古くから試みられ、ある程度の成果をあげている養分の葉面散布などをも考えてみたい。

第九章　作物の健康管理　――養分欠乏調整とタンパク質合成促進

〈ミヤルデによるボルドー液の調製について〉

一八八〇年以来、ボルドー液の散布時期や散布の仕方については進歩があったが、銅が果たす特異な役割についての研究には発展はなかった。まさにこの点に研究の停滞の原因があるのだ。もし研究が銅の作用メカニズムを説明できるようになれば、状況は改善されることになろう。その後の農薬の発展にわれわれは満足しているが、お陰でブドウ栽培のコストは高いものになっている。

――アルベール・ドゥモロン「科学の進歩とフランス農業」、一九四六年

抵抗性をもつ植物を作出するのは今まではもっぱら遺伝学の仕事だった。手間のかかる仕事なのに、一時的な成果しか生み出さないこともわかってきている。おそらく将来は、化学物質を使って宿主に抵抗性を与えることがより簡単で効率のよいものになると考えられる。

――F・グロスマン「宿主への抵抗性付与」、一九六八年
(World Review of Pest Control)

（一）はじめに

一つの学説や理論は、その生み出した結果や成果によって最終的に評価されるとはよく語られる言葉である。私たちの栄養関係説については、これまでの各章がその成果の証拠を示していると考えたい。前章にあげられた施肥法への適用が、その一例であろう。カリ肥料を施すだけで、殺虫剤の使用を減らすことができるのである。

こんな実験結果はタンパク質合成を促進することから生まれているが、それは寄生者に対する植物の感受性を強める可溶性栄養分の減少と関連している。もちろん、あらゆる害虫、糸状菌、細菌、ウイルスが必要とするものがみな同じであると言っているわけではない。ただし、アミノ酸と還元糖の集積という現象のなかにあらゆることが含まれていると考えられる。寄生者に対する植物の感受性の高まりは、タンパク質分解の状態が続くことによると考えるのである。

第二章では、タンパク質合成に関係する諸条件のうち、私たちの検証作業のなかで確かめることのできたものだけを取り上げた。これを農家が関係する可能性の程度に応じて分類することができる。つまり、植物の種類、ときによっては台木、自分の田畑、さらには気象もしばしば受け入れるしかないとしたら、農家の裁量に任されるのは施肥、接木、そして作物の健康を考えたそのほかのあらゆる栽培管理技術の三つである。この三つはともにタンパク質合成を高めるという意図をもって行うべきで、寄生者を毒物を使って絶滅させようとしてはならない。

たとえば、望みうる最高のタンパク質合成へとまではいわないが、寄生者からの保護と高い栄養的品質をもつ収穫物の両方を確保するために、土の正しい管理と施肥、そしてさまざまな葉面散布を実行するべきである。

具体的には、施肥という観点からみた最適養分は次の二点を目標とする。まず従来からのチッ素、リン酸、カリの三要素にカルシウム、マグネシウムが加わり、同時に、それぞれの状況にしたがって選ばれた微量要素として銅、鉄、亜鉛、モリブデン、マンガン、リチウム、ホウ素、コバルト、ニッケル、ヨード、さらにはクローム、フッ素、セレン、硫黄、ストロンチウム、バナジウムも考慮するべきだろう。

これらの要素のリストが延々と続く一方で、植物の生理に果たす各要素の役割についてはごくわずかなことしかわかっていないのが現状である。この本の目標は種々の養分のあいだの均衡を探求することであり、それは植物の「健康」を確立することであり、それを介して植物を食べる動物と人間の健康を確かなものにしようとする試みである。その前途ははるかであるが、それは同時に私たちすべてに希望を抱かせる道であることは確かである

今の時点で私たちがもっているあらゆる知識と知見を広く活用することは、新しい発展にとって重要である。まず第一には、この書物にも述べられた基本原理にそって要素欠乏を避けるための研究を進める一方、あらゆる可能な方法を利用して欠乏状態を矯正することが必要である。

（二）陽イオン間の均衡と植物の栄養

各方面の研究者たちは、土耕、水耕、葉分析、接木処理、養液の葉面散布などさまざまの手法を使って、

陽イオン（とりわけカリ、カルシウム、マグネシウム）間の均衡の問題を研究してきた。ただし、ナトリウムは取り上げられることはほとんどなかった。

すでにある程度まで予期されていたように、このバランスの値は植物体内のタンパク質合成のレベル、あるいは私たちの考えによると、植物の抵抗性と密接な関係がある。

しかし、陽イオンのバランスだけが問題ではなく、微量要素もまた重要なことはすでに見たとおりである。微量要素が助酵素の構成要素であることから、タンパク質合成に深く関与している。たとえばマンガン、塩素、ホウ素などは酵素の活性化物質だし、銅、鉄、亜鉛、モリブデンなどは酵素そのものの構成要素である。このことから微量要素とカリ、カルシウム、マグネシウムとの関係も重要となる。最後に、植物の抵抗性の強弱に関連して、個々の微量要素とチッ素との比率、各種の形態のチッ素との比率も重要である。この領域に関する多くの問題が解決を待っている。そのなかには、さまざまの研究によってすでに解明されているものもある。

（1）カリ／カルシウム比とカリ／マグネシウム比の均衡

先に見たように、土壌に与えても葉面散布をしてもカリは病害虫に対する植物の抵抗性を高めることが多い。その理由はカリが酵素の活性化物質であるためだと考える。四〇以上の酵素がカリと関係している。カリ欠乏になると植物組織のなかに還元糖や可溶性のチッ素化合物、とりわけアスパラギン、グルタミンなどのアミノ酸の含量が高まってくる。これらはすべて寄生者の必須養分である。

反対に、カリが多くなるとアミノ酸含量が減り、各種の病気に対する抵抗性が高まることはすでに説明した。カリは有機物の構成要素ではなくイオンとして存在しているが、このイオンはほかのいろいろの要素と密接な関係をもっている。たとえばカルシウム、マグネシウム、チッ素などの多量要素、鉄、亜鉛、モリブデン、ホウ素のような微量要素などである。一方、カルシウムとマグネシウムのバランスはタンパク質合成過程の代謝に対して強い影響力があるという点できわめて重要だ。

同じようにして、カルシウムも植物の抵抗性にとって重要である。古くはシーア（一八七五）が、カルシウム欠乏による病気の名を三〇種近くもあげている。それらは成長点部の細胞分裂が抑制されるネクローシス（壊死）によるものである。

確実にわかっていることだが、カルシウムはいくつかの酵素に影響を与えており、糖類の転流にもかかわり、またいくつかのタンパク質はカルシウムと親和性をもつ。カルシウムはアミラーゼ合成を促進するし、ケイ素とカルシウムのバランスは粘土コロイドの安定に貢献している。さらにカルシウムは土壌の酸度を大きく左右し、土壌微生物の活性化に大きな影響を与える。

カリと同じように、カルシウムも多様な機能をもっており、さまざまな要素と密接に関連している。たとえばいくつかの微量要素に対して緩衝的な作用をする一方、反対に石灰による土壌酸度矯正の場合などでは、ムギ類でのマンガン、トウモロコシでの亜鉛、ビートでのホウ素の吸収を妨げることもありうる。カルシウムとモリブデン、アルミニウム、ストロンチウムとの関係もわかってきている。

カルシウムとホウ素との関係も重要である。カルシウム欠乏によって生じるホウ素欠乏は、先にも書いたが、いわゆる「魔女のほうき」といわれる枝分かれの樹姿を生じる原因となり、その植物の成長点部の成長が順調に進まなくなる。

植物の生理過程のなかでカリとカルシウムという二つの要素のあいだの関係が引きおこす作用は重要であり、それゆえ、カリとカルシウムのあいだの比率の影響を研究することはきわめて大切である。まったく同じように、植物の成育周期のなかの特定の時期（開花期や成熟期など）でのタンパク質合成レベルの指標として、カリ／マグネシウム比に注目したい。

クレーンとスチュアート（一九六一）は、水耕栽培のペパーミントを材料とし、特にカリ／カルシウム比について研究した。また日長と関連してタンパク質合成とタンパク質のアミノ酸構成をも調べた（第二章、第2図を参照）。

その結論として長日下ではグルタミン含量が増え、カリ／カルシウム比が高くなり、タンパク質合成と植物の成長がさかんになった。短日下ではカリ／カルシウム比が比較的低く、可溶性チッ素含量が高まり、タンパク態チッ素が低い状態で成長がさかんになったが、タンパク質分解が優位になってアスパラギンの蓄積が見られた。アスパラギンは菌類の成長に必要なアミノ酸であり、黒星病との関連で後にふたたび触れることにする。この実験では、アンモニアをチッ素源とする施肥を受けた植物ではアスパラギンの蓄積が見られた。これはアンモニア態のチッ素を施した場合に病気に対する感受性が高まる理由を教えてくれる（フーバーとワトソン、一九七四）。

一般的にいえば、カルシウム欠乏はタンパク質の生産量を低下させ、植物の成長は急速に衰える。

一方、日長条件のちがいでは、短日下ではカリの欠乏はアスパラギンを大きく増加させるのに対して、長日下ではグルタミンが増える。これらのことは確かだが、チッ素代謝に対するカリの働きについてはまだわずかしかわかっていない。とはいえ、カリ欠乏の植物の分析結果によると、可溶性のチッ素化合物、とりわけアミノ酸が増加し、タンパク質が減少することが明らかになっている。

これらの研究結果から、植物への施肥によっておこるカリ／カルシウム比の変動と植物の抵抗性との関係に注目しなければならない。これにはカリやカルシウム以外の要素も関係しているのは当然であり、問題はどの程度までこれらの関係を明らかにできるかということである。この後、微量要素の問題に入るが、まずはマグネシウムの作用について知られていることを考えて見たい。

（2）カリ／マグネシウム比

周知のようにマグネシウムは葉緑素の構成要素であり、また糖質の分解・合成のサイクルにも関係している。DNAとアデノシン二リン酸との結合反応はマグネシウムなしでは成立しない。リン酸とマグネシウムの関係の重要性がここにある。「細胞発電機はマグネシウムなしでは動かない」といわれる理由である。

リン酸の代謝はマグネシウム代謝と密接な関係にあり、これはカルシウムとマグネシウムのあいだに拮抗作用が存在することの説明ともなっている。このことから、植物体内の代謝、とりわけタンパク質合成の目安をつけるのに、まず最初はカリ／カルシウム比を調べてみようということになるが、実は、いくつかの植物では各種の条件と関連してもっとも変動しやすいのはマグネシウムである。たとえば、ブドウの栄養状態についてカリ／マグネシウム比が特に注意深く調べられてきたし（デルマ、一九七〇）、現場での葉分析診断にも用いられてきた（リュゼ、一九八二）。

第10表　ブドウ台木の種類による葉内のマグネシウム含量とカリ／マグネシウム比の変化
（品種「メルロー」、デュヴァル・ラファン、1971）

台木	マグネシウム含量（mg／乾物ka）	カリ／マグネシウム比
実生	2110	5.39
S04	765	14.28
3309	1009	11.28
リパリア	912	17.09

デルマの研究ではメルロー種のブドウを養液栽培し、チッ素、リン酸、カリ、マグネシウム、鉄、マンガン、ホウ素、モリブデン、亜鉛がブドウの栄養成長と要素欠乏の発現に与える影響を調べている。そのなかでも微量要素の影響を検討してみたい。

デルマによると、マグネシウムの含有量が葉の乾物比で〇・二〇％、カリの含有量が一・五％以上の場合、つまり、カリ／マグネシウム比が七をこえると、マグネシウム欠乏症状があらわれる。この数値はレヴィらの実験の数値に近い。

一方、この比率は台木の性質によって大きく変化する。これについては第六章に触れておいた。ブドウの葉でのカリ／マグネシウム比は台木の種類によって次の表のように変化する（デュヴァル・ラファン、一九七一）（第10表）。

この研究が示すように、接木によって大きな影響を受けるのはカリとマグネシウムであり、それが両者の比率を決めることになる。マグネシウム欠乏症状は、マグネシウムの不足した土壌のもとであらわれてくるが、この症状は植物の栄養、つまり病気への抵抗性に影響してくる。とりわけブドウの果房が乾燥している状態のときに問題となる。

リュゼ（一九八二）によると、カリ／マグネシウム比が一〇～一二の場合には潜在性の欠乏がおこっているが、これはスイスのフランス語圏地域での調査でよく見られる。この場合、標準的な比率は二～一〇のあいだにあり、目に見える欠乏症状は一二以上になるとおこる。

このような比率の数字は要素欠乏の矯正、つまり寄生者を防除する基準を示すと考えられる。たとえば黒星病を防除するための葉面散布の場合である。

しかし、カリ、カルシウム、マグネシウムなどの陽イオンだけが植物の代謝に影響を与えるのではない。この点については微量要素も酵素との関連を介して大きな役割を果たしていると考えられるが、微量要素とカリ、カルシウム、マグネシウムなどとの関係は、あいかわらず不明な点が多い。そこに働いている法則はまだ明確になってはいないが、交互に抑制したり促進したりしているものと考えられる。すでに明らかになっているいくつもの事実があり、それは要素欠乏の予防と矯正についての指針を与える貴重な材料である。

（3）微量要素の均衡

デルマの研究によると、ブドウの栄養のなかでいくつかの微量要素、とりわけ鉄／マンガン比は重要である。最適値は開花期で一、果実の成熟期では〇・六である。マンガンが欠乏すると比率は上昇して五をこえる。

しかしまた、マンガン欠乏は代謝上の重大な障害を引きおこすことも考えに入れる必要があり、その障害はリン酸が過剰になったり、組織中の鉄が減少したり過剰になったりした場合にはげしくなる。

最後にカリ／マンガンのバランスの問題があり、マンガンの欠乏は根のなかでのカリの蓄積を引きおこすことが知られている。またカリが不十分な結果としてマンガンの不足がおこることもある。

ブドウの若い枝では、マンガンの不足は鉄／マンガン比とリン酸／マンガン比の変調をまねく。特にリン酸／マンガン比はブドウ果実の成熟に影響を与え、栄養不良、果房の小粒化、リン酸過剰などをおこしている。

栄養素、とりわけ微量要素のあいだのこんな交互作用は要素の吸収との関係で今までも繰り返し強調されてきた。たとえばプリマヴェスィら（一九八二）が明らかにしたことだが、イネのいくつかの品種では、マンガンを八〇〇〇ｐｐｍまで吸収しても、鉄の吸収とのバランスが取れているなら支障はおこらないことを明らかにしている。もし植物の代謝の目安として役立つとしたら、鉄／マンガン比の利用も必要だろう。

植物の栄養状態、つまりは抵抗性に関して鉄が果たす重要な役割を確認したリュべら（一九八三）はトウモロコシの亜鉛欠乏を予測する場合、亜鉛の含量だけに注目するよりも鉄／亜鉛比のほうが有益であることを強調している。亜鉛はたくさんの酵素の構成要素であることがわかっていて、酵素系の機能の不調によっておこる組織の変化を亜鉛との関係でより明確に理解できる。亜鉛はデヒドロゲナーゼ型の多くの金属酵素の重要な構成要素として働いているのである。

先にも触れたが、ブドウでも亜鉛がリン酸代謝と密接な関係があることを思い出したい。亜鉛を含む散布剤が葉内の無機リン酸、リン脂質、核タンパク質などの含量を増加させている（ドプロリュプスキーら、一九六九）。この亜鉛の影響はブドウのウイルス性変性症の治療のために硫酸亜鉛の散布が有効であったことを証明してくれると考える（デュフルヌア、一九三四）。

これと関連して、たとえばトマトの亜鉛欠乏はアミノ酸、特にアスパラギン酸の含量を高め、その結果としてアミノ酸のタンパク質への同化が停滞し、トマトの成育の遅れと病害への感受性の高まりが見られている（クリスナ、一九六三）。

最後にモリブデンとほかの要素との関係に触れておきたい。デルマの研究によると、モリブデン欠乏は葉中のカリ含量の低下とカルシウムの増加を引きおこす。その結果、カリ／カルシウム比は果実の成熟はじめの健全株では〇・二二、欠乏株では〇・一二、収穫後にはそれぞれ〇・三六、〇・〇七となった。デルマによると、モリブデン欠乏は葉中のマンガン含量を増加させるという。

イネの抵抗性について触れたときにも述べたが、要素欠乏は植物の栄養摂取と関連して病気の発生と結びついている。このことについてより詳しく考えてみたい。プリマヴェスィら（一九七二）は銅とチッ素とのあいだには微妙なバランスがあるという。健全なイネでのチッ素／銅比は三五・〇であるのに対し、いもち病罹病株では五四・七である。先にあげたペパーミントの例では、銅欠乏は体内の可溶性物質、とりわけグルタミンの蓄積を促す。これに対して銅散布は組織内の銅含量を増加させ、タンパク代謝に影響を与えている。銅剤が種々の病害に効果がある理由はいまだに完全に明確になっていないが、このことは、その理由を理解するうえで参考になるだろう。

今までも種々の病気とホウ素の関係が問題にされてきた。次章では特にこの微量要素についての項をもうけて考えることにするが、ここでは要素欠乏と罹病の関係を再考するためにトマトのウイルス病での葉分析の研究を検討することにする。

（三）トマトのウイルス病と要素欠乏

数年前のことだが、ある農薬製造会社がウイルス病のトマトと健康なものとの成分分析の結果を紹介したが、両者のちがいについての記述は興味深い。「これらの病徴がウイルスによるものか、あるいは要素欠乏の結果な

第11表　トマトの健全株と罹病株での葉分析（水溶性分画、ｍｇ／乾物ｋｇ）

植物の状態	NH_4	PO_4	K	Ca	Mg	Fe	Cu
健全株	1000	3125	4850	3375	1475	115	62.5
ウイルス病株	1250	3125	4900	1925	1400	107	15.5
植物の状態	Mn	Zn	B	Co	Cd	Ni	Mo
健全株	40.0	137	160	7.5	5.0	92.0	12.5
ウイルス病株	11.5	115	110	痕跡	痕跡	137	32

第12表　トマトの健全株と罹病株での各種要素の比率

植物の状態	K/Ca	Ca/K	P/Ca	K/Mg	Fe/Mn	P/Mn	N/Cu	N/P
健全株	1.40	2.28	0.92	3.28	2.87	78.10	16.00	0.32
ウイルス病株	2.40	1.39	1.62	3.50	9.24	271.70	80.64	0.40

のかを判別するのはきわめてむずかしかった」とつけ加えているのだ。

しかし、第五章と第六章でこの問題に若干の答えを提供できたと考える。それによると、欠乏状態は病気に対する植物の感受性を高め、ウイルスが存在している場合にはその病徴と要素欠乏症状は強まる。これに関連するが、かつてデュフルヌア（一九三四）がカンキツ類のウイルス性斑葉病の発症について、「病理学的所見としては早熟化の発現、細胞でのタンパク質分解とペクチン変性の進行が見られる」と書いている。しかし、このウイルスに感染したカンキツ植物組織でのタンパク質分解は、ボルドー液などの石灰調製剤によって中和された硫酸亜鉛を含む薬剤の散布で進行が阻止されている。

第11表と第12表はウイルス病のトマトと健全なトマトの葉分析の結果である。タンパク質分解によると考えられるいくつかの要素欠乏の発生が見られる。

またウイルス罹病株にはカルシウム、マンガン、銅の欠乏症状が見られた。ところが銅とマンガンの欠乏はおおいに強調されるが、どの症状がそれなのかについては語られることはない。一方、細菌性の病気に対しては銅剤に一定の効果が認められるという考え（現在進行中の私たちの実験の中間報告）に立ってみると、たとえばトマトのタンパク質代謝を促進する銅の作用を無視することはできないだろう。これらのしめくくりとして、以前から殺菌剤と呼ばれてきた各種の農薬と、いくつかの新しい合成農薬の作用を検討してみることにする。

（四）殺菌剤の作用機作

科学のどんな分野でもそうだが、植物の病気の防除についても、進歩のための最善の方法はまず謙虚に自らの知識と経験の限界を認識することであろう。この章で明らかにしたいことの一つだが、いわゆる殺菌剤と称されるものの作用のメカニズムについてわかっていることはまことにわずかなのである。しかし、もし私たちがあれこれの農薬の効果があるかないかではなく、効果がなぜ生じるかを探求すれば、それにより、その方面の進歩は早められることは確かだろう。近年に開発された農薬についても、それが有効性を示す場合の植物の反応を研究する理由がここにある。

まず長期にわたって経験的に使われてきたが、その効果性についてはなおいくつかの検討するべき点がある薬剤を取り上げたい。

（1）銅　剤

かの有名なボルドー液がふとした思いつきがきっかけで発見されたことは改めて述べる必要がないだろう

が、次のような表現はよく用いられるものの一つである。「ブドウ園の泥棒を防ぐために列の端の樹に硫酸銅を散布したところ、それらの樹ではべと病の発生が少ないことがわかった。ミヤルデとゲイヨンがボルドー液の発明者とされるようになったのは、彼らが発病抑制の過程を説明するための研究をしたからである。」

その後、病理学者の多くは銅が殺菌剤として働くのは「体表面である」ことを既成の事実としてきたが、今やそれには若干の問題があるといえよう。たとえば、本章の冒頭に著名な農学者のドゥモロンが提出した疑念を掲載した。この人が一九四六年にこの問題を指摘して以来、なんらかの進展があったといえるだろうか？　まさにこのことこそ私たちが取り上げるべき問題なのである。

第一にもし銅剤が葉の表面で作用するとしたら、当時の散布器具では葉の表面をぬらすのが精一杯だったこと、また、べと病菌の菌糸が葉の裏面から侵入する事実を前にして薬剤の効果はどうして発揮できたのだろうかを考える必要がある。

一方、ボルドー液自体もまったく効果が見られないこともあった。たとえば一九三二年のべと病の大発生のあと、ボルドー液の値打ちを疑った人びとは「べと病菌は銅に馴れてしまった」と言い出した。当時、「抵抗性」などという言葉は一般的ではなかったのである。しかし、こんな辛い経験のときでもヴィルディオー（一九三二）など何人かの研究者はブドウの植物体のほうに目を向けていた。すでにその当時でもチッ素やリン酸肥料の過剰によってブドウの感受性が高まること、それが病原菌の侵入と増殖を促すことが感じられていたのである。

ところで、ミヤルデとゲイヨン（一八八七）によると、葉に吸収された銅は「葉に吸収され、外部に流出はしない。まず上面のクチクラ層に固定され、それを病原菌に対して強固なものにするだけでなく、続いてるための防御手段を構築する。」

葉の組織内に深く浸透し、葉の裏面でも完全ではないにしても侵入したべと病菌の増殖に確かに影響を与えるための防御手段を構築する。」

事実の証明よりもむしろ考え方が重要な場合もある。この場合は銅が組織内に浸透して広がっていく事実はその後の研究によって確認された（シュトラウス、一九六五）。問題はその作用である。

スミション（一九一六）がまずこの問題を提起した。彼は葉の表面の銅と組織内に吸収された銅とを区別した。表面に残る銅はごく短時間しかブドウを保護できない。その理由は、「水和銅、炭酸銅、四硫化銅などは散布後、ブドウの緑色部の表面に残るが、種々の気象要因の影響を受けて次第に不溶性のものになっていく」からである。

つまり銅の効果は体内への浸透状況と関係がある。その点に関連してスミションは銅液に浸したブドウの葉がべと病への「免疫性」をもつようになったと述べている。しかし、それがどんな作用によるのかという問題は問われなかった。銅がブドウ体内の代謝に関与した後に、一種の毒性のあるバリアをつくりだすとも考えられるし、あるいは銅―植物―寄生者という関係をさらに注意深く考慮する必要があるのではなかろうか？

今日では、銅が酸化酵素類への作用を介して植物のチッ素代謝に影響を与えていることがわかっている。そこでの基質と結びついてタンパク質の構造に関与しているとの考えもある（モルストレーム、一九六五）。ボルドー液を散布されたブドウの葉では、ほかの同化物とくらべて可溶性のチッ素と全チッ素の量が減っているという報告もある（スィノン、一九七七）。

一方では、たとえばクレーンとスチュアート（一九六二）のペパーミントの研究に見られるように、銅の不足がグルタミンの組織内蓄積をともなうタンパク質分解を引きおこすことも知られている。ブドウの葉への銅散布はその反対の結果を生むとも考えられる。同じようにして、アグラヴァルとパンディ（一九七二）はコムギへの銅散布が体内の糖類の利用効率を高め、タンパク態チッ素の含量を増やすことを明らかにした。タンパク質合成の促進は植物の抵抗性を強めるものと考えられる。

かつてマルシャル（一九〇二）は、レタスの培養液に五〇〇〜七〇〇ｐｐｍの銅を加えると、レタスのべと病菌の増殖を抑制するのを確かめている。

反対に、チッ素を含む物質（チッ素肥料や合成農薬など）によっておこる銅欠乏が寄生者に対する植物の感受性を高めることに驚く必要はない。これは細菌病の実際の増殖に関連して私たちが提起した問題なのである。またこのことについて、稲作での実用上の目的でプリマヴェスィら（一九七二）が提案したチッ素／銅比のことも思い出してもらえるにちがいない。

（2）硫黄剤

二〇〇〇年このかた硫黄は作物保護のために利用され続けてきたが、殺菌剤とは考えられてこなかったとプリースト（一九六三）は書いている。しかし、うどんこ病の防除には殺菌剤のように使われてきた。

硫黄そのものが殺菌作用をもたないことは、菌類細胞のなかに浸透しない事実が示している。その殺菌効果は硫黄の酸化または還元によってできた物質によると考えられてきた。たとえば酸化物としては二酸化硫黄や三酸化硫黄、還元によるものでは硫化水素などである。しかしこれらの学説は実験的証明によって得られたものではない。現在わかっていることは種々の菌類胞子の生存と硫化水素とは無関係であること、硫化水素の発生を促す種々の条件や作用物質はごく弱い作用しかおこさないことである。ところが、硫化水素自身はうどんこ病菌に毒性を示さないのに硫黄は明らかに効果がある。つまり、まったく別の作用の仕方をしていると見られる。古くからの研究者のなかにはブドウを注意深く観察して、いずれもうどんこ病菌への硫黄の「すばらしい効果」を認めている者もいるが、その場合、「その効果はブドウの成育全体に対して作用する」と考えている。たとえば研究者の一人は次のように書いている。「ブドウが病気にかかり、しかも多湿なときには硫黄散布に特によく反応する。色があせ光沢がなくなった葉もふたたび明るい緑色をおび、しなやかになり、また若枝は伸びはじめる。病気がひどくなっていなければ、果房にまで広がりはじめた白粉は消えていく。これは健全な食物を十分に与えられて家畜から病気が消えていく有様と実によく似ている」（マルトル、一九六二）。

硫黄が植物の生理に好ましい影響を与えることを的確に指摘したこの観察は、病原菌の胞子の活力に対する栄養環境の影響について何人かの研究者が提出した問題と結びつくものがある。最近の研究は硫黄という元素のこの間接的な影響を明確にしている。たとえばナラ科の樹木のうどんこ病に硫黄を用いる場合である。ほかのいくつかの物質と異なり、硫黄は樹木の成長全体に好ましい影響を与えることが観察された。「硫黄の好ましい作用は殺菌剤としての効果とは直接の関係はない」（マヌレーンら、一九七八）。だが一体、この作用はどうしておこるのか？　その答えを硫黄が欠乏した場合におこる現象のなかに探ることができる。

クレーンとスチュアートは、ペパーミントの養液栽培実験で硫黄欠乏がチッ素化合物のバランスに変化を与え、可溶性分画、主としてグルタミンとアルギニンの増加を引きおこすのを観察している。つまり硫黄欠乏がタンパク質合成の抑制作用を示すのであり、私たちの考えによれば、それは病気に対する感受性の高まりを引きおこしているのである。これは硫黄がタンパク質の合成と密接に関係する元素であることを示している。多くの研究者は硫黄の代謝とチッ素代謝のあいだに強い関連があることを確認している。

さらに硫黄とチッ素のあいだにはある種のバランスが存在するにちがいない。チッ素を十分に含むが硫黄が不足している植物では大量の遊離アミノ酸、硝酸態チッ素、糖質が蓄積していることがわかっている。ここでは一方では硝酸還元能の低下、他方ではタンパク質合成の低下、むしろタンパク質分解の高まりがおこる（ナイチンゲール、一九三二、イートン、一九四一）。

ところで植物に硫黄を散布するとなにがおこるのだろうか？　植物の葉が硫黄という元素を吸収することがわかっている。それに続いて組織内のタンパク質のなかに硫黄が見つかるからである（タレルとウエーバー、一九五五）。

この生化学的な動きは植物の成育状態の好転（うどんこ病によって縮んでいた葉の展張と緑色の強まり）を引きおこしたが、その後、病原菌の死滅が認められたという。

その硫黄の間接的な役割がうどんこ病防除でも明確であるとすれば、種々の病気に対する硫黄の効果は考えられている以上にしばしばおこっているのはなろうか。デュフルヌア（一九三六）は要素欠乏がもたらす有害な作用を重視したが、たとえばフロリダでのジャガイモの青枯病に対して硫黄を一ヘクタール当たり二〇〇キロ以上与えることで、効果的な防除ができたことを報告している。

これらの実験結果と観察を取りまとめると、この場合は硫黄だが、要素欠乏の矯正は同時に寄生者に対する植物の抵抗性をも強めることが一般的に明らかにされている。タンパク質合成を促進する硫黄の作用は私たちの栄養関係説の一環をなすものであると考えられる。

アブラナ科植物の硫黄要求が大きいことと関連して、パリャコフら（一九七五）は種々の病気に対するキャベツの抵抗性は硫黄不足によって低下することを確かめている。

今まで殺菌剤として通用していたものが実は植物の代謝にとって好ましい作用を介して、間接的に「治療剤」として働いていたと考えうる場合があるのではなかろうか。その一例として、殺菌剤として名の通っているマンネブ剤の効果をその寄生者に対する毒性によって説明することがいかにむずかしいかを考えてみたい。

（3）マンネブ剤の作用機作

これはヴィールとシャンコーニュ（一九六六）が提出した問題である。まず彼らはマンネブ剤を水で懸濁液としたものが酸素を吸収して成分の分解がおこり、可溶性のマンガンを生じるのを発見した。

さらに、分解産物のなかに、「炭酸硫黄、エチレンチオ尿素、一硫黄または二硫黄エチレンチウラムが存在した」。この三つの化合物は濾紙クロマトグラフィーによって分離され、それに対するブドウの晩腐病菌《おそぐされ》と一つの細菌（バチルス・スブトリス）の反応を調べた。

研究者の結論は特に興味をそそるものではなく、教科書ふうに次のように書かれている。「分解産物のいくつかには同濃度のマンネブ自体よりもすぐれた殺菌効果があると見られるものもあるが、そのなかで、もっとも効果が高いと認められた一硫黄エチレンチウラムは分解産物分画のなかにはごく微量しか含まれておらず、その存在によってマンネブ剤の効果を説明するには不十分であった。」「分解での中間生成物があっても、ごく不安定なもので同定できなかった。」

だが、こんな不安定で短命な物質が殺菌剤としてなんらかの効果を示すとは理解しにくいと考えられる。問題となる殺菌剤の想定される効果に対する確かな信頼がなければ、なんらかの結論に到達することもできないだろう。ある物質に対する植物の反応という間接的な作用によって、ある事柄が生じることが考えられる。たとえば可溶性のマンガンのことが頭に浮かんでくる。このことはすでにキャプタン剤については確かめられている。

（4）キャプタン剤は殺菌剤ではないのか？

この疑問はソマーズとリチモンド（一九六二）の研究結果を見たときに生まれてくる。この研究の発端は、この薬品のもつ浸透作用を検証することだった。この薬品はフタルイミドの一種であり硫黄の誘導体を含んでいる。

インゲンの赤色斑点病の防除にキャプタンの溶液を散布した。ところが分析してみると、それが浸透性農薬であるのに、化学物質としての効果があらわれるには葉内に残っているキャプタンの量があまりに少なすぎることがわかった。結論として、この農薬の効果は「宿主植物の代謝に介入することによって生じ、さらに根に吸収されたあと葉で殺菌作用をあらわすことによる」としている。

（5）フォセチル・アルミニウム剤の作用機作

ボンペ（一九八一）によると、この新しい殺菌剤は「病害防除への新しい道を開いた」という。しかし、「浸透性、非浸透性を含め、ほとんどの殺菌剤とは異なり、この農薬（アルミニウム・三―〇―エチルフォスフォネート）は病原菌に対する直接的な殺菌力は弱いという特色があるが、これは現場で得られた高い効果を説明するには不十分である。」

この薬剤の効果としては、その処理により罹病部に存在する菌糸に対する殺菌力をもつとされるポリフェノールの集積が認められ、これが防御壁となると考えられている。しかし先にも述べたが、ポリフェノールの蓄積は病原菌に必要な栄養物を減少させることにもなる。

ボンペの結論には次のように書いてある。「これらの事実が示すのは、この化合物の作用機作は宿主と寄生者の界面で働いており、寄生者そのものに対する直接的な作用ではないことだ。」この問題の研究は今も続いているが、この農薬によっておこる植物とその器官の免疫性が毒性のあるものの働きなのか、あるいは仮説を立てることになるが、非生物学的なものなのかがやがて明らかになるだろう。

古くからの農薬と最近の殺菌剤の作用を検討したが、その効果があらわれる過程はともに殺菌剤に対する植物の反応を経由しておこると考えることができよう。この場合、病原菌の成長の抑制は栄養となる諸条件が不足することと関係していると考えられる。

ところで、植物の抵抗性を引きおこす条件の一つとしての微量要素を繰り返し取り上げてきたが、それは植物の生理への影響として作用するのである。これをさらに立ち入って検討するために、特にホウ素を取り上げてみたい。

（五）植物の生理と抵抗性に与えるホウ素の影響

（1）ホウ素の生理作用と他要素との均衡

植物の生理に関するホウ素の役割は、ほかの微量要素と同じく未知の部分がきわめて多い。一般的に、微量要素の役割についての知見は、それらの欠乏による生理障害の発生に出会うことによって一歩前進することが多い。動物ではホウ素は必須要素ではないように見えるが、植物ではこの要素は不可欠である。ところが、多くの微量要素は酵素の機能のなかに組み入れられているのに、不思議なことにホウ素を含む酵素は知られていない。

今までも繰り返し指摘する折があったが、ホウ素欠乏は糸状菌、細菌またはウイルスによる多数の病気と関係がある。他方、ホウ素欠乏は、たとえばダニ類などの害虫への植物の抵抗性にもおおいに関係がある。

これと関連して、以下ではホウ素の土壌施用、葉面散布、種子浸漬によって種々の病気に対する植物の抵抗性を強化する実例にも触れたい。

まず、ホウ素とカルシウムとの関係は、ホウ素と他要素との関係のなかでも特に重要である。種々のカルシウム欠乏はそれ自体でおこることもあるが、ホウ素欠乏にともなっておこるものもあり、植物は節間短縮をおこし、いわゆる「魔女のほうき」状の樹姿となる。これはとりわけ、カルシウム不足の土壌に育つカイガンマツでよく見られる。

これはカルシウムが酵素作用の多くのものに関係していることによって理解できる。カルシウムは植物体内を上昇転流する。パリャコフ（一九七一）によると、カルシウムは全リン酸と各種リン酸化合物の含量を高めるように働くという。この際、ホウ素や銅など微量要素はカルシウムの転流を強める作用をもつ。

この「相助作用」はいくつかの微量要素についてよく知られており、ホウ素もそのなかに含まれている。D・ベルトラン（一九七九）は、ホウ素単独では明確な影響をおこさず、マグネシウム、モリブデン、マンガン（いわゆる三M）の存在によってホウ素がその特性をあらわすことを強調している。

さらに、ホウ素が糖の転流と関係があるという周知の事実は、植物の抵抗性の過程でのホウ素の重要性を教えてくれる。タンパク質合成に欠かせない炭素環の供給を助けるからである。

植物の生理においてホウ素が果たす役割の重要性を明確にするなかで問題にしたいのは、一つには植物に不可欠なホウ素を順調に供給する条件と、反対にホウ素の供給を阻害したり利用不可能とするような拮抗的条件とは何かということである。

（2）植物のホウ素要求と可吸化

植物の生理が順調な機能を果たすためのホウ素の供給を可能にするおもだった条件を三つあげてみる。

- ・土壌の性質と土壌酸度
- ・施肥方法
- ・農薬の使用の問題

土壌についてコプネ（一九七〇）は多くの地域でホウ素の不足が見られるという。たとえば、ガロンヌ川中部流域とトゥルーズ地方である。作付作物としてはリンゴ、ハナヤサイ、ルーサン、飼料用ビート、ブドウがある。ときには要素欠乏がはげしく、いくつかの病気の発生と関係するとも見られる。たとえばブドウの葉の黄変を引きおこすマイコプラズマ症が特にアルマニャク地方に拡大したのは偶然ではなかろう。実際、ジェール県とロート・エ・ガロンヌ県のブドウ園の土壌にはホウ素の欠乏がはっきりしていたのである。

植物のホウ素の利用については、土壌が中性かアルカリ性の場合には可吸化しないことが知られている。クロード・ユゲー（一九七〇）は、ホウ素の不足は永年生植物、とりわけリンゴ、ブドウなどにおこりやすく、また砂利の多い土壌ではブドウでもスモモでもホウ素の利用は不十分なことを強調している。しかし、その理由が、母岩のホウ素が少ないのかホウ素の溶出に向かないのかはわかっていない。特に溶出については土壌中の有機物の不足と、それに関連して微生物の働きの低下が影響しているのではないかとも考えられ、この点については後に触れることにする。

施肥については、二つの互いに密接に関連する影響をまず考えるべきだろう。一つは無機肥料、もう一つは有機質肥料の施用であり、それが植物のホウ素利用にどんな関係があるのか、そして一般的に微量要素全般に対してどんな関係があるのかの二点である。

そもそも微量要素は植物の乾物重の一％以下にすぎず、まさに微量にしか存在しない。それなのに私たちが考えるよりもはるかにしばしば微量要素の欠乏症状が見られるのはなぜか？　この問題についてコイク（一九七二）はすでに次のように答えている。「一般に、植物の生理に変化をおこさせる諸条件はみな微量要素の含量を変化させる。」彼は増収の追及、つまり農地からの収穫物（有機物）の生産量を増やすことは、結果としてその土壌中の微量要素含量を減少させると考える。

一方、この研究者がいう「集約農業」は増収という願望のもとで合成肥料、とりわけ合成チッ素肥料の利用と乱用によって成立している。それに加えて合成農薬の大量使用がある。これらはチッ素と塩素を含むものがほとんどである。ところが、先にも述べたように、農薬使用の対象となる病害虫は植物の感受性の増加によっておこる悪循環のなかで次々と発生し、他方、植物のほうは結果として要素欠乏にさらされ続けることになるだろう。

少量のマンガンなどを含む鉱滓《こうさい》は別として、厩肥や堆肥とはちがい、合成化学肥料が供給する微量要素はきわめてわずかなのである。

さらに、合成肥料は土壌酸度を上昇させ、それにともなってマンガン、鉄、亜鉛などの微量要素の可吸度を低下させる。また、たとえばリン酸肥料が含むリン酸と亜鉛との拮抗作用によって、亜鉛欠乏がおこりうる。これは果樹、トウモロコシ、アマなどで見られる現象だ。

さらに収量を高めるために大量に施される合成チッ素肥料も微量要素の吸収を阻害することがわかっている。これは特に銅について解明が進んでいる。これにともなって、銅の不足した飼料を与えられた家畜では低血糖症と受胎力の低下が見られる。ペリゴーら（一九七五）の報告によると、ブルターニュ地方で土壌の銅不足によって乳牛の受胎力が低下している。これは特にヘクタール当たり一〇〇キロ以上のチッ素肥料を使っている牧場でよく見られるという。

第四章の細菌病のところで触れる機会があったが、影響を受けるのは銅だけでなくホウ素も同様である。クロード・ユゲーが実証しているが、チッ素肥料を多量に投与するとチェリーの葉中のホウ素含量が減少す

第13表　チッ素施用によるチェリー葉内のホウ素含量の低下　（ユゲー、1982）

チッ素施肥量（／ha）	ホウ素含量（11年間の平均）	1980年のホウ素含量
0kg	47ppm	44ppm
100kg	40ppm	40ppm
200kg	37ppm	32ppm

る（第13表）。

「ある果樹園では今までホウ素欠乏は見られなかったが、チッ素肥料の多用により年とともに植物の栄養成長がさかんになるにつれ葉中のホウ素含量の減少がはげしくなった。やがてチェリーにとっての好適濃度を下回ることになると思われる」（ユゲー、一九八二）。

一方、ユゲーは五年間にわたってチェリーに亜鉛とホウ素の葉面散布を続けた。実験開始時には結実不良をともなうホウ素欠乏が見られた。実験結果を第14表に示す。

この場合、ホウ素とチッ素のあいだには互いに相手を抑制しあう関係があることが認められる。この際、ホウ素欠乏の矯正の結果としておこるタンパク質合成が重要なのである。ユゲーは「ホウ酸塩を使って正しい植物栄養を回復することは植物体内の代謝全体に影響を与えるだろうし、そのなかには、この場合のようなチッ素代謝のゆるやかな改善も含まれている」と書いている。

タンパク質合成の高まりを促すような方策を取るべきだとユゲーは言いたいのであろう。それによって寄生者に対する抵抗性を高めるような好ましい影響も生じるからである。

（3）ホウ素欠乏　―ホウ素施用の開始時期と期間、施用法と効果

以上の事柄はみな果樹類を含む多くの植物でのホウ素欠乏の重要さを明らかにしている。ある限界値をこ

えると欠乏症状がはじまるが、リュゼ（一九八二）は葉分析による実際的な診断の利用を検討し、チッ素＋リン酸／カリの比率がホウ素欠乏がおこる危険性を教えてくれるとした。この値が高まるとホウ素の初期欠乏期に入る。この欠乏初期の状態は果樹以外にもキク、バラ、野菜類など作物全般に広く見られる。

この際、永年生作物での合成農薬（多くはチッ素と塩素を含んでいる）の年間を通じての散布と長期にわたる集積が植物組織内の各種要素のバランスの乱れ、とりわけホウ素などの微量要素の減少にどの程度まで影響するかを検討する必要がある。

これと関連して、私たちが経験している果樹の細菌病とウイルス病の発生との関連で、若干の解析を試みるのは好ましいことだろう。

第14表　葉面散布がチェリー葉中のホウ素含量に与える影響

（乾物当たりppm　ユゲー、1982）

散布量	ホウ素	チッ素（%）
ホウ素無添加	19	2.38
ホウ素を含有	59	2.56

まずホウ素欠乏のレベルについては各種の果樹での基準値は一般的に見ても似たりよったりであり、成木の葉では二五ｐｐｍ、果実では三〇ｐｐｍ程度である。

ユゲー（一九七九）は、リンゴの葉でのホウ素含量の基準値として二五～五〇ｐｐｍを提案している。ゴールデン・デリシャスでは含有量が一七～七〇ｐｐｍと変動の幅が大きいが、欠乏と見られる範囲は九～二〇ｐｐｍである。この数値は、重い欠乏症状を引きおこす限界値と認められている一五ｐｍｍと一致する。

葉面撒布によるホウ素の施用の適期については、原則的にはその植物の代謝にホウ素がもっとも必要な時期である。ホウ素は非常に吸収と転流が速いので、施してまもなく体内含量が増加するのが見られる。最初の散布のあと、ふつう一〇回の散布までには正常値に戻るのが見られる。

しかしホウ素は植物の営み全体にわたっての物質伝達に関与するもので、その働きは夏の終わり、ときには秋まで続き、その後は含量が低下し、春がはじまるとふたたび正常な値に戻る。

一般的には、たとえばヒマワリでもブドウでも、研究者たちは開花がはじまるとホウ素の働きがさかんになるのを見ている。ポリャコフ（一九七一）もヒマワリの開花前にコバルト、銅、マンガンが増加しはじめ、それがその後の発育相全体にわたって続くのを観察している。付け加えれば、この研究者はヒマワリの菌核病予防のために種子をホウ素、コバルト、マンガン、銅の〇・一％液に浸漬して播種したが、なかでもホウ素の効果がもっとも高かったという。なおホウ素にマンガン、モリブデン、マグネシウム（三M）を加えた「複合剤」の効果を検討するのも意味があると考えられる。

永年性植物での微量要素の要求についてクロード・ユゲーは次のように考えている。「チェリーではヘクタール当たり一〇トンの果実収量として、一九〇グラムのホウ素、一三〇グラムの亜鉛、ブドウ（台木はユニ・ブラン／四一B）では一〇八グラムのホウ素、七五グラムのマンガン、五六五グラムの鉄を必要とする。」吸収が最高となる時期は、ナシではホウ素が三月から四月はじめまで、マンガンが四月中旬にかけて、またブドウではホウ素は八月中旬にかけて、マンガンでは四月中旬にかけてである。

（4）ホウ素などの微量要素の吸収に対する施肥の影響

この問題は今まですでに取り上げてきたが、いつも話を中断してきた。それは問題が重要でないからではなく、それについてのデータがひどく断片的だったからである。

改めて熟慮が必要なのは、微量要素の吸収を阻害する可能性のある農薬と合成化学肥料の影響である。モワイエ（ヴィカリオ、一九七二年からの引用）は農薬が大量の土壌微生物を殺し、それによりたとえばリン酸の可吸化を抑制することによる有害性を強調する（そのほかにも、まったく未知のさまざまの過程が進行している可能性があるが）。

モワイエはさらに、農薬のいくつかはチッ素を含み、それ自体が陽イオン（カチオン）であり、置換系からカルシウム、マグネシウム、亜鉛などの陽イオンを転位させることがありうるとしている。農薬は有害であると同時に要素欠乏を引きおこすことになる。

同じような現象は同じ理由で化学肥料の施用についてもおこりうる。ビュスレ（一九八二）は次のようにいう。「チッ素、リン酸、カリ含量の高い肥料は、収量を増加させることによって同時に代替不可能なさまざまの成分を畑から大量にもちだすことになる。カルシウム、マグネシウム、さらには硫黄などの微量要素の欠乏に関する多数の報告がこの事情を示している」。

実際、これらの欠乏症状の発生はとりわけムギ作でますます増えている。たとえば銅欠乏である。だがなぜ、ムギ作で特に多いのかを問うべきである。先にも述べたように、それはおそらくこの栽培が特に集約的となり、チッ素肥料などの多用が引きおこす有害な作用と除草剤をはじめとする合成農薬の有害な影響とが結びついておこるからであろう。今のような栽培技術の積み重ねの結果として養分吸収の阻害は同じように続くのではなかろうか。微量要素の供給が実効を発揮しないかぎりはである。

反対に、有機質の肥料、厩肥、熟成堆肥は可吸態のあらゆる要素をバランスよく含み、特にホウ素の吸収をよくする。コワクら（一九七一）は土壌細菌の活性化によって銅の吸収が改善されることを強調している。

そのほかの要素、とりわけリン酸、ホウ素についても同じことがわかっている。忘れてはならないことだが、合成農薬によって微量要素の吸収が抑制される現象は、農薬が土壌微生物に与える悪影響から生じると考えられるのである。反対に厩肥や堆肥のなかには大量の多様な微生物がさかんに活動しているのである。

事実、これらの有機物は多様な種類の酵素で充満しており、そのなかで微生物が活発にさまざまの働きをしていることが理解できる。それにより養分の可吸化、養分吸収の均衡と相助作用、養分の交換能などが高まっていると考えられる。

今後、新しい研究が私たちにカリ、カルシウム、マグネシウム、また種々の微量要素の役割について正しい情報を教えてくれるまでは、植物の免疫性を高めるためにタンパク質合成を促進する拠り所となるのは、経験的な部分も含めて、要素欠乏とその矯正についての従来までの知見である。つまり今まで検討する折があった要素比率の最適化をめざすことである。たとえばカリ／カルシウム、カリ／マグネシウム、鉄／マンガン、鉄／亜鉛の比率であり、さらにはより直接的な影響をもつチッ素／銅比、チッ素／カリ比などである。

タンパク質合成の過程についての私たちのささやかな知識から見ても、このような見通しと、その実行がいくつもの困難をともなうことは確かであり、それを否定することはできない。しかしたとえば合成農薬が植物自体と土壌微生物に与える影響を十分に考慮せずに無分別に利用するよりも、各種の養分の比率を調節する試みのほうが危険性はより少ないと考えられる。

この章では病原体が植物を攻撃することを間接的に抑制する作用を銅や硫黄、さらには新しいタイプの殺菌剤がもつことを考察したが、その締めくくりとして、このような方法を用いて思いがけない効果を生んだ成功例をいくつか取り上げてみたい。

その前に、一つの古くから名を知られた病気にどのように対処することができるかを検討したいのである。それは黒星病であり、新しく開発された殺菌剤ではとても手に負えないどころか、抵抗性と見られる現象を引きおこしているものである。

（六）黒星病の防除に養分的な処理が応用できるか？

（1）合成殺菌剤に対する黒星病菌の「抵抗性」

とりわけ第四章で種々の農薬、特に殺菌剤が無効ないくつかの場合を示すのに「抵抗性」の発生という言葉を用いることの可否について論じてきた。それを要約すれば、今まで無視されてきたことだが、この言葉が示すのは農薬の効果がないだけでなく、むしろ植物の感受性を高めることにより病原生物の「二次的増殖」という好ましくない結果を引きおこしているということである。（第一章、第四章を参照）。

具体的には、ブドウのべと病、灰色かび病、うどんこ病の病原菌と並んで、黒星病菌もいくつかの合成殺菌剤に対していわゆる「抵抗性」を示すようになっている。たとえばオリヴィエラ（一九七九）によると、いくつかの果樹園では「状況は黒星病菌に好都合になってきている。」さらに「株元にしく敷藁の不足は雨量の増加や害虫の繁殖とも結びついてベンジミダゾル剤の使用頻度を増やしてきた。これは果樹園で寄生者のこの農薬への抵抗性発現を促した。」

この研究者は次のように続ける。「被害の発生を認めるや否や処理のテンポは速まり、それはときには病害の進行を抑制するが、ますます規定量をこえる使用量が用いられる。こんな状況で抵抗性菌株の発現は急速に高まった。」その結果、「この農薬の使用を中断しても抵抗性個体群の縮小にはつながっていない。オーストリアとドイツのリンゴやイスラエルのナシで観察されたように、抵抗性菌株のレベルはむしろ高まったままである。フランスのリンゴ園でも状況はまったく同じであるといわざるをえない。」

この抵抗性菌株の出現はいたるところで見られる。たとえばある普及用文書は次のように書いている（「フィトマ」、一九八二年五月号）。

「ベンジミダゾル系の農薬を用いるリンゴとナシの果樹園では、黒星病は農薬散布の回数が増加しはじめてから重大な被害を生じるようになった。」

この抵抗性が各種の果樹園で定着するのが見られるようになってから、さらに次のこともわかってきた。「この菌株は、この系統の農薬の使用を完全にやめてから四年またはそれ以上も果樹園に残留している。」さらに「いくつかの果樹園では、たった一回の散布のあと弱い抵抗性をもった菌株の系統が収穫期のあいだに広がっていった。」

一回だけの農薬散布によって抵抗性があらわれるという現象をきちんと説明するのは困難であるが、たとえば次のような説明もある。「抵抗性が現場で目に見えるようになる（つまり農薬の効果の低下）には、農薬に感受性のある病原体が消えることによる病原菌の淘汰が生じる必要がある。言い換えれば、抵抗性のあるものがあらわれる回数が百万分の一から、数十パーセントへと大きく増加することが必要である」（ルルー、一九八二）。

さらに、ルルーの認識によると、「現場の最終状況では九〇～一〇〇％が抵抗性をもつようになっており、農薬処理がまったく効果がないことを示している。」

ここでは同じように次の基本的事実を認めることになる。つまり「黒星病のわけのわからない蔓延すべてが抵抗性の発現という問題と関連しているとはいえない」（前掲の「フィトマ」）。

これらすべての観察は、この問題についての私たちの考えが混乱しており、よくわからない現象に直面してそれが何であるかを決めかねているという事実を示している。当面の問題についていえば、ある事態を表現するのに「抵抗性」というとき、それは今すぐに見られるものと持続的におこっているものの二つの状況を含んでいる。果樹園の現場で農薬の効果がなくなった場合では、この言葉は寄生者が増殖し続けることと似たような意味で用いられているのではなかろうか？

これはトマトの灰色かび病（コックスら、一九五六）、イチゴの灰色かび病（コックスら、一九五七）、ブドウでのうどんこ病（シャブスー、一九六八）で、いくつかのジチオカーバメート剤（マンネブ、ナバム、ジネブ）によって菌の増殖が促進された場合についてもいえる（第一章を参照）。

観察によれば、この「農薬の無効性」は栽培現場での経験から生まれている。水を散布した対照区との比較がない場合でも、農薬が植物の生理に間接的な影響を与えることによる病気の増悪という考えを排除することはできないだろう。だが、もし農薬による植物栄養への影響が病原菌での疑似的な抵抗性としてあらわれ、その結果として病原菌が増殖したと考えるなら、逆に植物にとって有利な栄養上の処理によって病原菌を抑制することも可能ではなかろうか？　実際、先にも見たように、こんなことは特に銅や硫黄など古くからの殺菌剤の使用の折おりに見られている。黒星病の防除の研究にあたっても、まず保護されるべき作物の感受性を決定する機作について検討してみるべきだろう。

(2) 黒星病菌の栄養要求 ―新しい合成殺菌剤による植物の感受性増大の原因

黒星病菌と、そのいくつかの分離株の増殖と胞子形成に対する種々のチッ素源の作用についての研究は特に次のようなことを教えてくれる。

――L―ヒスチジンは、分離株での胞子形成にとってすぐれたチッ素源である。

――D―L―アラニン、D―L―フェニールアラニン、D―L―アスパラギン、D―L―アミノ酪酸、L―プロリン、さらにグリシンはともに胞子形成にとって好ましいチッ素源である（ロス、一九六八）。

つまり、黒星病菌にとっては各種のアミノ酸はみな栄養的に好ましい効果を示すことがわかった。これらのアミノ酸は増殖中の病原菌組織内とその滲出物に広く見られるが、この可溶性チッ素化合物の影響について栄養関係説は今までも多くのことを語ってきた。

ところで、このタンパク質分解がさかんな状態は合成農薬の作用によってもおこるのではなかろうか？そして、この農薬の働きこそが誤って抵抗性と称されるようになった現象の原因ではなかろうか？

この抵抗性はまさにタンパク質、脂質、糖質の合成を阻害する物質の存在と同時に観察されることを病理学者は指摘しているのではなかろうか？　これらの現象について語るとき、病理学者は主として病原菌のことを考えているのだが、農薬が植物組織のなかに浸透することによって植物の代謝に関与する可能性を認めるとしたら、その結果の一つとして合成系の抑制がおこり、その結果としてタンパク質分解が強まった植物で寄生者への感受性が高まり、寄生者の増殖が進むことによる「抵抗性」の発現がおこると考えられる。
ところで、タンパク質の分解が強まるときにはさまざまの要素欠乏が生じるが、以下にこのことを検討したい。

(3) 合成農薬による要素欠乏の発生

可溶性チッ素と植物の感受性

病害とアミノ酸との関係について、ファン・アンデル(一九六六)は次のことを強調している。「植物へのチッ素施肥が寄生者への感受性に影響を与えていると見られる事実は、チッ素代謝が植物と病原体の関係に一役かっていることを示している。」

以前にも検討したが、寄生者に対する毒性物質だとみなされているフェノール化合物の作用をより明確にするために、この研究者の言葉にさらに耳を傾けたい。

「フラッドとキルカムによると、黒星病へのリンゴの抵抗性に重要な役割を果たすとされているフェノール化合物の効果は、体内のアミノ酸の濃度によって決まることがわかってきた。」

第二章でも検討したように、フェノール類はほかのよく知られたフィトアレキシン類と同様に病原菌に対して毒性を示す証拠はまったくないと考えられる。この場合でいえば、フェノール類はアミノ酸との均衡要素として存在しているだけだと見られるが、一方のアミノ酸のほうは、その性質と含有量からみて寄生者にとって不可欠ですぐれた栄養物質なのである。

この研究者の所見をさらに確認しておきたいと思う。「植物のチッ素代謝の中心に位置するアミノ酸、たとえばグリシン、アスパラギン、アスパラギン酸、グルタミン酸などは糸状菌病に対する植物の感受性を高めることが明らかになった。」

黒星病へのリンゴの感受性に対する可溶性チッ素のこんな影響を品種の面から検討するのは重要である。ウイリアムズとブーン（一九六三）の観察によると、「黒星病菌のすべての系統に感受性が高いコートランド種の葉内アスパラギン含量は、抵抗性品種のマキントシュのそれの二・六倍であった」。つまり、これらの品種のもつゲノムは、それがつくりだすタンパク質合成のレベルを介してその抵抗性発現の過程に作用しているのである。しかしこの発現には環境条件も大きく関与している。

合成農薬による影響

基本的な事実をもう一度、述べておきたい。あらゆる合成農薬はそれで処理された植物のチッ素含量を増加させるのである。また農薬処理した場合、体内の各種アミノ酸を定量すると、その種類によって反応に大きなちがいがあることも明らかになった。（「果樹の総合防除に関するシンポジウム報告」、ボローニャ、一九七二年）。他方、先にも述べたように植物体内のチッ素はホウ素とのバランスを保って存在しているが、合成農薬の反復使用によって植物体内でも土壌中でもこのバランスの乱れがおこる。これと関連して、果樹栽培で多発するホウ素欠乏（これとウイルス病の病徴を混同してはならない）がさまざまな合成農薬の影響の一つではないかと疑うこともできる。事の当否を確認するために、または反対に否定するためにはいくつかの研究や分析結果を検討する必要がある。

ところで、興味深いことに、果樹園経営のやり方に応じて、そこでの樹木の葉中チッ素の含量に大きな差があることがわかっている。

スゥナン（一九七五）によると、乾物パーセントとしての葉内のチッ素含有量は、集約経営農場で二・四四％、粗放農場で一・九％であった。この研究者はこのちがいは主として農薬の影響によるものと見ている。一方、レフターとパスキュ（一九七〇）は黒星病の被害の程度はチッ素／カリ比と関係があることを確かめた。この関係はこの病気に対する以上のような考えにもとづく防除法の正しさを示しており、効果は栄養条件上のものと考えざるをえない。

（4）黒星病防除のための植物栄養的処理

この病気の防除に用いられる薬剤にしばしばカリが含まれているのは偶然ではない。デメスチェヴァとストルルア（一九七〇）によると、塩化カリの葉面散布（期間中に六回）を行うとよい結果を得たという。

一方、栄養素と考えられている硫黄と銅は黒星病の防除剤としても公認されている。一般向けの出版物によると、硫黄と炭酸カリの混合物は現在もドイツで広く用いられている。また過マンガン酸カリも使用されている。だが、こんな薬剤を軽視するのはまちがっている。なぜならカリはタンパク質合成で基本的な役割を果たしているからである。事実、カリがひどく欠乏してくると植物の浸出液にはタンパク質の加水分解の産物であるアミノ酸、特にアスパラギンが多く含まれるようになる。先にも繰り返し述べたように、アミノ酸は黒星病菌を含む多くの糸状菌にとって最上の栄養分である。さらに、リンゴとナシで研究されたタンパク質合成の最適状態にはカリ欠乏への対策が不可欠であり、その場合、同じようになくてはならない要素のカルシウムとの正しいバランスが必要である。クレーンとスチュアートのペパーミントでの研究（一九六二）によると、もしカリ／カルシウム比でカルシウムが優位になるとタンパク質分解が促進され、カリが優位に立つとその反対のことがおこる。カルシウムがより多いとアスパラギン含量が高まり、それにともなって黒星病の増悪が見られることが多く、カリがより多いとタンパク質合成が優位となり、グルタミンの含量が高まる（第二章、第2図を参照）。

今までのところ、黒星病への抵抗性をカリ／カルシウム比との関連で明示できる正確な数字は得られていないが、スゥナンによると、リンゴでのカリ／カルシウム比の最適値は一・二である。ただし、これは黒星病に対する抵抗性に限定した数値ではない。

黒星病でのホウ素の役割については、現時点で参考資料は見当たらない。しかし先にも触れたように、タンパク質合成の直接的条件の一つとしてホウ素は重要であると考える。

他方、亜鉛を素材とする殺菌剤の使用は植物組織内の亜鉛含量を高める。このことと関係して、亜鉛が不足すると組織内のアミノ酸、とりわけアスパラギンが増加してくることがわかっている。

改めてここで病虫害の治療のための栄養的な手段について考えてみたい。ここまでに見たように、黒星病の防除について検討したさまざまなことから、私たちが今後もこの方向をたどり続ける必要があると感じさせられる。とはいえ、植物の生活環のなかのいくつかの転換期にタンパク質合成を促進するために、どんな手段や処方を開発しうるかは今後の問題として残されている。これらの転換期の判定には、植物体の成分を分析し、それを動的に追跡する必要があるだろう。
イチゴのハダニ類とうどんこ病への抵抗性の発現に微量要素が重要な役割を果たすことがわかったことも、私たちの今後の歩みに力を与えるものである（ホーグランドとスナイダー、デュフルヌア、一九三〇年の引用による）。このことについては次の項で扱いたい。

（七）植物栄養的処理による植物の免疫性

いわゆる「免疫性」という言葉に関連して、遺伝的に抵抗性があるような植物も年間の成育サイクルを通じて常に抵抗性が保たれているわけではないことは、先にも見たようにタンパク質合成に影響するさまざまの条件が外界に存在することを考えれば十分に理解できる。重要なのは、抵抗性が変化する時期とは植物の感受性の高まる時期、たとえば特に開花期であるということである。

他方、植物をとりまく種々の条件が植物が好ましい条件下で発揮するはずの「抵抗性」を「打ち消す」ことがあるのも観察されてきた。この阻害的な影響はしばしば合成農薬の使用が引きおこす結果であり、これは本書全体を通じて考えてきたことである。しかし寄生者に対する植物の感受性が高まるための原因となるのは植物体内でのタンパク質合成の抑制であり、その直接的な原因としては植物の要素欠乏が考えられる。この要素欠乏が繰り返し茎葉に散布される農薬による「必要養分の吸収阻害」の結果であることもあり、また土壌からの養分供給のやり方の結果でもありうるが、この二つの条件のもとでおこるのは、ともに植物での栄養摂取上での欠陥であるといえよう。ヴァゴーの言葉を借りるなら、中毒と栄養障害という二つの原因こそ植物体内の代謝の乱れを引きおこすことによって病気、とりわけウイルス病の原因となるのである（第五、六章を参照）。

この章のトマトのウイルス病についての部分で、各種要素の含量のちがいがトマトの健康とウイルス病感染に関係する実例をあげた。さまざまな要素欠乏を心に深くとめておくのは重要なことである。カルシウム、マンガン、銅などの欠乏は病気の結果ではなく、その原因なのである。

これらすべては、たとえばウイルス病の病徴と要素欠乏の症状とが一致することを説明してくれる。このことはまた、銅や硫黄などの鉱物質を素材とした古くからの薬剤の散布が「植物の健康」にとってプラスの効果を示すことからも、その正しさを明らかにしている。

先に説明したように、要素欠乏　＝　代謝の乱れ　＝　病気つまり寄生者の出現だとしたら、そしてまた、その折おりの要素欠乏を和らげる手段を取ることができれば、病気の一時的減衰がおこるのは当然のことである。しかしこの点でも私たちの知識の不足を認めざるをえない。たとえば微量要素の欠乏を矯正しようとしたときでも、その要素のもつすべての特性を十分に認識しているわけでは決してなく、そもそもその症状の発現の筋道も不分明なことを思い知るのである。この章の第二節で代謝における種々の要素間のバランスの総括を試み、さらにホウ素についてのこれまでの知見を検討したのはこのためである。

今後は広い意味での植物生理学の多面的な進歩に期待したいが、私たちが現在知っていることを活用して植物の抵抗性に関するひどい過ちをおかさず、その反対に、抵抗性を促進する方法の発見に努力するべきである。植物の示すさまざまな反応を無視し、植物を「取り扱う」というよりはむしろ「虐待する」ようなやり方はそもそも経験にもとづくものではなく、その反対である。事実、あまりにもしばしば「人は病害虫に狙いをつけるが、ひどい目にあうのは植物である」。

要するに私たちの考える植物の抵抗性は、植物の感受性を強める過程とは正反対の方向であり、たとえばタンパク質合成を促進することに向かうのである。

しかし、たとえば銅と硫黄とが似たように作用しているように見えても、これらを個々ばらばらに使うのは、理想的な植物栄養という目的をもった技術の奥の手では決してない。好ましい総合的な植物栄養こそ最高の抵抗性と原理的に結びつく事柄である。そこではさまざまの多量要素と微量要素がともに対等の立場で活動しているのである。

さてホウ素に戻ろう。たとえばD・ベルトランが教えてくれることだが、ホウ素の特性はマグネシウム、マンガン、そしてモリブデンが共存しないと発揮されない。同じようにしてオオムギの成長（パイランドら、一九三七）や、イネのいもち病への抵抗性の発現（プリマヴェスィら、一九七二）では銅とマンガンの相助作用が見られる。

相助作用の別の例をデュフルヌア（一九三〇）があげている。「ホーグランドとスナイダーによると、二五種の栄養素を含む養液栽培では、一二種の栄養素を含む栽培とくらべて、イチゴの成育は旺盛で、うどんこ病とハダニに対する抵抗性もはるかに強かった。」

以上のことは、どんな栽培でも、多量要素に加えて総合的な微量要素との組み合わせを用意することの正しさを示しており、それによって好ましい結果が得られるのに驚く必要はない。

カリ、カルシウム、マグネシウムのバランス

これは私たちがまず第一に考慮するべき問題だろう。その根拠はとりわけタンパク質合成のレベルとカリ／カルシウム比についてのクレーンら（一九六二）の研究にもとづくものだが、このことと深く関連して、カリ栄養の改善によって種々の寄生者の減少がおこるといういくつかの研究結果もすでに述べてある。

カルシウムは植物栄養にとって基本的なものである。またカルシウムとマグネシウムは密接な関係がある。シーア（一九七五）はカルシウム欠乏が原因となる三〇以上の成育障害と病気をあげている。シーアによれば、マグネシウム含量を高めるとカルシウム吸収が促進され、これと関係して、さまざまな作物の壊死（ネクローシス）、芯腐症、黒腐症と呼ばれる病気に対する効果があらわれることも知られている。今や、冷蔵中のチコリの黒腐症、ハウス栽培のフダンソウの成長点部の壊死などはカルシウム、マグネシウム、ホウ素の組み合わせ処理によって完全に予防できる。

同様に、リンゴの「異常萌芽」はマイコプラズマの増殖によるとされるが、これはむしろ二次的なもので、ホウ素、カルシウム、マグネシウムを組み合わせた製剤、あるいはコバルト、銅、マンガンの調製剤によって効果的に抑制されることが知られている。カルシウム欠乏、あるいはホウ素の欠乏によるカルシウム不足により、「魔女のほうき」と称される樹姿をもつ植物では節間短縮や葉脈の隆起がおこることを考えれば、この種の薬剤の効果も理解できよう。

さらにカリとカルシウムも密接な関係がある。カルシウム欠乏はペクチン酸カルシウムの減少による細胞壁の中葉（ミドル・ラメラ）の液化をおこす。この点からもカリ／カルシウム比の重要性が理解できる。

これは、カリの比率を高めることによって、私たちがカンキツのカイガラムシの防除に成功したこと、ま

た、ヴァイティンガム（一九八二）が、同じ方法でイネの害虫を減らしたことも合わせて考えることができる。

微量要素の施肥

硫黄や銅を含む製剤を利用してきたのは単に経験的なもので、調べてみるとその毒性は「表面毒」にすぎないとしても、実はこれによって人びとは多量要素と微量要素を組み合わせて使用しようという意図があったからだと見られる。つまり要素欠乏の矯正によって、植物の代謝の乱れを修正しようとしたのであり、その背後にはいくつかの研究、たとえば今までたびたび引用したデュフルヌアの仕事がある。

カンキツ類の病気と要素欠乏の病理的影響についての研究にもとづいて、デュフルヌアは亜鉛をはじめとする種々の微量要素と病気との関係を一般化した。その後になって亜鉛を含む酵素がきわめて多いことがわかってきたし、さらに酵素系の機能の乱れによって生じる植物組織の変性も明確になってきた。

一九三四年にデュフルヌアは、ブドウの「短枝症」（ウイルス性変性症）に対する硫酸亜鉛の効果を確認した。これについて彼は次のように書いている。「春先の萌芽のあと、硫酸亜鉛が散布された株では若枝の節間がほかの株よりも長くなり、七月二四日での節間長測定では十分な結実がおこるような伸びが確認された。」

実際、亜鉛欠乏は、特にトマトではタンパク質合成の抑制を引きおこし、アミノ酸とりわけアスパラギンの蓄積をともなうが、このアミノ酸は病原菌の必須チッ素養分である（クリシュナ・シャティマ、一九六三）。

ホウ素については、土壌施用でも葉面散布でも種々の病害に効果があることがわかっている。ビートではホウ素欠乏を矯正することによって蛇眼病の防除が可能であるし、これはブドウの銀葉病の防除にも応用できる。

モモが多湿の土壌の上で「ゴム症」におかされて衰弱している場合、デュフルヌアら（一九三七）はホウ酸塩の散布によって樹勢が急速に快復することを報告している。

同様にして、ブラナら（一九五四）の報告によると、銀葉病のブドウがホウ素の土壌施用と葉面散布によって快復したという。

これらの結果は、ホウ素欠乏が多くの病気、特にウイルス性の病気の原因の一つだという仮説はその説得力が強まってくる。たとえばアンズのウイルス病について研究したペナら（一九七〇）は、「この病気の病徴、病気の進行の様相、さらに葉分析の結果から見てもホウ素欠乏仮説はますます捨てがたいものとなった。」と述べている。

同様の考え方の範囲には種々の果樹、たとえばナシやリンゴの「衰弱」（ディクライン）をも含める必要がある。キャンベル（一九七〇）は、衰弱状態のナシで潜在性のウイルスを大量に認めたが、銅と亜鉛の製剤の葉面散布によって「快復」させたことを報告している。

最後に、モリエール地方、タルン川流域のモモ、チェリーなどの果樹園で猛威をふるっている複合型の病気でも、いくつかの要素欠乏が絡んでいると考えられる。研究された当初はマイコプラズマによる病気と診断されたことは確かである。発病した樹木にこの微生物が存在することが明らかになっている。しかし、研究者たちはこのマイコプラズマの病原性を確認することはできなかった（ベルナールら、一九七七）。ここでも同じ疑問が生じてくる。それは原因なのか、結果なのか？　これに対してやはり同じ答えが出てくると考える。そこでは植物栄養に欠陥があり、それがタンパク質合成を抑制することを介して、病原体に対する感受性が高まっているのだと。現在も接木、品種、多量要素、微量要素、外界条件などさまざまな関係要因を取り上げた研究が続いている。これらの条件がすべて植物の栄養と関係があることにやがて気づくことになろう。

先にも見たように、何人かの研究者が病気に対する微量要素の効果を追及したが、それは保護すべき植物の栄養に間接的な影響があることを知っていたからである。ムディッチ（一九六七）も銅、亜鉛、マンガンではなく、モリブデンが、疫病へのジャガイモの感受性を弱めることを明らかにした。この研究者はガリロフという学者の業績を引用しているが、この人はジャガイモの病気の防除に対して銅、マンガン、ホウ素、亜鉛などの微量要素を用いてかなりの成果をあげている。これらの研究に見られる微量要素の種類のちがいは実験に用いられた土壌の成分のちがいによるものだろう。

ホップの葉巻病に対する微量要素の影響についてのプルサ（一九六五）の研究も興味ある結果を示した。そこにウイルス病の特徴しか発見できなかったとはいえ、病気の外的発現、つまり病徴と植物の栄養とのあいだには密接な関係があることを強調している。畑での実験でもホウ素、マグネシウム、ニッケル、ヨード、亜鉛などの微量要素塩の施用によって病気の進行は抑制されたのである。

ドイツでは、この病気に対して硫酸亜鉛を主とした微量要素を基剤とする薬剤とジネブ剤を用いて防除を試みてきたが、効果があったのは亜鉛、ホウ素、マグネシウムであったと報告されている。分析の結果、罹病植物ではこの二つの微量要素の含量が少なかった。

間接的だが植物の代謝に影響を与える防除法の一つとして、微量要素を含む液による種子浸漬がある。た

第15表　ヒマワリ種子の微量要素液浸漬が菌核病の発病に与える影響（発病株％、4年間の平均値）（パリャコフ、1971）

無処理	マンガン	コバルト	ホウ素	銅
16.3	4.4	4.9	6.4	7.7

とえば、パリャコフ（一九七一）の実験によると、ヒマワリの菌核病に対して、播種前に銅、マンガン、コバルト、ホウ素などの〇・一％液に一〇時間浸漬したが、要素液はヘクタール当たりに必要な種子量に対して二リットルだった。その結果を第15表に示す。

ここではマンガンとコバルトの効果が見られる。しかし先にあげた「相助作用」の点からいうと、より多くの微量要素の組み合わせのほうがさらに効果的であろう。こんな考えで実験を行えば興味ある結果が得られると考える。

パリャコフは論文のなかで微量要素は多くの病気に対する植物の抵抗性を強めるだろうと書いているが、彼の研究には葉分析も含まれている。ここでも微量要素処理の影響を受けて、葉中の還元糖の含量が低下するのを観察している。この研究者が指摘するように、これは還元糖の生殖器官への転流と単糖類の貯蔵養分への組み込みがすみやかに進む結果としておこる現象である。その結果、寄生者は細胞内の可溶性糖類を十分に利用できなくなり、その増殖は阻止されることになる。

つまり、それは私たちの栄養関係説の考えと完全に一致することになる。パリャコフは次のように締めくくっている。「豊富な微量要素を植物に与えるとその生理的過程をさかんにし、それによって病原体の活動の抑制や停止を引きおこす。それは本来の免疫性品種でおこるのと同じ現象なのである。」

当然のことだが、これ以上の説明はもはや不必要であり、長すぎた本章をここで終わることにしたい。

まとめ

もし、九章までにすべてが説明しつくされた後、このまとめの部分にさしかかったとするなら、私たちにはもはやつけ加えるものはなにもないといえるだろう。しかし反対に、これまでの内容が読むに値するものだったかどうかを知りたいと願いながら終わりに近づいたのなら、なおいくつかの反省点とともに、ここに若干の締めくくりの文章をつけ加えるべきである。というのも、植物保護のためのこの新しい治療の道は現場で活用することができるものだと考えられるし、事の道理にかなっているものなら、なんらかの成果が得られるからである。

現在、農作物の健康状態の低下がますますはげしくなっていることは周知のことである。病虫害の蔓延は農家の人びとを悩ませて経営を続ける勇気を失わせ、農薬会社の技術者までもが「奇妙な近代病の登場」に自信をゆるがせている。今や農学研究者も大きな困惑を感じるようになってきた。これらの研究者自身が一つの新しい病気、つまり「消防士シンドローム」（ポンシェ、一九七九）に感染しているのを感じるまでになっている。この言葉が意味するのは、合成農薬というきわめて効果的な消火器を手にしながらも次つぎと火の手のあがる病虫害への対応に忙殺されている状況である。

というのも、合成農薬自体にその原因があるからであり、まさにここに問題があるのだ。このことは今までまったく無視されてきたが、農薬がなんらかの「副次的な影響」を引きおこしていることを認めるようになりつつあり、それは一つの進歩である。言い換えれば、農薬の使用は今やさまざまの害虫の増殖と糸状菌、細菌、ウイルスなどの病気の蔓延に関係があることを事実として認めるようになっている。

医学と獣医学の分野では、こんな現象をすでに「医原性疾患」と呼んでいる。また、植物診断と治療の分野では「農薬の無効化」として、その存在を認めている。農薬の無効化の原因はさまざまに説明されているが、ある種の昆虫やダニ類での異常増殖であったり、また植物界に存在するいくつかの病原体の自然増加と関係づけたりもしている。たとえば昆虫の場合では、ある農薬処理に引き続いてハダニ、アブラムシ、キジラミなどの個体群の増加を認めたという表現をしている。病原菌の場合では、ブドウのうどんこ病や灰色かび病、リンゴの黒星病など糸状菌による病気が蔓延するとき、それは殺菌剤に対する病原菌の「抵抗性」によるとされる。

一つの事実に対して、それを表現する言葉にこんな大きなちがいがあるのは、その解釈が異なるからである。以前からの考えによれば、パラチオンやキャプタンを一回使用した後でダニやアブラムシが急増する場合、農薬によって寄生者の天敵が死滅するからであるとしてきた。しかし、このことが事実として正しいかどうかは明らかになっていない。ここでは捕食者と被食者とのバランスの破綻が問題とされているのである。

紙幅の関係で立ち入った議論はできないが、この両者の「不均衡」ですべてを説明するのはむずかしいと考える。たとえば土壌を薬品処理したあとの病原菌の激増を観察すればわかる。まして糸状菌、細菌、ウイルスによる病気の場合に対して、捕食者と被食者のバランスの破れを適用するのはさらに困難である。だからこそまったく別の説明が提出されるようになった。つまり問題となる殺菌剤に対する病原体の「抵抗性」の発現である。

しかし、この考えを採用しようとするなら実験室と畑での研究・観察の結果を無視してはならない。たとえば私たちの実験が示すように、農薬処理をした葉で飼育されたダニ類ではその生物活性が強まり、一日当たりの出生数と寿命の延長、雌比の増加、発育サイクルの短縮がおこった。これはアブラムシについても同様に認められ、そしてこれらが寄生者の栄養摂取と関係していることが明らかになった。

こんな現象は昆虫界だけにおこるのではない。ブドウのべと病の防除にジチオカーバメート剤を使った場合、それに続いてうどんこ病と灰色かび病の増加がおこったのである（シャブスー、一九六八、ヴァネフら、一九七四）。

つまり、これらはみな同じ要因によっておこっており、それは無処理区を設定すれば比較的たやすく証明できる。

ところが現在のところ、上にあげたような実験の結果と解釈は認知されておらず、むしろ黙殺されている。それにはいくつかの理由があろうが、なかには必ずしも公正で客観的とはいえないようなものもある。いずれにしろ、私たちはこれらを通じて一つの基本的な事実を確認したと考えている。つまり、植物と寄生者の関係はなによりも栄養摂取上の関係だということである。この考えに私たちは栄養関係説という名前を与えたが、それは生物体の栄養摂取とその生命活動とのきわめて密接な関係をあらわしているのである。

本書では、フランスの卓越した生物学者、ジャン・デュフルヌアを含む多くの研究者の研究成果が引用されているが、それらは私たちの考えを支持する理由となる事実を与えてくれる。それによると、アミノ酸、還元性糖類がダニ、アブラムシ、細菌、病原性糸状菌、さらにウイルスなどの寄生者に提供されると、その潜在的生命活動を刺激し、その結果は農業の現場での寄生者の増殖としてあらわれる。これらの可溶性物質は植物細胞中の液胞と維管束のなかにあって、種々のタンパク質の素材としてタンパク質との均衡を保っている。だからこそ、タンパク質の合成と分解のあいだのバランスが種々の寄生者に対する植物の抵抗性の程度を左右する条件となる。

言い換えれば、タンパク質分解が優勢となれば寄生者に対する植物の感受性が強まり、反対にタンパク質合成が優勢となれば免疫性という意味での抵抗性を強めることになる。これは実際にいくつかの「治療剤」の使用によっておこることもあるが、その作用は植物の代謝に対しておこり、少なくともかなりの期間、植物体内の生化学的状態が変化し、その抵抗性が生じることになる。これは独自の遺伝的素質をもつ抵抗性品種の内的状態と非常に似ていると考える。

細菌病の最近の蔓延に関していえば、とりわけ果樹類の健康状態の悪化に対する合成農薬の責任は明白だと思われる。ウイルス病についても、現代の考え方は少々時代遅れになっていると考えるべき理由がある。実際、私どもの同僚である細菌学者のリード（国立農学研究所）が、細菌のはげしい増加について語った言葉は重要である。「この大きな変化は、合成農薬処理の増大の影響のもとでおこったと考えられる。」

ここで私たちは、一つの条件ではなく、二つの状況と向かい合っている。この二つはともに植物の生理にとって同じような意味で有害な作用をしている。まず亜鉛や銅といった鉱物性薬剤を見捨てたこと、次にその代わりに合成農薬、とりわけジチオカーバメート剤を採用したことである。

この一見したところ単なる入れ替えにすぎないと考えられる事柄は、実は植物に対して二重の有害な影響を与えている。まず鉱物質の薬剤は全般的に見て植物の代謝に有益で、その抵抗性を促進する作用をもつが、合成農薬はその反対、つまりタンパク質合成を阻害する働きがある。したがってそれは寄生者、とりわけ細菌に対する植物の感受性を高めることになる。

植物と病気との関係についてかなり以前から投げかけられている疑問があるが、いまだに確たる答えが出ていない。それを今ここで改めて取り上げようと思うのは、それがきわめて基本的な性質のものだからである。

「要素欠乏といくつかの病気のあいだには、病気が要素欠乏の発現を助長するのか、あるいは要素欠乏が病気の発現を促進するかは別として、ある関係が存在するのは否定できない。たとえばホウ素や亜鉛が不足している果樹では、いくつかのウイルス病や細菌病への感受性が高くなるのが見られる。」(トロクメ、一九六四)

しかし、この的確な疑問に対する答えが提供されていないことは、納得させる説明ができる一貫した考え方が存在しないことを教えてくれるのではなかろうか。一方、私たちの栄養関係説はこの要求を満たすことができると考える。ここには一つの筋道が明らかになってきたように見えるのである。それはおおよそ次のようである。

要素欠乏→タンパク質合成の抑制→可溶性養分の蓄積→寄生者の栄養改善→寄生者の増殖と活力の増大

また合成農薬の使用と要素欠乏の発現のあいだにあると考えられる関係を比較的短い期間に調べる必要も大きいだろう。これはいくつかの研究がすでに示唆していることである。この点に関して注意するべきことは、多くの合成農薬がチッ素、さらには塩素を含んでいることである。この多用によりチッ素と微量要素

（とりわけホウ素と亜鉛）との均衡に関して可溶性チッ素の比率が高まることになり、続いて植物の抵抗性を低下させる状態が生まれてくると考える。

同じようにして、栄養関係説は要素欠乏の症状と病原菌による病徴との類似性を説明することもできる。だが植物診断の指針書の多くは、この類似性について、それを原因と結果の関係だと誤って考えないように と警告しているだけである。

合成農薬が生み出す影響の規模とはげしさについての一般の認識は、いまだにきわめて不十分である。とはいえ農薬を繰り返し散布することにより、その作用が蓄積されていることについてはすでにいくつかの研究が指摘している。

これと同じことが化学肥料についても見られ、その理由も同様であるが、ここでも要素欠乏の発生は植物体内の代謝に大きな影響を与えると考えられる。たとえばデュフルヌアはソラマメについての研究で、化学肥料の使用によるホウ素欠乏が細胞核の崩壊を引きおこすことを指摘している。同様にウイルス病、たとえばフランスで問題となっているビートの根部などでのウイルス病の発生は除草剤の連続使用が引きおこす作用が蓄積された結果である可能性があると考えられる。

とりわけウイルス病のひそかな広がりにはわからないことが多く、その解明に役立てればと考えて、この書物の二つの章をそれに当てた。とりまとめていえば、もしウイルス病が伝染性の性質のものとしても、環境条件に対する反応と植物への感染に関してはほかの病気とのちがいはほとんどない。つまり、どの病気にも共通することとして植物の罹病性を決定するのは体内の生化学的状態であると考えられる。

すぐれた同僚、ヴァゴーが昆虫のウイルス病の増殖に対する環境条件の影響について行った研究の概略を紹介したが、その大筋は動物界でも植物界でも罹病性はその代謝の乱れによっておこり、この代謝の乱れ自体は栄養障害と中毒から生じることを示している。しかし、これらの過程は合成農薬や化学肥料の使用の影響としてもおこると考えられる。たとえばそれは土壌微生物の活動を気にもかけずに多用される除草剤だったり、あるいは要素欠乏をおこす可能性のある化学肥料の多量投与である。要素欠乏は植物の栄養摂取や同化作用に大きな影響を与えるにちがいない。

植物の抵抗性と植物保護に関連して、私たちが最終的には栄養摂取という問題に行きついたのは決して偶然ではない。これと関連して次のような見解を思いおこすのは意義のあることだろう。

ある動物種の数はその天敵や寄生者の行動によって調節されるというダーウィン主義の見解に反対したボーデンハイマー（一九五五）は、そんなことで自然界での動物の激増を抑え込むのは不可能であることを強調し、動物の増加については、その活力の源泉である食物の質の重要性を主張した。たとえばノネズミの数の増減はその捕食者の数とは関係がなく、その受胎力の消長に依存していることを明らかにしたが、この消長は彼らの食物の量と質に変化を与える年ごとの気候条件のちがいによって生じると彼は考えた。ボーデンハイマーはある年に自然界で生産されることのある性腺刺激物質と、その摂取量にも言及している。

さらにモーリス・ローズとジョール・ダルク（一九五七）によれば、ある生物種の栄養が不足する状況が長期にわたって続くと、その生物種の進化の過程に重大な影響が生じるという。

最後に、一つの学説の真価は現場でのその応用の成果によってはじめて証明されるということを述べておきたい。この点について今すでにいえることは、さまざまな病気に対する各種の植物の保護にあたって実際に得られた結果は、バランスの取れた施肥法の確立と総合的な微量要素の使用によるタンパク質合成の促進に立脚しており、それはこの考え方をより確実にし、この道に沿って探求を続けるための勇気を与えてくれるものである。

このような植物保護の方法が危険な随伴作用をまったくもたず、「植物の健康」の保護に効果的であることが明らかになったなら、その実行が困難だとして遠ざかるべきではなかろう。まずは病害虫防除についての発想を大きく変えることが必要であり、毒物を用いて寄生者を一掃しようとするのを止めることだ。それが植物に有害な影響を与えることは明らかで、目的とは反対の結果を招くからである。その代わりに、寄生者に攻撃を断念させるような抵抗性の強化を追及するべきであろう。

そのためには、なによりもまず私たちの意識の変革、さらには研究の中身の転換が不可欠である。さらに、それとともに、植物の抵抗性とも深く関連する広い意味での植物生理学の研究を重要視するべきであり、それは「植物の健康状態」と寄生者の増殖の関係の本質を徹底して探求することでもある。このことが実現した暁には、たとえていえばの話だが、「ナシの木につく細菌がもはや目障りになることはない」だろう。

訳者あとがき

新しい世紀の幕が開けるのを待っていたかのように登場したのは、人間の食べ物についての底知れぬ不安であった。環境ホルモンと狂牛病に続いて、遺伝子組み替え作物の世界的流通、偽装食品、禁止農薬の広範囲な使用など、あらゆるメディアはこれらの報道であふれているようだ。一方、これに対応するかのように、国民の年間医療費はすでに三〇兆円をこえ、二〇年後には、六〇兆円へと倍増するとの厚生労働省の試算が公表されている。もしこれに、人びとが個人として深い期待をよせて購入する健康食品のための出費を加算するなら、この日本という国に生きる人びとが、その健康のためにどれほどの支出をし続けているかがわかるだろう。

ところで、人生を健康で過ごしたいと願う人びとはみな「健康な食べ物」こそが人間の健康を根底から支えるものであることを知っている。ところが、日常生活のなかで健康な食べ物を手に入れにくい現実が心に不安を呼びおこすのである。そもそもどんな食べ物が健康なのかをすべての人が問うているのではなかろうか。昨年あたり、官公庁の文書にしばしば登場した「安全、安心」という奇妙な言葉は、この国民の問いに対する苦しまぎれの返事のひとつなのである。

この近年、抗酸化物質を含む植物性の食べ物、つまり作物などが人間の健康にとって基本的に不可欠であることが理解されはじめているが、ここでも、ではこの作物が真に健康な状態にあるとはどんなことなのかを人びとは理解しかねている。

訳者が『作物の健康』という書物をはじめて眼にしたのは一九八九年、ケニアの首都ナイロビである。礼拝前の教会の中庭ですれ違った青年がもっていた一冊の書物、『作物の健康』というその表題が不思議な予感を秘めて心に刻みつけられたのを思い出す。しかし日本に戻って、それまで続けていた有機農業の勉強を再開した後も、この書物を入手する機会はなかった。一九九六年にドイツの友人から贈られたドイツ語訳（第二版）は大幅な抄訳であった。ようやく、知人のつてで、フランスの有機農家がコピーしてくれたものを読みはじめたのは二〇〇一年の暮れ近くだった。

著者、フランシス・シャブスーはパリ大学理学部生物学部で学び、理学博士の学位を得た後、フランス国立農学研究所（ＩＮＲＡ）で一九三三〜七六年までの四三年間、主としてボルドーにある農業動物研究部ですごし、農作物の病害虫の研究をした。定年退職して三年後、あらたに設立された有機農業研究応用研究所（ＩＲＡＡＢ）の研究顧問として七九年から八五年まで研究を続けた。多くの研究論文のほか、少なくとも六冊の著書がある。『作物の健康』は、その最後の著作であり、出版直後の一九八五年、心臓疾患で急逝した。

シャブスーは、作物と病害虫（寄生者）との関係をテーマとして研究するうちに、しだいにその両者のあいだの栄養的関係の不思議にひかれ、やがて「栄養関係説」なる考えに確信をもつことになった。本書はこの考えの総決算だが、以下にごくかいつまんで、著者が言わんとしたことの要旨を書いてみたい。

作物（植物）が、たとえば森林土壌など、豊かな微生物活動をもつ土壌に根を張り、その発育段階におうじて各種要素を吸収しながら太陽光のもとで育つとき、体内ではタンパク質合成を中心として各種の代謝系が生理的調和を保って進行し、植物は健康に育つ。順調なタンパク質合成のもとでは、吸収養分は無駄なく代謝系に組み込まれ、病原菌や害虫が必要とする余分な可溶性養分が少ないために、植物体への持続的な寄生者の定着は少ない。

もし不必要な量の養分、特にチッ素肥料が与えられると、代謝系内に余分の可溶性養分（アミノ酸や糖類など）が停滞し、これを必須養分とする寄生者が体内に侵入し増殖する。植物は病気になり、加えて昆虫の食害を受けることになる。また大量の施肥は植物体内と土壌内の養分バランスを破り、微量要素の吸収を阻害する。彼はこれらを化学肥料による「栄養障害」と呼んだ。

一方、病害虫防除のために使われる化学薬品、とりわけ合成農薬は、直接的には標的とする病原菌や害虫を能率よく殺すが、同時に植物体内の代謝過程、とりわけタンパク質合成を阻害し、先にみたのと同じプロセスをへて病害虫への栄養供給を高める。除草剤も同様であり、シャブスーはこれを農薬による「中毒」と名づけている。

化学肥料による栄養障害をなくし、農薬による中毒をおさえ、もっぱら自然界の生物循環と土壌生物の活動による有機的な栄養の供給を確保して作物のタンパク質合成を順調に進める農業こそ、「健康な作物」を育てる唯一の道だと彼は主張する。彼は自分の実験を含め、多数の論文に当たって、その実験結果を検討し、個々の研究者の主張に耳を傾ける。フランス語圏の論文の引用が多いのも興味深い。

この書物はたしかに専門書ではあるが、著者の本来の願いは、まず健康な作物を育てる農家、それを食べる消費者たち、そして健康な農業の発展を志向する若い研究者のための啓蒙書を書きたかったのではないだろうか。読者は、書物の各処で、シャブスーが農業の現場と、そこで働く人びとに深い愛情を注いでいることに気づくだろう。本訳書がその意をいくばくかでも伝えるために、訳者は努力したつもりである。

この訳書の成立には何人かの外国人の友人がかかわっている。元ブラジル環境庁長官のホセ・ルッツェンベルガー氏は、パリの出版社、フラマリオンと連絡を取ってくれ、また同時にイギリスで『作物の健康』の英訳を進めている「ガイア協会」会長のポスィ氏と私を引き合わせ、相互に翻訳上の情報交換をする道を開いてくれた。この英訳もまもなく出版されるときくが、悲しいことに当のルッツェンベルガー氏は日英の訳業を眼にすることなく、昨年五月に死去された。この温かい心の持ち主は、栄養関係説をこき下ろす敵意に満ちた人びとに囲まれた孤独なシャブスーの数少ない友人、最後にいたるまでの理解者であった。またポスィ氏は、「エコロジスト」誌主幹のゴールドスミス氏とともに、日本で孤独な闘いを続ける私を励まし続けてくれた。

最後になったが、今度も八坂書房のみなさんの温かい力添えをいただいた。とりわけ中居恵子さんには、訳文と病害虫索引を詳細に検討していただいた。

なお、学術用語、病害虫名の訳出は次の専門事典による。『日本植物病名目録』『農林有害動物・昆虫名鑑』（ともに日本植物防疫協会）、『岩波生物学事典（第四版）』、『ラルース農業大事典』（パリ、一九八一）。

平成一五年五月一八日

中村　英司

関連書籍の御案内

有機農業の基本技術
—安全な食生活のために
C.D.シルギューイ著／中村英司訳

品種の選定、土壌の改良と管理から、生産上の技術、経済的効果、環境負荷についての収支に至るまで、有機農業に必要な体系的な知識と経験を網羅した画期的な有機農業のテキスト！『有機農産物に係わる表示ガイドライン』全文を掲載！　四六　1900円

日本の野菜－青葉 高 著作選Ⅰ

日本の食文化を支える代表的な野菜約80種をとりあげ、その起源、伝播、渡来、栽培、品種、食味等から再考する。

野菜の日本史－青葉 高 著作選Ⅱ

古典に現れた野菜を通して野菜利用の歴史を綴る。さらにマコモ、ギシギシなどの古典野菜について特徴や栽培・利用法などを詳述。

野菜の博物誌－青葉 高 著作選Ⅲ

主な野菜の渡来時期・経路・年代、品種の地域性、野菜の名前の話、生活・行事と野菜など、日本の野菜文化を通観するに格好の書。

四六　各2800円

（価格は本体価格）

原題：**SANTÉ DES CULTURES**
une révolution agronomique

［著者］

フランシス・シャブスー FRANCIS CHABOUSSOU

［訳者］

中村英司（なかむら・えいし）

1921年、富山県生れ。京都大学農学部農学科卒業。農学博士（野菜栽培生理学）。

滋賀県農業試験場、滋賀県立農業短期大学、滋賀大学、ジョモケニヤッタ農工大学（ケニア）などで研究・教育に従事。滋賀県在住。1970年代から、地元農家と有機野菜栽培の研究を開始、今日にいたる。

著書・訳書－『園芸植物の開花調節』（共著、誠文堂新光社、1970）、『蔬菜園芸学』（共著、朝倉書店、1973）、『園芸植物の開花生理と栽培』（誠文堂新光社、1978）、『栽培植物発祥地の研究』（八坂書房、1980）、『有機農業の基本技術』（八坂書房、1997）、『自然保護と有機農業』（農政調査委員会、2000）

作物の健康 ―農薬の害から植物をまもる

2003年 5月30日　初版第1刷発行

訳　者　中　村　英　司
発行者　八　坂　立　人
印刷・製本　モリモト印刷（株）

発行所　（株）八　坂　書　房
〒101-0064 東京都千代田区猿楽町1-4-11
TEL.03-3293-7975　FAX.03-3293-7977
郵便振替口座　00150-8-33915

ISBN 4-89694-817-9

索　　引

索引には本文中の植物病名および害虫名を取り上げた。
数字は本文のページを、欧文の立体は原書中のフランス
語表記を、イタリック体は病原菌および害虫の学名を示す。

【ア　行】

青枯病・トマトとビートの——（*Pseudomonas solanacearum*）　78

アブラムシ Pucerons　9, 11, 20, 23, 60, 70, 109, 116, 121, 130, 131-148, 149, 175, 176, 177, 186, 248

エンドウヒゲナガアブラムシ（*Macrosiphum* [＝*Acyrtosiphum*] *pisum*）　52-53, 137, 139-141, 143

エンバクヒゲナガアブラムシ（*M. avenae*）　175

キャベツのクビレアブラムシ（*Rhopalosiphum pseudobrassicae*）　135

ソラマメアブラムシ（*Aphis fabae*）　137, 140-143

ダイコンアブラムシ（*Brevicoryne brassicae*）　140

ヒゲナガアブラムシ（*Macrosiphum pisi*）　135

ヒメクルミアブラムシ（*Chromaphis juglandicola*）　135

ブドウネアブラムシ Phylloxera（*Viteus vitifolii*）　70, 120, 121, 152, 160, 163

ムギクビレアブラムシ（*Rhopalosiphum padi*）　144, 175

ムギヒゲナガアブラムシ（*Macrosiphum avenae*）　144

ムギミドリアブラムシ（*Schizaphis graminum*）　137

モモアカアブラムシ（*Myzus persicae*）　104, 132-135, 138-145

リンゴアブラムシ（*Aphis pomi*）　139

リンゴコアブラムシ（*Myzus malisinctus*）　51

リンゴワタアブラムシ（*Eriosoma lanigerum*）　164

アワノメイガ Cicadelles, Pyrale（*Ostrinia nubilalis*）　116, 136, 175, 177, 183

萎黄病・Jaunisse

ビートの——（BYV）　100, 104, 106, 109, 143

萎縮モザイクウイルス病

トウモロコシ——（MDMV）　116, 173

「異常萌芽病」Maladie des proliférations　155, 242

イネクキミギワバエ（*Hydrellia sasakii*）　190, 194

イネミズゾウムシ（*Lissorhoptrus oryzophilus*）　190

いもち病（*Pyricularia oryzae*）　29, 84, 88, 189, 192, 194, 198, 199, 211, 241

ウイルス性斑葉病 Mottle-leaf

カンキツ類の——　212

ウイルス性変性症 dégénérescence

ブドウの——　114, 122

うどんこ病 Oïdium　11, 13, 71, 72, 74, 127, 216-218

イチゴの——（*Sphaerothera humili*）　239, 241

オオムギの——（*Erysiphe graminis*）　107

ブドウの——（*Uncinula necator*）　11, 12, 13, 17,74, 231, 233, 248, 249

ムギ類の——（*Erysiphe graminis*）　88, 107, 170, 178

リンゴの——（*Podosphaera leucotrica*）　13, 61, 152

ルタバガの——　28

疫病Phytophthora parasitica
イチゴの——（*Phytophthora cactorum*）47, 49-50, 55, 96
カンキツ類——（*Ph.* sp.）119, 163
ジャガイモの——（*Ph. infestans*）23, 33, 61, 127, 245
モモの——（*Ph. cinamoxi*）163
リンゴ・ナシの——（*Ph. cactorum*）119, 163
エスカ病（卒中病）（*Phellinus igniorius*）153, 154
オオハリセンチュウ（*Xiphinema index*）161
オオムギの黄萎ウイルス病Jaunisse nanisante（BYDV）127, 144, 170, 188
晩腐病・ブドウの——（*Glomerella cingulata*）219
オレロン病（細菌性）Orelon（*Xanthomonas ampelina*）77
オンシツコナジラミAleurodes 60

【カ　行】

カイガラムシCochenilles 11, 164, 243
角点病・ワタの——（*Xanthomonas malvacearum*）78-79
火傷病Feu bactérien（*Erwinia amylovora*）74-75, 78, 81-82, 88
・ナシの—— 75, 81, 82, 88
カタカイガラムシCochenille（*Lecanium pruinosum*）135
褐色根腐病Corky-root
・メロンの——（*Pyrenochaeta lycopersici*）27
カーリー・トップウイルス病Curly-top 143
がんしゅ病chancres des rameaux
・ジャガイモの——（*Synchytrium endobioticum*）54
リンゴの——（*Nectria galligena*）152, 164
感染性変性症dégénérescence infectieuse 121
眼紋病Piétin-verse
・ムギ類の——（*Pseudocercosporella herpotrichoides*）170, 172, 179
キクわい化病（ウイロイド病；ＣＳＶ）116
キジラミPsylles 9, 60, 70, 136, 248
菌核病Sclérotinia
ヒマワリの——（*Sclerotinia sclerotiorum*）228, 246
銀葉病Plomb
・ブドウの——（*Stereum purpureum*）107, 244
茎腐病・トウモロコシの——（*Diplodia zea*）23
茎肥厚ウイルス病・カカオの——（ＳＳＶ）108
雲形病Rhynchosporiose
・ムギ類の——（*Rhychosporium secalis*）170
クルミシンクイCarpocapse de la moix 135
黒腐症（壊死）Maladies à nécroses et les coeurs noirs 242
黒腐病Black-rot
ブドウの——（*Guignardia bidwellii*）71
黒すす病・チェリーの——（*Chaloropsis thielavioides*）74
黒星病Tavelure 11, 127, 231
ブドウの—— 11, 231-233
ペパーミントの—— 206, 209
リンゴの——（*Venturia inaequalis*）61, 71, 93, 127, 152, 235-238, 248
ココクゾウムシ（*Sitophilus oryzae*）190, 192
コブノメイガ（*Cnaphalocrocis medinalis*）190, 194
根頭がんしゅ病Crown Gall（*Agrobacterium tumefaciens*）
ジャガイモの—— 54
チェリーの—— 13, 74
ごま葉枯病Helminthosporiose
イネの——（*Helminthosporium oryzae*）196-198
トウモロコシの——（*H. maydis*）175

「ゴム症」・モモの――Gommose du Pêcher　244

【サ　行】

細菌性青枯病・ジャガイモの――(*Bacterium solanacearum*)　218
細菌性かいよう病・トマトの(*Corynebacterium michiganense*)　80
細菌性黒斑病(*Xanthomonas prumi*)　73
細菌性斑点病(*Pseudomonas syringae*)　73
細菌病類Bacterie　13, 82
さび病Rouilles
・コムギの――(*Puccinia graminis*)　22, 34, 56, 62
サンカメイガ(*Tryporyza incertulas*)　190, 194
白葉枯病・イネの――(*Xanthomonas oryzae*)　189, 193
ジャガイモXウイルス病(Potato X Virus)　99, 101, 133
ジャガイモYウイルス病(Potato Y Virus)　101, 104, 132, 133
蛇眼病・ビートの――(*Phoma betae*)　244
シャルカウイルス病Virus de la Sharka　151, 164
カンキツ類――Pourriture du collet des Citrus　81, 119
すす紋病Hel-mintosporiose
・トウモロコシの――(*Helminthosporium trucicum*)　35, 38, 116
ストルビュール病(ウイルス病) Stolbur　90
赤色斑点病　ソラマメの――(*Botrytis fabae*)　52, 220
センチュウ→ネマトーダ
ソラマメヒメヨコバイCicadelles(*Empoasca fabae*)　22

【タ　行】

タイワンツマグロヨコバイ(*Nephotettix virescens*)　190, 194
多角体ウイルス病Polyédrie　213,214
立ち枯れ性の赤かび病Fusariose du pied
ムギ類の――(*Fusarium graminearum, F. nivare, F. roseum*)　170, 179
立枯病・ムギ類の――Piétin-échaudage (*Ophiobolus graminis*)　170
ダニ類Acariens　9, 11, 12, 20, 59, 60, 71, 72, 132, 135, 136, 138, 162
タバコXウイルス病(Tabac X Virus)　115, 144
タバコYウイルス病(Tabac Y Virus)　115
タバコ巻葉病(ウイルス病)(TLCV)　89, 99
タバコモザイク病(ウイルス病；TMV)　20, 89, 99
タバコ輪点ウイルス病Ringspot du Tabac (TRSV)　96
タマネギ萎縮病(ウイルス病) YD de l'Oignon　100
「短枝症」(ウイルス性変性症) Court-noué ou Dégénérescence・ブドウの――　243
炭疽病　→ブレンナー病
ツヤコバチ(*Aphelinus mali*)　164
つる割病Fusariose vascu-laire
・メロンの――(*Fusarium oxysporum*)　27
トビイロウンカ(*Nilaparvata lugens*)　189, 194
トリステザウイルス病Virus de la Tristeza
カンキツ類――　119, 164
リンゴの――　163
胴枯病Eutypiose
ブドウの――(*Eutypella acquilinearis*)　71

【ナ　行】

ナミクキセンチュウ(*Ditylenchus dipsaci*)　177
軟腐病・インゲンの――(*Erwinia carotovora*)　79
ニカメイガ(*Chilo suppressalis*)　53, 190, 192
根こぶ病Maladies vermiculaires, Hernie

177
アブラナ科植物の——（*Plasmodiophora brassicae*）　27
ネマトーダNematodes　9, 130, 177

【ハ　行】

灰色かび病Botrytis, Pourriture grise（*Botrytis cinerea*）　11, 52, 71, 72
イチゴの——　233
インゲンの——　36
トマトの——　62, 233
ブドウの——　11, 12, 52, 153, 154, 160, 162, 231, 248, 249
葉枯病Septriose
・ムギ類の——（*Septoria tritici*）　170
ハダニ（*Eotetranychus carpini vitis*）　60
（*Tetranycus bimaculatus*）　58
（*T. telarius*）　57, 51, 248
イチゴのハダニ　239, 241
カンキツのハダニ　57
ナミハダニ（*T. urticae*）　57
リンゴハダニ（*Panonychus ulmi*）51, 57, 159-161
白化葉巻病（ウイルス病）・アンズの——（ＥＣＡ）　165
葉巻病Enroulement　143
・ジャガイモの——（PLRV）　100, 132-134, 148
ホップの——　245
ハムシDryphore　25-26
ジャガイモ——（*Leptonotarsa decemlineata*）　25-26, 132
葉焼けBrûlures　41
斑点細菌病・ワタの——（*Xanthomonas vesicatoria*）　79
斑点病・ムギ類の——（*Helminthosporium sativum*）　52, 107, 170, 171
斑葉病Helmintosporiose
・ムギ類の——（*Helmintosporium gramineum*）　170, 171
バチルス・スブトリス*Bacillus subtilis* 219
ヒメヨコバイCicadelles　20-22
フィロキセラPhylloxera（*Viteus vitifolii*）70, 120, 121, 152, 160, 161, 162, 163
ふ枯病・ムギ類の——Sporiose（*Septoria nodorum*）　179, 180
ブレンナー病Brenner（ブドウなど *Pseudopeziza tracheiphila*）　71
プセウドモナス属*Pseudomonas stewarti* 77
べと病Mildiou　11, 34, 127
ブドウの——（*Plasmopara viticola*）11, 13, 16-19,71, 83, 127, 154, 157, 162, 214, 215, 231, 249
レタスの——（*Bremia lactucae*）　216

【マ　行】

マイコプラズマ症Flavescence dorée 224
マイコプラズマ病Mycoplasme　164
マダニ　186
マロンバ病（ホウ素欠乏症）Maladie de la Maromba　107
モザイクウイルス病Virus du type Mosaïque　131
アーティチョークの——　113
オオムギの——　118
ビートの——　142-143
紋枯病Rhizoctonia
・ムギ類の——（*Rhizoctonia solani*）170, 180

【ヤ行・ワ行】

ヨコバイCicadelles　130

引用文献

第１章

CHABOUSSOU F. (1967), Étude des répercussions de divers ordres entraînées par certains fongicides utilisés en traitemente de la Vigne contre le Mildiou, *Vigne et Vins*, n° 160 et n° 164, 22p.

CHABOUSSOU F., Mlle MOUTOUS G et LAFON R. (1968), Répercussions sur l'*Oïdium* de divers produits utilisés en traitement fongicide contre le mildiou de la Vigne, *Rev. Zool. Agric.*, n° 10-12, pp. 37-49.

CHABOUSSOU F.(1969), Rechercher sur les facteurs de pullulation des Acariens phytophages de la Vigne, à la suite des traitements pesticides du feulliage, *Thése Fac. Sc.*, Paris, 238 p. *Enregistrement C. N. R. S. A. O. 3060.*

DEEP I. W. et YOUNG R. A. (1965),The role of preplanting treatment with chemical in increasing the incidence of crown gall, *Phytopathology* 55, pp. 212-216.

MARROU J. (1970), Les maladies à virus des plantes maraîchéres, in Les Malaodes des Plantes, ACTA, Paris, 1970, pp.489-518.

MICHEL E. (1966), Prolifération anormale de Puceron *Myzus persicœ élevé* sur Tabac traité à la phosdrine (mévinphos), *Rev. Zool. Agric.*, 14, 6, pp. 53-62.

PONCHET J. (1979), Recherche Agronomique et pathologie végétale, *Phytoma*, novembre 1979, pp. 37-38.

PROCIDA (Firme) (1980), Les Céréales face aux maladies du progrés, *Publication publicitaire*, 32p.

SMIRNOVA I. M. (1965), The relation of the bean aphid (*Aphis fabœ* Scop.) to the content of sugars amd nitrogenus substances in beet plants treated with DDT (en russe, résumé anglais) *Trudy vses. monkow. isseld. Inst. Zasch. Rass.*, Leningrad, 34, pp. 124-129.

VANEV C. et CELEBIEV M. (1974), Changements intervenant dans la résistance de la Vigne vis-à-vis de l'*Oïdium* (*Uncinula necator* (Schwein) Burr) et la Pourriture grise (*Botrytis cinerea* Pers.) du fait de l'emploi

du produit chimique : zinébe, *Hort. and Viticul. Science*, vol. XI, no 5, Sofia.

第2章

ALBERSHEIM P., MCNEIL, DARWILL A. G., VALENT B. C., HAHN M. G., ROBERTSEN B., AMAN P., FRANZEN L. E., DESJARDIN A., ROSE M., LORRAINE et SPELLMAN M. (1980), Recognition between plant cells and microbes in regulated by complex carbohydrates. In *«Phytoalexines et phénoménes d'élicitation», Symposium international*, avril 1980, Toulouse.

BOCZKOWSKA M. (1945), Recherches sur les affinités existant entre le Dryphore et les diverses variétés de Pmme de terre, *Ann. Epiph.*, II, pp. 191-221.

BRAI P. J. et WHITTINGTON W. J. (1981), The influence of pH on the severity of swede powdery mildew infection, *Plant Pathology*, 30, pp. 105-109.

CHAUVIN R. (1952), Nouvelles recherches sur les substances qui attirent le Doryphore (*Leptinotarsa decemlineata* Say) vers la Pomme de terre, *Ann. Epiph.*, III. pp. 303-308.

CHABOUSSOU F. (1967), La trophobiose ou les rapports nutritionnels entre la Plante-hôte et ses parasites, *Ann. Soc. Ent. Fr.*, III (3), pp.797-809.

CHABOUSSOU F.(1969), Rechercher sur les facteurs de pullulation des Acariens phytophages de la Vigne, à la suite des traitements pesticides du feulliage, *Thése Fac. Sc.,* Paris, 238 p. *Enregistrement C. N. R. S. A. O. 3060.*

CHABOUSSOU F. (1971), Le conditionnement physiologique de la Vigne et la multiplication des Cicadelles. *Rev. Zool. Agric.*, pp. 57-66.

CHAMPIGNY M. L. (1960), L'influence de la lumiére sur la genése des acides aminés dans les feuilles de *Bryophyllum daigremontianum* Berger. *Thése Fac. Sc.*, Paris.

CRANE F. A. et STEWARD F. C. (1962), Growth, nutrition, and metabolisum of *Mentha piperita* L., IV. Effects of day ligth and of calcium and potassium on the nitrogenous metabolites of *Mentha piperita* L., *Cornell Univ. Agric. Exp. St.*, Mem., no 379, pp. 68-90.

CRUICKSHANK I.A.M. (1963), Phytoalexines, *Ann. Rev. Phytopathol.*, I, pp.351-374.

DUFRENOY J. (1935), L'immunité des plantes vis-à-vis des maladies à virus, *Ann. Institut Pasteur*, 54, p. 461.

DUFRENOY J. (1936), Le traitement de sol, désifection, amendement, fumure, en vue de combattre chez les plantes agricoles de grande culture, les affections parasitaires et les maladies de carence, *Ann. Agron. Suisse*, 37. 1936, pp. 680-728.

DUNEZ J. (1983), Mécnismes de défense chez les plantes, *Bull. Institut Pasteur*, 81, pp. 255-258.

FRITIG B. (1980), Modulation de l'élicitation : contrôle des taux de phyto-alexines à différents niveaux : biosynthése, détoxifications, suppression. In : « *Phytoalexines et phénoménes d'élicitation* », avril 1980, Toulouse.

GARCIA Arenal F., FRAILE Aurora et SACASTA E. M.(1980), Les phyto-alexines dans l'interaction : Phaseolus vulgaris, Botrytis cinerea. In : « *Phytoalexines et phénoménes d'élicitation* », avril 1980, Toulouse.

GROSSMANN F. (1968), Conferred resistance in the host, *World Review of Pest Control*, 7, pp. 176-183.

HORVATH J. (1973), On the susceptibility of tabacco and chenoposium to virus infections in relation to the position of the leaves on the setm, « *Plant Virology* », *Prog. 7th Conf. Czech. Plant Virology* (High Tatras, 1971, Bratislava. Rhite House Acad. Sci.), pp. 305-310.

JAYARAJ S. (1966), Organic acid contents in castor bean varieties in relation to their preference by the leafhopper, *Empoasce flavescens* F., *Natur-wissenschaften*, t. 53-55.

JAYARAJ S. (1967), Antibiosis mechanism of resistance in castor varieties to the leafhopper : *Empoasce flavescens* F. (*Homoptera* : *Jassidœ*), *Indian J. Ent.* 29, pt., I, pp. 73-78.

JAYARAJ S. (1967), Effect of leafhopper infestation on the metabolism of carbohydrates and nitrogen in castor varietes in relation to their resistande to *Empoasce flavescens* F. (*Homoptera*, *Jassidœ*), *Indian J. exp. Biol.,* 5, no 3, pp. 156-162.

JOHNSON T. (1946), The effect of DDT on the stem rust. Reaction of Khapli

wheat. *Canad. J. Res.*, pp. 24-28.

KIRALY Z., BARNA B., et ERSEK T. (1972), Hypersensivity as a consequebce, not a cause of plant resistance to infection (*G. puccinia*).*Nature*, t. 239, 5373, pp.456-457.

KUE J. (1961), The Plant fights back. *Med. Land. Gent.*, pp. 997-1004.

LABANANSKAS C. K. et HANDY M. F. (1970), The effect of iron and manganese deficiences on accumulation of protein and non-protein acids in Macadamenia leaves. *J. Amer. Soc. Hort. Sci.*, 95, pp. 218-223.

LOUVET J. (1979), Maladies et fatigues du sol en cultures lègumiéres. In «*Les maladies des Plantes*», ACTA, pp. 67-73.

MARTIN-PREVEL P. (1977), Contribution to the discussion on Fongicides in : «*Fertilizer use and plant heaith*», pp. 187-188.

MCKEE H. S. (1956), Nitrogen metabolism in leaves. *Hand. Pflanzenphysiologie*. (In W. Ruhland), Berlin.

MILLER R. L. et HIBBE E. T. (1963), Distribution of eggs of the Potato Leafhopper *Empoasca fabœ* on *Solanum* plants. *Ann. Entom. Soc. Am.*, 56, pp. 737-740.

OBI I. U. (1975), Physiological mechanisms of disease resistance in *Zea mays* to *Helminthosprorium* fungi. *Diss. Abstr. int.*, B, t. 36, 5, p. 1994.

PANTANELLI E. (1921), Contribution à la biologie du mildiou de la Vigne. *Prog. agric. et vitic.*, LXXV, 87, III, 161.

PRIMAVESI A. M., PRIMAVESI A. et VEIGA C. (1972), Influence of nutritional balances of paddy rice on resistance to Blast. *Agrochelica*, t. 16, 4-5, pp. 459-472.

SMIRNOVA I. M. (1965), The relation of the bean aphid (*Aphis fabœ* Scop.) to the content of sugars and notrogenus sustances in beet plants traited with DDT. (En russe, résumé anglais). *Trudy vese monkaw. isseld. Inst.Zashseh. Rast.*, Leiningrad, 34, pp. 124-129.

SMITH I. M. (1980), Phytoalexines : Revue. In : 18e *Colloque de la Soc. Fr. Phytopathol.*, 17-18 avril 1980.

TOMIYAMA K. (1963), Physiology and biochemistry of disease resistance of plants. *Ann. Rev. of Phytopath.*, vol. I, pp, 295-324.

UMOERUS V. (1959), The relationship between peroxydase activity in potato leaves and resistance to *Phytopathora infestans*. *Amer. Potato J.*,

36, pp. 124-131.

VAGO C. (1956), L'enchaînement des maladies chez les Insectes. *Thése Fac. Sc.*, Aix-Marseille, 184p.

VANEV C. et CELEBIEV M. (1974), Changements intervenant dans la résistance de la Vigne vis-à-vis de l'*Oïdium* (*Uncinula necator* (Schwein) Burr) et la Pourriture grise (*Botrytis cinerea* Pers.) du fait de l'emploi du produit chimique zinébe. *Hort. and Viticul. Science*, XI, n° 5, Sofia.

WOOD R. K. S. (1972), Introduction : disease resistance in plants. *Proc. R. Soc. Lond.*, B, pp. 181-232.

YOUNG H. C., WILCOXON R. D., WHITHEAD M. D., DE WAY J. E., GROGAN C. D., ZUBER M. S. (1959), An ecological study of the pathogenecity of *Diplodia maydis* isolates inciting stalk rot of corn. *Plant. dis. rept.*, 43, pp. 1124-1129.

第 3 章

ALTERGOT V. F. et POMAZOVA E. N. (1963), Action stimulante sur la croissance des plantes de mélanges de composés physiologiquement actifs et nutritifs. *Akad. Nauk. SSSR - Izv. Sibersk. Otdel. Ak. Nauk.*, 12-8, pp. 45-51.

BAETS A. de (1962), Les traitements avec les carbamates exercent-ils une influence sur la qualité du Tabac séché? *Med. Land. Op. Gent.*, 27, n° 3, p. 1148.

BLAGONRAVOVA L. M. (1974), Change of N content in apple tree leaves spraying with pesticides. *Byull. gonikitst. bot. Sada*, no 3, 22, pp. 56-59.

BOGDANOV V. (1963), Changes in the composition and character of the bean plant after spraying with parathion or ekatin. *Igv. Inst. Zahd. Rast.*, 5, pp.181-191, Sofia.

CHABOUSSOU F., Mlle MOUTOUS G et LAFON R. (1968), Répercussions sur l'*Oïdium* de divers produits utilisés en traitement fongicide contre le mildiou de la Vigne, *Rev. Zool. Agric.*, pp. 37-49.

CHABOUSSOU F. (1969), Rechercher sur les facteurs de pullulation des Acariens phytophages de la Vigne, à la suite des traitements pesti-

cides du feulliage, *Thése Fac. Sc.,* Paris, 238 p. *Enregistrement C. N. R. S. A. O. 3060.*

CHAPMAN R. K. et ALLEN T. C. (1948), Stimulation and suppression of some vegetable plants by DDT, *J. Econ. Ent.*, pp. 616-623.

COLLECTCIF (1979), Les Pesticides, oui ou non? *P. U. Grenoble*, 231p.

COX R. S. et HAYSLIP N. C. (1956), Progress in the control of gray mould of Tomato in southern Florida, *Plant. dis. Rept.* 40, p. 718.

COX R. S. et WINFREE J. P. (1957), Observations on theneffect of fungicides on gray mold and leaf spot and on the chemical composition of strawberry plant tissues. *Plant. dis. Rept.*, 41, pp.755-759.

FLESCHNER C. A. (1958), Host plant resistance as a factor influencing population density of Citrus red mites on orchard trees. *J. Econ. Ent.*, no 4, pp. 637-695.

FORSYTH F. R. (1954), Effect of DDT on the metabolism of Khapli wheat seedlings, *Nature*, p. 827.

HASCOËT M. (1957), L'action des produits pesticides sur la végétation des plants traitées, *Cahiers Ing. Agron.*, avril et mai 1957.

HORSFALL H. G. et DIMOND A. A. (1957), Interaction of tissue sugar growth substancese and disease susceptibility, *Z. Pfanzen krankeit.*, 64, pp. 415-421.

HUFFAKER C. S. et SPITZER C. H. (1950), Some factors affecting red mite populations on pears in Calofornia, *J. Econ. Ent.*, pp. 819-831.

HUKUSIMA S. (1963), The reproductivecapacity of the Apple leafcurling aphids (*Myzus malisinctus* Matsumura) reared on gibberellin treated apple trees. *Jap. Jour. Appl. Entom. Zool.*, vol. 7, no 4, pp. 343-347.

ISHII S. et HIRANO C. (1963), Growth responses of larvae of the rice stem borer to rice plants treated with *2,4-D. Ent. exp. Appl.*, no 4, pp. 257-262, 1re ref.

JOHNSON T. (1946), The effect of DDT on the stem rust-reaction of Khapli wheat. *Can J. Res.*, C., pp. 23-24.

KAMAL A. L. (1960), The effects of some insecticides and 2,4-D, Ester on the nitrogen fraction of Bartlett pear leaf and on stem tissues. *Diss. Abs.*, t. 21, 3, p. 412.

KAMAL A. L. et WOODBRIGE C. G. (1960), The effects of some insecticides

on the nitrogen fractions of Bartlett pear leaf tissues. *Proc. Amer. Soc. Hort. Sci.*, t. 76, pp. 68-73.

KLOSTERMEYER E. C. et RASMUSSEN W. B. (1953), The effect of soil insecticides treatments on mite population and damage. *J. Econ. Ent.*, pp.910-912.

MILLARDET A. et GAYON U. (1887), Recherches sur les effets des divers procédés de traitements du mildiou par les composés cuivreux, Bordeaux. 1887, pp. 1-63.

MOLOT P. M. et NOURRISSEAU J. G. (1974), Influence de quelques substances de croissance sur la sensibilité du Fraisier aux attaques de *Phytophthora cactorum*. *Fruits*, 29, 10, pp. 697-702.

MOSTAFA M. A. et GAYED S. K. (1956), Effect of herbicide *2,4-D* on been chocolate spot disease, *Nature*, pp. 178-502.

NAUDRA K. S. et CHOPRA S. L. (1969), Effect of thiometon on the chemical composition and the growth of groundnut crop., *Indian J. Agr.*, 39 (3), pp. 266-270.

PICKETT W., FISH A. S. et SHAN K. S. (1951), The influence of certain organic spray materials on the photosynthetic activity on peach and apple foliage, *Proc. Amer. Soc. Sci.*, 57, III.

POLJAKOV I. M. (1966), Effects de fongicides organiques nouveaux sur les Plantes et les Champignons pathogénes. *Rev. Zool. Agric. Appl.*, n°s 10-12, pp. 152-160.

RODRIGUEZ J. G. et CAMPBELL J. M. (1961), Effects of gibberellin on nutrition of the Mites : *Tetranychus telarius* and *Panonychus ulmi*, *J. Econ. Ent.*, pp. 984-987.

SAINI R. S. et CUTKOMP L. K. (1966), The effects of DDT and sublethal doses of dicofol on reproduction of the two-spotted spider mite, *J. Econ. Ent.*, 59, 2, pp. 249-253.

SARGENT J. A. et BLACKMANN G. E. (1965), Studies of foliar pentration 2; The role of light on determining the pentration of *2,4-D* acid., *J. Exp. Bot.*, pp. 16-24.

SMIRNOVA I. M., The relation of the bean aphid (*Aphis fabœ* Scop.) to the content of sugars and nitrogenus substances in beet plants treated with DDT (en russe, résumé anglais), *Trudy vses nonkew. isseld. Inst.*

Zashseh. Rast., Leningrad, 34, pp. 124-129.

SPRAU F. (1970), Bekamfung von Pflanzenkrankheiten durch bei enflussung des Verhaltens von Xirstoffpflanze und parasit, *Arch. Pflanzenschutz*, 6, H 3, pp. 221-247, Berlin.

STRAUSS E. (1965), Die Aufnahme von Kupfer durch das Blatt der schwerzen Johannisbeere, *Mitt. Klosternenburg.*, Ser. B. 75, pp. 1-127.

THORN G. D. et LUDWIG R. A. (1962), The dithiocarbamates and related compounds, Amsterdam-New York, 298p.

VAN OVERBECK J. (1966), Planthormones and regulators. - Gibberellins cytokinis and auxine may regulate plant growth via nucleic acids and enzyme synthesis, *Science*, 1966.

WAFA A. K., MABER A., ZAHER M. A. (1969), The influence of consecutive applications of acaricides on plant sugars and resulting effect on mite nutrition, *Bull. entom. Soc. Egypt.*, Econ. Ser., no 3, pp. 257-263.

WORT D. J. (1962), The application of sublethal concentrations of *2,4-D*, and on combination with mineral nutirients. In : *World Review of Pest control,* vol. I, part 4.

WORT D. J. (1965), Increased tuber yield of Pontiac potatoes resulting from foliar applications : *2,4-D*, mineral dusts, *Amer. Potato J.*, t. 42-44, pp. 90-96.

YURKEVITCH I. V. (1963), Effect of trace elements on the action of *2,4-D* trichlorophenoxyacetic acid, *Soviet Plant. Physio.*, 10 (1), p. 70.

第 4 章

AHL P., BENJAMA A., SAMSON R. et GIANINAZZI S. (1980), New host protein induced by bacterial infection together with resistance to a secondary infection Tobacco, *Document ronéotypé. Symposium international Toulouse*, avril 1980.

BERTRAND D., WOLF M. A DE et SILBERSTEIN L. (1961), Influence de l'oligo-élément zinc sur la synthése de quelques amino-acides dans les feuilles de Pois (*Pisum sativum*), *C. R. Ac Sc.*, t. 253, p. 2586.

BOMPEIX G. (1981), Mode d'action du phoséthyl-Al, *Phytiatrie-Pharmacie*, 30 pp. 257-262.

CHABOUSSOU F., Mlle MOUTOUS G et LAFON R. (1968), Répercussions sur l'*Oïdium* de divers produits utilisés en traitement fongicide contre le mildiou de la Vigne, *Rev. Zool. Agric.*, n° 10-12, pp. 37-49.

CHABOUSSOU F. (1980), *Les Plantes malades des pesticides*. Bases nouvelles d'une prévention contre les maladies et parasites, Ed. Debard, 7, bd Victor, Paris.

CLERJEAU M., LAFON R., BUGARET Y. et SIMONE J. (1981), Mode d'action de nouveaux fongicides anti-milidiou chez la Vigne, *Phtiatrie-Phytopharmacie*, 30, no 4, pp. 215-234.

COLLECTIF (1979), *Les Pesticides, oui ou non?* Presses universitaires de Grenoble, 231p.

CRANE F. A. et STEWART F. C. (1962), Growth, nutrition and metabolism fo *Mentha piperita* L. IV. - Effects of day legth and of calcium and potassium on the nitrogen metabolites of *Mentha piperita* L. *Cornell Univ. Agric. St.* Mem. n° 379, pp. 68-90.

DAVET F. (1981), Effets non intentionnels dea traitements fongicides sur les microflores aériennes, telluriques et aquatiques, 3e *Colloque sur les effets nutritionnels des fongicides.* Soc. PP., Paris.

DEEP I. W. et YOUNG R. A. (1965),The role of preplanting treatment with chemical in increasing the incidence of crown gall, *Phytopathology* 55, pp. 212-216.

DEMOLON A. (1946), *L'évolution scientifique et l'Agriculture française,* Paris, 329p.

DUQUESNE J. et GALL H. (1975), L'influence de porte-greffe sur la sensibilité de l'Abricotier aux Bacteerioses, *Phytoma*, n° 268, juin 1975, pp. 22-26.

FORSTER R. L. et ECHAUDI E. (1975), Inlfuence of calcium nutrition of bacterial canker on resistant and susceptible Lycopersicum, *Phytopatholigy*, 65, pp.84-85.

GALLEGLY M. E. et WALKER j. C. (1940), Plant nutrition in relation to disease development. V. Bacterial wilt of Tomato. *Amer. Agron. J.*21 (5), pp. 611-623.

HUGUET Cl. (1970), Les oligo-éléments en arboriculture et en viticulture, *Ann. Agron.* 21 (5), pp. 671-692.

LIPKE W. G. (1968), The association of free amino acids of cotton leaves with resistance to *Xanthomonas malvacearum* caused by B 4 gene and the influence of nitrogen and potassium nutrition. *Dissert Abstr.* 28, p. 1022.

MCNEW G. L. et SPENCER E. L. (1939), Effect of nitrogen supply of sweet corn on the wilt bacterium, *Phytopathology*, 29.

PARMENTIER G. (1973), Action fongicide des tensio-actifs. III. Fongotoxicité - Phytotoxicité, *Parasitica*, t. XXV, no 3, pp. 86-96.

PRIMAVESI A. M., PRIMAVESI A. et VEIGA C. (1972), Influence of nutritional balances of paddy rice on resistance to Blast. *Agrochelica*, t. 16, 4-5, pp. 459-472.

RIDE M. (1962), Les bactérioses des arbres fruitiers, B. T. I., 167, pp. 257-274.

RIDE M. (1973), La distribution du «Feu bactérien» dans le monde et les conditions de son installation en Europe, *Brochure Invuflec*, pp. 3-10.

RIPPER W. E., Dide effcts of pesticides on plant growth. *7e British Weed Control Conf. Proceedings*, 3, pp. 1040-1058.

SOENEN A. (1975), Les traitements contre les maladies en culture fruitiére. *Symposium semaine d'étude «Agriculture et hygiéne des plantes»*, Gembloux, 8-12 septembre 1975.

STARON T., KOLLMANN A., COUSIN M. T., FAIVRE-AMIOT A. et MOREAU J.-P. (1970), Action de trois antibiotiques sur deux espéces végétales atteintes de Stolbur, Etude comparée des acides amines libres et des protéines, *Ann. Phytopathol.*, 2, pp. 547-553.

TEJERINA G., SERRA M. T. et CASTREONA M. C. (1978), Influence of fertilizer on *Erwinia carotovora pathogenesis. Proc. IVe Int. Conf. of Plant pathogenic Becteria* pp. 607-615.

TROCMÉ S. (1964), *Phytoma*, juin 1964.

WILLIAMS B. J. et BOONE D. M. (1963), *Venturia inœqualis*. XVI. Amino acids in relation to pathogenicity of two wild type lines to two apple varieties, *Phytopathology*, 53, pp. 979-983.

第 5 章

(14)

ALTMAN J. et CAMPBELL C. L. (1977), Effect of herbicides on plant diseases, *Ann. Rev. Phytopathol.*, 15 pp. 361-385.

BAWDEN F. C. et KASSANIS B. (1950), Some effects of plant-nutrition on the multiplication of viruses, *Ann. appl. Biol.*, 73, pp. 215-228.

BÖNING K. (1973), On the relation between plant nutrition and susceptibility of parasitical and non-parasitical diseases, *Mitt. biol. Bundes. Land.*, n° 151, pp. 1-15.

BOVEY R., GARTEL W., HEWITT W. B., MARTELLE G. P., VUITTENEZ A. (1980), Maladies à virus et affections simulaires de la Vigne, Payot, *La Maison Rustique.*

BRANAS J. et BERNON G. (1954), Le Plomb de la Vigne, manifestation de la carence en bore, *C. R. Ac. Agric. Fr.*, pp. 593-596.

CHABOUSSOU F. (1967), Étude des répercussions de divers ordres entraînées par certains fongicides utilisés en traitemente de la Vigne contre le Mildiou, *Vigne et Vins*, n° 160 et n° 164, 22p.

CHOUARD P., La Recherche scientifique en Chine, au lendemain de la révolution culturelle, *La Recherche*, 23, mai 1972, pp. 411-416.

CORS F., KAMMERT J. et SEMAL J. (1971), Some effects of systemic fungicides on virus multiplication in plants, *Med. Fac. Land. Rijk. Gent.*, t. 36, pp. 1066-1070.

DELAS J. et MOLOT C. (1967), Fertilisation potassique de vignoble bordelais : résultats d'un essai de 7 ans, *Bull. AFES*, 1, pp. 39-47.

DUFRENOY J. (1936), Le traitement de sol, désifection, amendement, fumure, en vue de combattre chez les plantes agricoles de grande culture, les affections parasitaires et les maladies de carence, *Ann. Agron. Suisse*, 37. 1936, pp. 680-728.

GOSWANI B. K., RAYCHAUDHURI S. P. et NARIANI T. K. (1971), Free amino-acid content of the greening-effected and healthy plants of the sweet-orange (*Citrus sinensis*), *Curr. Sci.*, t. 40, pp. 469-470.

HOWARD A. (1940), «Testament Agricole», *Vie et Action*, 236p.

HUGUET Cl. (1970), Les oligo-éléments en arboriculture et en viticulture, *Ann. Agron.* 21 (5), pp. 671-692.

LEPINE P., Les virus. P. U. France, Coll. «Que sais-je?» 1973, 125p.

LIMASSET P. et CAIRASCHI E. A. (1941), Les maladies à virus des plantes,

Monographies publiées par les stations et Labortoires de recherches agro-nomiques, 88p.

LIMASSET P., LEVIEIL F. et SECHET M. (1948), Influende d'une phyto-hormone de synthése sur le développement des virus X et Y de la Pomme de terre chez le Tabac, *C. R. Ac. Sc.*, Paris, pp. 227-643.

LOCKARD R. G. et ASOMANING E. J. A. (1965), Mineral nutrition of Cacao (*Theobroma cacao* L.) II. Effects of Swollen shoot virus on the growth and nutrient content of Plants grown under nutrient deficient, excess and control conditions in sand cultures, *Trop. Agriculture Trin.* vol. 42, n° 1, janvier 1965.

MARROU J. (1970), Les maladies à virus des plantes maraîchéres, in Les Malaodes des Plantes, ACTA, Paris, 1970, pp.489-518.

MARTIN C. (1976), Nutrition and virus diseases of plantes, *Fertilizer use and plant health. Int. Potash Institute*, 1976, pp. 193-200.

MAYEE C. D. et GANGULY B. (1973), Effect of nitrogen fertilizer on wheat infected with wheat mosaïc streak virus, *Indian J. Mycol. Plant Pathol.*, t. 3, 2, pp. 212-213.

MCKENZIE D. R., COTE M. et ERCEGOVITCH C. D. (1968), Resistance breakdown in maize to maize dwarf mosaïc virus after treatment with atrazine, *Phytopathology*, 58, 1058 Ab.

MCKENZIE D. R., COLE H., SMITH C. B. et ERCEGOVITCH C. D. (1970), Effects of atrazine and maize dwarf mosaïc infection on wheight and macro and micro element constituents of maize seedling in the greenhouse, *Phyto-pathology*, 60, pp. 272-279.

MEHANI S. (1969), Influence de fumures sur la dégénérescence infectieuse des Artichauts due au virus latent en Tunisie, *Annales de Phyto-pathologie*, vol. I, no hors série, pp. 405-408.

MISRA A. K. et SINGH B. P. (1975), Influence of chemicals on metabolism of *Chrysanthemum* Stunt virus infected *Chrysanthemum* leaves, *Ind. J. Exp. Biol.*, t. 13, pp. 34-38.

NOURRISSEAU J.-C. (1970), Quelques mesures pratiques de lutte contre le *Phytophthora cactorum* (L. et C. Schroet) du Fraisier, *Rev. Zool. Path. Veg.*, pp. 12-17.

OKA I. N. et PIMENTEL D. (1976),Herbicide (*2,4-D*) increases insect and

pathogen pests on corn, *Science*, 193, pp. 239-240.

PALIWAL Y. C., Increased susceptibility to maize borer in maize mosaï virus-infeated plants in India. (*Chilo partellus*) *J. Econ. Entomol.*, t. 64, 3, pp. 760-761.

RASOCHA V. (1973), Time of infection and nutrient effect on susceptibility of potatoes to virus Y, *Plant Virology, Proc. 7 th Conf. Czech. Plant Virology, Bratislava, Public. House Slov-akad.Sci.*, pp. 545-552.

RIVES M. (1972), Essais de porte-greffes multicombinaisons, *Connaissance de la Vigne et du Vin*, t. 6, no 3, pp. 223-235.

RUSSELL G. E. (1971), Effects on *Myzus persicœ* (Sulzer) and transmission of beet yellows of applying certain trace-elements to sugar beet, *Annals of Applied Biology*, 68, (I), pp. 67-70.

RUSSELL G. E. (1972), Inherited resistance to virus yellows in sugar beet, *Proc. R. Soc. Lond.*, B. 181, pp. 267-279.

SCHEPERS A. et BEEMSTER A. B. R. (1976), «Effet des engrais sur la sensibilité de la Pomme de terre aux infections dues à des viroses avec référence générale à la résistance des plantes mûres», *Coll. Inst. Int. Potasse*, IZMIR.

SOUTY J. (1951), Les porte-greffes du Prunier, *IIe Congrès National de la Prune et du Pruneau.*

SUTIC D. (1975), La greffe comme technique de protection des plantes, *Symposium sur la Protection des plantes*, Gembloux.

TROCMÉ S. (1956), Les oligo-éléments, Carences, Excés, Diagnostic et traitement de ces maladies. Emploi des oligo-éléments dans la fertilisation, *Centre international des engrais chimiques*, C. R. Ve Assemblée générale, pp. 59-77.

VAGO C. (1956), L'enchaînement des maladies chez les Insectes. *Thése Fac. Sc.*, Aix-Marseille, 184p.

VAN EMDEN H. F. (1969), Plant resistance to aphids induced by chemicals, *J. Sci. Fd. Agric.*, vol. 20, pp. 385-387.

VAN EMDEN H. F. et BASHFORD M. A. (1970), The performance of *Brevicoryne brassicœ* in relation to plant age and leaf amino-acids, *Ent. exp. applic.*, 14, pp. 349-360.

VICARIO B. T. (1972), A study of the effect of pesticides (*2,4-D* ester, agro-

xone 4 and malathion) on the phosphorus, potassium, calcium and total nitrogen levels in novaliches clay loam soil, *Araneta Tes.* J., t. 19, 2, pp. 103-114.

WALLACE A., NORTH C. R. et FROLICH E. (1953), Interaction of Rostock soil pH and nitrogen on the growth and mineral composition of small Lemon trees in a glasshouse, *Proc. Amer. Soc. Hort. Sc.*, 62, pp. 75-78.

WARCHOLOWA M. (1968), Effect of potassium on the metabolism of sugar beet plants infested with beet yellows virus, *Zess. Probl. Post. Nauk. Roln.*, t. III, pp. 229-235.

第 6 章

AUCLAIR J. L. et CARTIER J. J. (1964), Effets de jeûnes intermittents et de périodes équivalentes de substances sur des variétés résistantes et susceptibles de Pois : *Pisum sativum* L. sur la croissance, la reproduction et l'excrétion du Puceron du Pois : *Acyrthosiphon pisum* Harris (*Homoptera : Aphididœ*), *Entomol. exp. appl.*, vol. 3-4, pp. 315-326.

AUCLAIR J. L. et CARTIER J. J. (1964), L'élevage du Puceron du Pois, *Acyrthosiphon pisum* Harris (*Homoptera : Aphididœ*) sur un régime nutritif de composition chimique connue, *Ann. Soc. Entomol.*, Québec, pp. 68-71.

AUCLAIR J. L. (1965), Feeding and nutrition of the Pea *Acyrthosiphon pisum* Harris (*Homoptera : Aphididœ*) on chemical diets of various pH and nutrient levels, *Ann. Entomol. Soc. Amer.*, 58, 6, pp. 855-875.

BOVEY P. et MEIER W. (1962), Uber den Einfluss chemischer Kartoffelkäfer - bekämpfung auf Blattausfeinde und Blattauspopulationen, *Sch. Landw. Forschung*, I, p. 522.

CHABOUSSOU F.(1969), Rechercher sur les facteurs de pullulation des Acariens phytophages de la Vigne, à la suite des traitements pesticides du feulliage, *Thése Fac. Sc.*, Paris, 238 p. Enregistrement C. N. R. S. A. O. 3060.

CHAN T. K. (1972), A biochemical study of resistance in barley to the greenbug, *Schizaphis graminum, Diss Abstr. interonvion*, t. 33, 2, p. 610 B.

FENTON F. A. (1959), Effect of several insecticides on the total arthropod population in alfalfa, *J. Econ. Ent.*, 52, 3, pp. 428-432.

GRANETT P. et READ J. P. (1960), Field evalution of sevin as an insecticides for pests of vegetables in Nwe-Jersey, *J. Econ. Ent.*, 53, 3, pp. 388- 395.

HUKUSIMA S. (1963), The reproductivecapacity of the Apple leafcurling aphids (*Myzus malisinctus* Matsumura) reared on gibberellin treated apple trees. *Jap. Jour. Appl. Entom. Zool.*, vol. 7, n° 4, pp. 343-347.

HUKUSIMA S. et ANDO K. (1967), Fecondity of apple leaf-curling aphid (*Myzus malisinctus* Matsumura), with ralation to external feature and nutritional change of apple leaves in different varieties. (*Homoptera : Aphididœ*), *Bull. Fac. Agric. Gifu Univ.*, p. 24.

KESSLER B., SWIRSKI E. et TACHORI A. S. (1959), Effects of purine upon the nucleic acids and nitrogen metabolism of leaves and their sensitivity to aphids. *Klavin*, Israël, 9, no 3-4, pp. 265-274.

KLOSTERMEYER E. C. (1959), The relationship between insecticides altered populations and the spread of potato leaf roll. *J. Econ. Ent.*, 52, pp. 727-730.

KOWALSKI R et VISSER P. E. (1983), Nitrogen in an crop-pest interaction ; cereal aphids 1979, In *Nitrogen as an ecological facter - 22e symposium of British Ecological Society*, Oxford, 1981.

LIPKE H et FRAENKEL G. (1956), Insect nutrition, *Ann. Rev. Entomol.*, I, pp.17-44.

MARKKULA M. et LAUREMA S. (1964), Changes in the concentration of free amino-acids in plants induced by virus diseases and the reproduction of aphids, *Ann. Agric. Fenn.*, pp. 265-271, Helsinki.

MARROU J. (1965), La protection des plantes maraîchères contre les virus, *C. R. Jour. Phytiatrie - Phytopharmacie. Circum - méditerranéennes*, Marseille, pp. 174-180.

MAXWELL R. C. et HARWOOD R. F. (1960), Increased reproduction on broas beans treated with *2,4-D, Ann. Ent. Soc. Amer.*, 53, n° 2, pp. 199-205.

MICHEL E. (1964), Prolifération anormale de Puceron *Myzus persicœ* élevé sur tabac traité à la phosdrine *SEITA, Annales*, second 2, pp. 183-190.

MICHELBACHER et al. (1946), Increase in the population of *Lecanium pruinosum* on English walnuts following applications of DDT - spray,

J. Econ. Ent., pp. 812-813.

MILLER J. W. et COON B. F. (1964), The effect of Barley yellow dwarf virus on the biology of its vecter English frain aphid : *Macrosiphum granarium, J. Econ. Ent.*, pp. 870-974.

MITTLER T. E. et DADD R. H. (1963), Studies on the artificial feeding of the aphid *Myzus persicœ* Sulzer.

I. Relative uptake of water and sucrose solutions, *J. InsectPhysiol.*, 9, 5, pp. 623-635.

II. Relation survival, development and larviposition on different diets, *J. InsectPhysiol.*, 9, 5, pp. 741-757.

III. Some major nutritional requirements, *J. InsectPhysiol.*,11, pp. 717-743, 1965.

MÜNSTER J. et MURBACH R. (1962), L' emploi d'insecticides contre les pucerons vecteurs de viroses de la Pomme de terre peut-il garantir la production de plantes de qualité?, *Rev. Rom. d'Agric. Vitic.*, pp. 41-43.

ORTMAN E. (1965), A study of the free amino-acids in the spotted alfalfa aphid and pea aphid and their honey in relation to the fecondity and honeydew excretion of aphids feeding on a range of resistant and susceptible alfalfa selections, *Diss. Abs.*, 25, 7, pp. 415-416.

PETERSON A. G. (1963), Increases of the green peach aphid following the use of some insecticides on potatoes, *Amer. Ptato J.*, 40, no 4, pp. 121-129.

PIMENTAL D. (1961), An ecological approach to the insecticides problem, *J. Econ. Ent.*, pp. 108-114.

POJNAR E. (1963), Changes occuring in free amino-acid composition of healthy and virus X - infected tobacco leaves, *Acta. biol. Cracov. Ser. Bot.*, 5, no 2, pp. 171-179.

POLJAKOV I. M. (1966), Effects de fongicides organiques nouveaux sur les Plantes et les Champignons pathogénes. *Rev. Zool. Agric. Appl.*, n°s 10-12, pp. 152-160.

REDENZ-RÜSCH I. (1959), Recherches sur la faune nuisible et utile d'une plantation fruitiére du «Bergisches Land». Étude de l'influence des produits chimiques sur cette faune, *Höfchen Briefe*, n° 4, pp. 169-256.

RUSSELL G. E. (1972), Inherited resistance to virus yellows in sugar beet,

Proc. R. Soc. Lond., B. 181, pp. 267-279.

SHANKS C. H. et CHAPMAN R. K. (1965), The effect of insecticides on the behavior of the green peach aphid and its transmission of Potato virus Y, *J. Econ. Ent.*, 58, I, pp. 79-83.

SMIRNOVA I. M. (1965), The relation of the bean aphid (*Aphis fabœ* Scop.) to the content of sugars amd nitrogenus substances in beet plants treated with DDT (en russe, résumé anglais) *Trudy vses. monkow. isseld. Inst. Zasch. Rass.*, Leningrad, 34, pp. 124-129.

STEINER H. (1962), Einflüsse von Insektiziden, Akariziden, und Fungiziden auf die Biozönosw der Obstlanlagen, *Entomophaga*, 3ᵉ trimestre 1962, pp. 236-242.

THURSTON R. (1965), Effect on insecticides on the green peach aphids : Myzus persiœ (Sulzer) infesting Burley Tobacco, *J. Econ. Ent.*, pp. 1127-1130.

VOLK J. (1954), Über Blattlausbeobachtungen und Krankheits Ansausbreitung bei verschienden gedüngten Kartoffeln, *Mitt. biol. Land-Forst-Wirtisch. Dtsch.*, n° 80, pp. 151-154.

WEARING C. H. et VAN EMDEN H. F. (1967), Studies on the relations of insect and host Plant. Effects of water stress in host plants on infectation by *Aphis fabœ* Scop, *Myzus persicœ* Sulz. et *Brevicorynœ brassicœ* L. II.Effects of water stree in host plant on the fecundity of *Myzus persicœ* Sulz. and *Brevicorynœ brassicœ* L., *Nature*, 213, no 5080, pp. 1051-1052.

第 7 章

BLANC-AICARD D. et BROSSIER J. (1962), Influence du porte-greffe sur l'équilibre cationique des feuilles de Poirier, *16ᵉ Int. Hort. Congr.*, Bruxelles, t. 3, pp. 48-53.

BOUCHE-THOMAS M. (1948), La haie fruitiére, *Conger. Pomol. Fr.*, p. 168.

BOVEY R (1971), Observations sur la dissémination de la maladie des prolifération du Pommier, *VIIIᵉ Symp. européen sur les maladies à virus des arbres fruitiers*, Bordeaux, 1970, INRA, pp. 387-390.

CARLES J.-P., CHABOUSSOU F. et HARRY Oaula (1972), Influence de la nature

du porte-greffe sur la multiplication de l'Araignée rouge : *Panonychus ulmi* Koch (*Acariœ : Tetranychidœ*) aux dépens d'un même greffon : le Merlot rouge, *Com. Acad. Agric.*, 6, décembre 1972, pp. 1403-1417.

CHABOUSSOU F., Mlle MOUTOUS G et LAFON R. (1968), Répercussions sur l'*Oïdium* de divers produits utilisés en traitement fongicide contre le mildiou de la Vigne, *Rev. Zool. Agric.*, n° 10-12, pp. 37-49.

COLLECTIF (1980), Les porte-greffes de la Vigne dans le Bordelais et le Bergeracois, 25p.Chambre d'Agriculture de la Gironde, Bordeaux.

CONGRÉS international phylloxérique de 1881, Bordeaux

DO VALE D. C. (1972), Influence of different rootstocks on some biochemical constituents of leaves of Lisbon scions, *Dissert. Abstr. Internation.*, Ser. D., t. 32, pp. 4958-4959 B.

DUVAL-RAFFIN Martine (1971), Contribution à la l'étude de l'influence des porte-greffes sur la composition minérale des greffons chez la Vigne, *Mémoire ENITA*, Gradignan, Bordeaux.

GAGNAIRE J. et VALLIER C. (1968), Variation des taux de potassium dans les feuilles de Noyer greffé sur *Juglans regia / Juglans nigra* curtivés dans les conditions naturelles. *C. R. Ac. Agric. Fr.*, 24 janvier 1968, pp. 81-86.

HALMI M. et BOVAY E. (1972), Influence du porte-greffe sur l'alimentation du cépage blanc «Chasselas fendant roux», en Suisse Romande, *Rech. agron. Suisse*, t. II, 3, p. 389.

LABANANSKAS C. K. et BITTERS W. P. (1974), Influence of rootstocks and interstoks on the macro and micronutrients in Valencia oranges leaves, *Calif. Agric.*, t. 28, pp. 1-13.

MAILLET P. (1957), Contribution à l'étude de la biologie du Phylloxéra de la Vigne, *Thése Fac. Sc.*, Paris, *Ann. Sc. Nat. Zool.*, 403p.

MIKELADZE E. G. (1965), Modification de la synthése des acides aminés dans les greffons de Vigne (en géorgien), *Akad. Nauk. Gruzinsk. ssr. Inst. Bot. Fiziol. Drev. Rast Stir.*, n° 1, pp. 58-65.

MORVAN G. et CASTELAIN C. (1972), Induction d'une résistance de l'Abricotier à l'Enroulement chlorotique (ECA) par le greffage de *Prunus spinosa*. *Ann. Phytopathol.*, 4 (4), pp. 405-421.

PERRIER DE LA BATHIE, Recherches sur le traitement de la Pourriture grise,

Revue de Viticulture, avril 1904, pp. 433-438.
SOULAND R. (1952), Puceron lanigére et porte-greffes immunes du Pommier, LXXIX, 82-84, *Bull. Soc. Pomol.. Fr.*
SUTIC D. (1975), La greffe comme technique de protection des plantes, *Comm. Symp. Gembloux*, septembre, 1975.
VUITTENEZ A. et KUSZALA J. (1963), Études sur la transmission mécanique, les propriétés physiques et sérologiques du virus de la dégénérescence infectieuse. Applications possibles au diagnostic de la maladie chez la Vigne, *C. R. Ac. Agric. Fr.*, pp. 795-810.
WALLACE A., NAUDE J., MUELLER R. T. et ZIDAN Z. I. (1952), The rootstocks - scion influence on the inorganic composition of Citrus, *Proc. Amer. Soc. Hort. Science*, 59, pp. 133-142.

第 8 章

ADAMS J. B. et DREW M. E. (1965), Grain aphids in New Brunswick. III. Aphid populations in herbicide-treated oat fields, *Canad. J. Zool.*, t. 43, 5, pp. 789-794.
AKAI S. (1962), Application de la potasse et apparition *d'Helmin-thosporium* sur Riz, *Revue de la Potasse*, section 23, p. 7.
ALTMAN J. et CAMPBELL C. L. (1977), Effect of herbicides on plant diseases, *Ann. Rev. Phytopathol.*, 15 pp. 361-385.
BARRALIS G. (1978), Modifications de la flore adventices des Agrocenoses résultant de l'emploi d'herbicides et leurs conséquences, *Coll. Incidences secondaires herbicides, Soc.*, pp. 24-29.
BETAEGHE T, et CONTTENIE A. (1976), Aspects botaniques et analytiques de l'évolution à longue échéance de l'état nutritif du sol, *Ann. Agron.*, 27 (56), pp. 819-836.
BOUCHÉ M. B. et FAYOLLE L. (1981), Effets des fongicides sur quelques éléments de la pédofaune : conséquence économique, 3e *Coll. sur les effets non intentionnels des fongicides*, INRA., BV 1540-21034.
BOWLING C. C. (1963), Effect of nitrogen levels on rice water weevil populations, *J. Econ. Ent.*, 56, pp. 826-827.
BUSSLER W. (1982), Symptômes de careces dans les végétaux supérieurs.

I. Généralités. La littérature depuis 1970, *La Revue de la Potasse*, section 23, 13e suite.

COLLECTIF (1979), *Les Pesticides, oui ou non?* Presses universitaires de Grenoble, 231p.

DARMENCY H., COMPOINT J.-P. et GASQUZE J. (1981), La résistance aux triazines chez *Polygonum lapathifolium*, *C. R. Ac. Agric.*, 4 février 1981, pp. 231-238.

EDEN W. G. (1953), Effect of fertilizer on rice weevil damage to corn at harvest, *J. Econ. Ent.*, XLVI, 3, pp. 509-510.

GOJKO A., PIAVR (1967), Influence de certains insecticides apploqués pour la lutte contre la Pyrale du Maïs (*Ostrinia nubilalis*) sur les mauvaises nerbes des surfaces traitées (en serbe), *Plant protection*, 93-95, XVIII, pp. 213-219.

GRAMLICH J. V. (1965), The effect of atrazine on nitrogen metabolism of resistant and susceptible species, *Diss. Abstr.*, 26, 2, pp. 649-650.

HANKS R. W. et FELDMAN A. W. (1963), Comparison of free amino-acids and amines in roots of healthy ans *Radopholus similis* - infected Grapefruit seedlings, *Phytopathology*, 53, 4, p. 419.

HARRANGER J. (1982), Les tches brunes de l'Orge, *Phytoma*, janvier 1982, pp. 17-19.

MCCLURG C. A. et BERGMAN E. L. (1972), Influence of selectes pesticides on leaf elemental content and yield of garden beans (*Phaseolus vulgaris*), *J. Environ. Quality*, I. pp. 200-203.

MCKENZIE D. R., COTE M. et ERCEGOVITCH C. D. (1968), Resistance breakdown in maize to maize dwarf mosaïc virus after treatment with atrazine, *Phytopathology*, 58, 1058 Ab.

MCKENZIE D. R., COLE H., SMITH C. B. et ERCEGOVITCH C. D. (1970), Effects of atrazine and maize dwarf mosaïc infection on wheight and macro and micro element constituents of maize seedling in the greenhouse, *Phyto-pathology*, 60, pp. 272-279.

MORIN B. (1981), Le désherbage du Maïs, *Phytoma*, mars 1981, pp. 19-22.

OKA I. N. et PIMENTEL D. (1976),Herbicide (*2,4-D*) increases insect and pathogen pests on corn, *Science*, 193, pp. 239-240.

PARMENTIER G. (1979), Principes de lutte intégrée contre les maladies des

céréales, *Revue de l'Agriculture* (belge), no 2, vol. 32, pp. 419-421.

PONCHET J. (1979), Recherche Agronomique et pathologie végétale, *Phytoma*, novembre 1979, pp. 37-38.

POULAIN D. (1975), Utilisation des fongicides systémiques sur les céréales en végétation : mise en évidence d'actions secondaires (application au modéle bénomyl - blé tendre d'hiver), *Thése université de Rennes,* 157p.

PRIMAVESI A. M., PRIMAVESI A. et VEIGA C. (1972), Influence of nutritional balances of paddy rice on resistance to Blast. *Agrochelica*, t. 16, 4-5, pp. 459-472.

QUIDEZ B. G. (1978), Effts de N, P, K, Cu, Mo et Zn sur la croissance du Riz sur des sols organiques, *Philippine J. of Crop Sci.*, n° 3, pp. 203-206.

RANGA REDDY P. et SRIDHAR R. (1975), Influence of potassium and bacterial blight disease on phenol, soluble carbohydrates and amino-acid contents in rice leaves, *Acta Phytopath. Acad. Sci. Hungariœ*, 10, no 1-2, pp. 55-62.

RAMBIER A. (1978), Action secondaire des herbicides sur l'entomofaune, *Coll. incidences secondaires des herbicides*, p. 54.

RITTER M. (1981), Actualité des problémes et des recheches en nématologie agricole, *C. R. Ac. Agric.*, pp. 255-265.

SHUPHAN W. (1974), Nutritional values of crops by organic and inorganic fertilizer treatments (Results of 12 years experiments with vegetables : 1960-1970), *Qual. Plant. Pl. Fds. Hum. Nutr.*, 22, pp. 333-353.

SMITH B. D. (1973), The effect of plant growth regulators on the susceptibility of plants to attack by pests and diseases, *Acta Horticulturœ*, 34, pp. 65-68.

SRIDHAR R. (1975), The influence of nitrogen fertilization and the blast disease development on the nitrogen metabolism of rice plants, *Riso*, t. 24, I. pp. 37-43.

TROLLDENIER G. et ZEHLER E. (1973), Relations entre la nutrition des plantes et les maladies du Riz, *12e Coll. Int. Inst. Potasse.*

VAITHILINGAM C. (1982), Studies on potash induced resistance against certain insect pests in Rice, *Thése Annamalai University*, India, 347p.

VAQUER A. (1973), Absorption et accumulation de résidus de certains pesticides et de polychlorobiphenoles par la végétation aquatique naturelle et par le Riz en Camargue, *Oecol. Plant*, 8 (4), pp. 353-365.

WEBSTER J. M. (1967), Some effects of 2,4-D and herbicides of nematode-infested ceraels : *Ditylenchus dipsaci, Plant Pathol.*, 16, I, pp. 23-26.

XIE JEAN-CHANG, MA MAO-TONG, TOU CHEN-LIN et CHEN CHI-HING (1982), Capacité d'approvisionnement en potassium et besoins en engrais potassique des principaux sols à Riz en Chine, *Revue de la Potasse*, section 14, 76e suite, no 5.

第 9 章

AGRAWAL M. P. et PANDAY D. C. (1972), Effect of copper application on chlorophyll content on wheat leaves, *Indian J. Agric. Sc.*, t. 42, 3, pp. 230-232.

ALTMAN J. et CAMPBELL C. L. (1977), Effect of herbicides on plant diseases, *Ann. Rev. Phytopathol.*, 15 pp. 361-385.

BERNHARD R., MARENAUD Cl., EYMET J., SECHET J., FOS A. et MOUTOUS G., Une maladie complexe de certains Prunus : le dépérissement de Moliéres, *C. R. Ac. Agric.*, 2 février 1977, pp. 178-189.

BERNHARD D., WOLF M. A. et DE SILBERSTEIN L. (1961), Influence de l'oligo-élément zinc sur la synthése de quelques amino-acides dans les feuilles de Pois (*Pisum sativum*). *C. R. Ac. Sc.*, t. 253, p.2586.

BERNHARD D. (1979), La cytophysiologie des oligo-éléments suivant Dufrenoy. Hommage à Jean Dufrenoy, *Ac. Agric.*, pp. 67-72.

BOMPEIX G. (1981), Mode d'action du phoséthyl Al, *Phytiatrie-Phytopharmacie*, 30, pp. 257-272.

BRANAS J. et BERNON G. (1954), Le Plomb de la Vigne, manifestation de la carence en bore, *C. R. Ac. Agric. Fr.*, pp. 593-596.

CHABOUSSOU F., Mlle MOUTOUS G et LAFON R. (1968), Répercussions sur l'*Oïdium* de divers produits utilisés en traitement fongicide contre le mildiou de la Vigne, *Rev. Zool. Agric.*, n° 10-12, pp. 37-49.

COÏC Y. et TENDILLE Cl. (1971), Causes connues des variations quantitatives des oligo-éléments dans les végétaux, *Ann. Nutr. Alim.*, 25, B

97, B 131.

COPPENET M. (1970), Les oligo-éléments en France - Exemples de problémes régionaux, *Ann. Agron.*, 21 (5), pp. 587-601.

DEALAS J. et DARTIGUES A. (1970), Les oligo-éléments en France. Le Sud-Ouest, *Ann. Agron.*, 21 (5), pp. 603-615.

COX R. S. et HAYSLIP N. C. (1956), Progress in the control of gray mould of Tomato in southern Florida, *Plant. dis. Rept.* 40, p. 718.

COX R. S. et WINFREE J. P. (1957), Observations on theneffect of fungicides on gray mold and leaf spot and on the chemical composition of strawberry plant tissues. *Plant. dis. Rept.*, 41, pp.755-759.

CRANE F. A. et STEWARD F. C. (1962), Growth, nutrition, and metabolisum of *Mentha piperita* L., IV. Effects of day ligth and of calcium and potassium on the nitrogenous metabolites of *Mentha piperita* L., *Cornell Univ. Agric. Exp. St.*, Mem., no 379, pp. 68-90.

DELMAS J. (1972), Recherches sur la nutrition de la Vigne en conditions hydroponiques, *C. R. Ac. Sc. Hongrie*, pp. 679-697.

DEMESTJEVA M. I. et STRURUA D. G. (1970), Action fongitoxique des engrais (en russe), *Dokl. Tskha*, t. 165, pp. 127-130.

DOBROLYNBSKIJ O. K. et FEDORENKO I. V. (1969), Influence of zinc on the content of phosphorus compounds in grape plants, *Soviet Plant Physiol.*, 16, 5, pp. 739-744.

DUFRENOY J. (1934), Les constisuants cytologiques des Citrus carencés, *Ann. Agron.*, 4, pp. 83-92.

DUFRENOY J. et REED H. S. (1934), Effets pathologiques de la carence ou de l'excés de certains ions sur des feuilles de Citrus, *Ann. Agron.*, pp. 637-653.

DUFRENOY J. (1934), Le zine et la croissance de la Vigne, *La Potasse*, 6, 75, pp. 137-138.

DUFRENOY J. et BRUNETEAU J. (1937), La gommose de Pêcher, *Jounées de lutte chimique contre les ennemis des cultures*, vol. 38, n° 4 *bis*, octobre 1937.

DUVAL-RAFFIN M. (1971), Contribution à l'étude de l'influence du porte-greffe sur la composition minérale du greffon chez la Vigne, *Mémorie ENITA*.

HUGUET Cl. (1970), Les oligo-éléments en arboriculture et en viticulture, *Ann. Agron.* 21 (5), pp. 671-692.

HUGUET Cl. (1979), Effets des fertilisants et des conditions annuelles sur la concentration minérale des feuilles des arbres fruitiers. Colloque Nancy, mars 1979, *Document ronéotypé*, 11 pages, 7 graphiques.

HUGUET Cl. (1982), Relations entre la nutrition de l'arbre et les maladies physiologiques ou conservation des fruites, 2e *Colloque sur les recherches fruitiéres*, Bordeaux, 1982, pp. 137-149.

KRISNA Chatima (1963), Biochemical effects of zinc deficiency in tomato plants, *Dissert Abstr.*, 23, n° 10, p. 3618.

LEFTER G. et PASCU I. (1970), Influata factorilor climatici asutra rugozitasii si sensibilatii la rapan a soiulni Golden delicious, *Rev. Hortic. Vitic.*, n° 1970, pp. 95-100.

LEROUX P. (1982), Sélectivité des fongicides et phénomènes de résistance. In : *Les maladoes des Plantes*, pp. 331-346.

LUBET E., SOYER J.-P. et JUSTE C. (1983), Appréciation de l'alimentation en zinc par la détermination du rapport : Fe / Zn dans les parties aériennes du végétal, *Agronomie*, 3, (I).

MAENNLEIN P. et BOUDIER B. (1978), Essais de lutte contre l'*Oïdium* du chêne, *Phytiatrie-Phytopharmacie*, 27, pp. 221-226.

MALMSTROM B. G. (1965), The biochemistry of copper, *Z. nturw. med. Grundt. Forsch. Schweiz*, 2, pp. 259-266.

MARCHAL E. (1902), De l'immunisation de la Laitue contre le Meunier, *C. R. Ac. Sc.*, t. 135, pp. 1067-1068.

MILLARDET A. et GAYON U. (1887), Recherches sur les effets des divers procédés de traitements du mildiou par las composés cuivreux, Bordeaux, 1887, pp. 1-63.

MUDICH A., Effect of trace-elements bound to superphosphate on the resistance of Potato tubers to *Phytophthora infestans*. (Mont.) de Bary, *Acta Phyto. Ac. Scien. Hungariæ*, 2, pp. 295-302.

OLIVIER J. M. et MARTIND (1979), Les Tvelures dea arbres fruitiers : problèmes posés par l'utilisation des fongicides et des variétés résistantes, *Les maladies des Plantes,* ACTA.

PENA A. et AYUSO Marie (1970), Recherche sur une probable maladie à

virus : «La "virula" de l'Abricotier», *VIIIe Symposium européen sur les maladies à virus des arbres fruitiers*, pp. 85-94.

PILAND J. R. et WILLIS L. G. (1937), The stimulation of seadlings plant by organic matter, *J. Amer. Soc. Agron.*, 29, pp. 324-332.

PINON V. (1977), Observations des effets secondaires des fongicides antimildiou sur la Vigne (Pineau de la Loire), Problémes de méthodologie, *Diplôme ENITA* de Bordeaux.

PHYTOMA (mai 1982), Résistance des Tavelures du Pommier et du Poirier à certains fongicides, mai 1982, pp. 31-33.

POLYAKOV P. (1971), Change in sunflower under the influence of micro-element (*Sclerotinia* L.), *Sel'skokl Biol.*, t. 6, 3. pp. 471-472.

PRIMAVESI A. M., PRIMAVESI A. et VEIGA C. (1972), Influence of nutritional balances of paddy rice on resistance to Blast. *Agrochelica*, t. 16, 4-5, pp. 459-472.

PRIEST D. (1963), Viewpoints in biology, *Fongicides*, Londres, pp. 52-76.

PRUSA V. et al. (1965), Nutritional effects of the Hop curl disease and comparison of the chemical compositions of diseased and healthy Hop plants, *Biologia plantarum*, t. VII, n° 6, p. 425.

REFATTI C., OSLER R., FRABCO P. G. et MOGLIA C. (1970), On an apple decline in Italy, *VIIIe Symposium européen sur les maladies à virus des arbres fruitiers*, Bordeaux, 1970, pp. 33-48.

ROOS R. G. (1968), Amino-acids as nitrogen sources for conidial production of *Venturia inœqualis. Canad. J. Bot.*, t. 47, 12, pp. 1555-1560.

RISTER J. P. (1982), Vers l'utilisation pratique de diagnostic foliaire en viticulture et en arboriculture, *Rev. Suisse Vitic. Arboric. Hortic.*, 14 (I), pp. 49-54.

SEMICHON L. (1916), Action des sels de cuvire contre le mildiou, *Revue de Viticulture*, t. 44, pp. 224-230, et 255-261.

SHEAR C. B. (1975), Calcium - related disorders : of fruits and vegetables, *Hort. Science*, t. 10, 4, pp. 361-365.

SOENEN A. (1975), Les traitements contre les maladies en culture fruitiére. *Symposium semaine d'étude «Agriculture et hygiéne des plantes»*, Gembloux, 8-12 septembre 1975.

SOMERS E et RICHMOND D. V. (1962), Translocation of captan by broad

beab plants, *Nature,* t. 194, 4834, pp. 1194-1195.

TURREL F. M. (1950), A study of the physiological effects of elemental sulphur dust on Citrus fruits, *Plant Physiol.*, 25, pp. 13-62.

VAN ANDEL (1966), Amino-acids and plant diseases, *Ann. Rev. Phytopathol.*, 4, pp. 349-368.

VICARIO B. T. (1972), A study of the effect of pesticides (*2,4-D* ester, agroxone 4 and malathion) on the phosphorus, potassium, calcium and total nitrogen levels in novaliches clay loam soil, *Araneta Tes.* J., t. 19, 2, pp. 103-114.

VIEL G. et CHANCOGNE M. (1966), Sur la décomposition du manébe, action de l'eau et de l'oxygéne, *Phytiatrie-Phytopharmacie*, 15, pp. 31-40.

VILLEDIEU G. (1932), Cuivre et mildiou, *Prog. Agric. et Vitic.*, XCVIII, 49, pp. 536-539.

VAITHILINGAM C. (1982), Studies on potash induced resistance against certain insect pests in Rice, *Thése Annamalai University*, 347p.

WILLIAMS B. J. et BOONE D. M. (1963), *Venturia inœqualis*. XVI. Amino acids in relation to pathogenicity of two wild type lines to two apple varieties, *Phytopathology*, 53, pp. 979-985.

enchainement des maladies chez les Insectes

まとめ

BODENHEIMER F. S., Précis d'Ecologie Animale, Paris, Payot, 1955.

DUFRENOY J. (1935), Problémes physiologiques en physiologie végétale, *Annales agronomiques*, 34 p.

PONCHET J. (1979), Recherche Agronomique et pathologique végétale, *Phytoma*, novembre 1979, pp. 37-38.

ROSE Maurice et Jore d'ARCES (1957), *Évolution et nutrition*, Paris, Vigot, 155p.

TROCMÉ S. (1964), *Phytoma*, juin 1964, p. 23.

VOGE C. (1956), L'enchainement des maladies chez Insectes, *Thése Fac. Sc.*, Aix-Marseille, 184p.